基金项目

1.吉林省科技发展计划—科技创新专项资金—技术攻关项目“黑果枸杞仿生栽培技术研究及示范基地建设”项目编号：20190304008YY。

2.中央财政林业科技推广示范项目“黑果腺肋花楸优良品种高产栽培技术推广与示范”，项目编号：JLT2019-17。

# 有机活体微型芽苗菜栽培技术研究

王薇 著

中国原子能出版社
China Atomic Energy Press

图书在版编目（CIP）数据

有机活体微型芽苗菜栽培技术研究/王薇著 . –– 北京：中国原子能出版社，2019.12 (2021.1 重印)
ISBN 978-7-5221-0398-3

Ⅰ . ①有… Ⅱ . ①王… Ⅲ . ①芽菜 – 蔬菜园艺 – 研究
Ⅳ . ① S63

中国版本图书馆 CIP 数据核字 (2019) 第 297048 号

## 内容简介

本书属于蔬菜栽培技术学方面的著作，全书遵循科学规律，以实际操作出发，从温度、阳光、水分、空气、肥料的控制，优品品种选择，茬口安排以及病虫害防治等方面入手，对豌豆苗、萝卜苗、香椿苗、苜蓿苗、荞麦苗、蕹菜苗、红豆芽苗、小麦芽苗、蚕豆芽苗、黑豆芽苗、绿豆芽苗、芝麻芽苗、紫苏芽苗、花生芽苗、胡椒芽苗等芽苗菜进行了详细示范讲解，分析优质安全的芽苗菜高效益栽培综合配套技术，适合广大芽苗菜种植户和芽苗菜生产技术人员学习与参考。

**有机活体微型芽苗菜栽培技术研究**

| | |
|---|---|
| 出版发行 | 中国原子能出版社（北京市海淀区阜成路 43 号　100048） |
| 责任编辑 | 高树超 |
| 装帧设计 | 河北优盛文化传播有限公司 |
| 责任校对 | 冯莲凤 |
| 责任印制 | 潘玉玲 |
| 印　　刷 | 定州启航印刷有限公司 |
| 开　　本 | 710 mm×1000 mm　1/16 |
| 印　　张 | 14.75 |
| 字　　数 | 260 千字 |
| 版　　次 | 2019 年 12 月第 1 版　　2021 年 1 月第 2 次印刷 |
| 书　　号 | ISBN 978-7-5221-0398-3 |
| 定　　价 | 59.00 元 |

# 前　言

　　芽苗菜属于保健无公害的绿色蔬菜。近年来，随着人民生活水平的不断提高，各地纷纷建立绿色蔬菜生产基地，市场上开始出现消毒蔬菜供应。然而，这些远远不能满足人们对绿色蔬菜的需求。有机芽苗菜产业被誉为"财富第五波"的健康产业里公认的最具发展潜力的新兴产业。当生活足够富足，身心健康成为人类新的目标与追求。健康之源头当属饮食，然而食品安全事件频发，14亿国人在呐喊，健康蔬菜成为最迫切的需求。有机芽苗菜应需而生！今后，发展绿色蔬菜将是蔬菜产业的一项关键任务。

　　目前，我国绿色蔬菜发展还处于起步阶段。各地仅建立了一批示范基地，未能在市场上占据主导地位。随着经济的不断发展，人们对一般蔬菜产品的质量不再感到满意，导致绿色蔬菜供不应求的局面。社会的发展也要求食物结构向营养型转变，以促进人类健康。

　　经过几千年的发展，我国蔬菜生产发生过多次深远的技术革命，引进了一些全新的生产技术和管理模式。但在我国农村的蔬菜生产中，目标仍然是高产，主要模式是粗放经营，尚未形成优质集约的蔬菜生产格局。这样的生产模式必然会对生态环境造成很大的压力。为了追求高产目标，生产者不顾生态环境的均衡，大量使用化肥和农药，导致土壤环境恶化，生态环境恶化。同时，工业化水平的提高使三废的排放增多，对生态环境中的水、空气造成严重危害，极易造成生态破坏。发展绿色蔬菜的关键措施是通过控制有害物质的使用，生产无公害产品。保护生态环境，今后还有很多工作要做。

　　随着农村产业结构的调整，芽苗菜生产、加工已成为农民脱贫致富的项目之一。农民通过掌握芽苗菜生产技术，提高蔬菜栽培水平，增加经济效益。

　　随着我国经济持续快速增长，蔬菜生产也得到迅速发展。近年来，蔬菜产品的总需求量与总供应量已基本平衡，传统的蔬菜品种已出现地区性、季节性过剩，蔬菜产品的短缺时代已成为历史。城乡广大消费者对蔬菜产品质量和品种的要求越来越高。今天，人们已不仅仅满足于蔬菜的充足供应，还对产品的新颖性、多样化、外形感观、风味口感、营养保健功能以及清洁无污染、食用安全等品质指标提出了越来越高的要求。随着市场经济的蓬勃发展，我国在农业现代化发展进程中，不断进行了以市场为导向的农业种植结构的调整，促使蔬菜生产由城市郊区逐渐向广大农村扩展，而农村按各自不同的自然生态区形成了区域化、专业化、规模化生产，由于其产品成本较低，在市场上具有较强的竞争力。因此，这对城市郊区菜农和早期建成的蔬菜基地的生产效益构成了严重的威胁，造成蔬菜生产比较效益逐年下滑，这种态势迫使生产者改变蔬菜品种结构，寻求能产生更高经济效益的新种类、新品种、新方法进行种植。

近年来，日本、美国、新加坡、泰国以及我国的香港地区和台湾地区对芽苗菜的营养价值和药用价值进行了广泛的研究，普遍认为芽苗菜有抗疲劳、抗衰老、抗癌症、美容等多种功能。在国外，芽苗菜已成为一类新型高档蔬菜。

芽苗菜作为富含营养、优质、无污染的绿色食品而受到广大消费者的青睐。

本书具有较强的科学性、实用性、针对性和可操作性，可供农民朋友、基层农业技术推广人员、农村基层干部、芽苗菜生产加工和经营的专业户及农业技校的师生阅读。

在编写过程中，我们参考了国内外大量的芽苗菜栽培资料，在此表示感谢。因水平所限，加之时间仓促，书中难免存在不足之处，敬请广大读者批评指正。

# 目 录
## Contents

# 第一章　芽苗菜的基本知识

## 第一节　芽苗菜的历史、概念及特点

### 一、不同芽苗菜的历史

中国是世界上生产、食用芽苗菜最早的国家。早在秦汉时期的《神农本草经》中已有"大豆黄卷，味甘平。主湿痹、筋挛、膝痛"的记载。这里的"大豆黄卷"就是晒干了的黄豆芽，当时主要作为药用。到宋代，就有了用大豆生产豆芽作为蔬菜食用的记载。北宋苏颂著《图经本草》上说："菜豆为食中美物，生白芽，为蔬中佳品。"南宋孟元老所撰《东京梦华录》中的豆芽苗菜条目则是生产绿豆芽的最早记录。

### （一）豆芽

传统的豆芽有绿豆芽、黄豆芽和黑豆芽，另外还有蚕豆芽。相传西周的开国功臣姜尚因好食豆芽而精力充沛，竟至耄耋之年还能为新郎官。长沙马王堆西汉古墓出土的竹简上记载此墓主陪葬品中有"黄卷一担"，这里的"黄卷"即晒干的黄豆芽。明代李时珍《本草纲目》"绿豆"条中载："诸豆生芽皆腥韧，不堪食用，唯此豆芽白美独异，食之清火益神，利泄减脂，饮誉美肴者也。"这肯定了豆芽的药用价值。文人墨客对豆芽更是情有独钟，明代陈嶷为豆芽作赋曰："有彼物兮，冰肌玉质。子不入污泥，根不资于扶植。金芽寸长，珠蕤双粒，匪绿匪青，不丹不赤，宛讶白龙之须，仿佛春蚕之蛰……涤清肠，漱清胰，助清吟，益清职。"豆芽的美姿、美色、美味跃然纸上。蚕豆芽也是古代佳蔬，明代万历时高濂的《遵生八笺》书中载有"蚕豆芽"的做法："用蚕豆淘净，将蒲包趁湿包裹，春冬置炕傍近火处，夏秋不必。日以水渍（喷）之，芽出去壳，洗净，汤焯入茶供，芽长作菜食。"

### （二）椿芽

香椿栽培在我国有 2 300 多年的历史。《禹贡》一书上有"杶、榦、栝、柏"的记述，"杶"就是指香椿。金时文学家元好问有句诗曰："溪童相对采椿芽。"明代徐光启《农政全书》提到香椿的食用："其叶自发芽及嫩时，皆香甘。生熟盐腌，皆可茹。"明人慎懋宫在《花木考》中亦说："采椿芽食之以当蔬。"

### （三）姜芽

生姜芽是古今一道美味佳肴。苏东坡诗云："先社姜芽肥胜肉。"先社即春社，是在农历正月十五上元节和二月十二的花朝之间，此时生出的姜芽肥硕鲜嫩，可与肉媲美。上海的姜芽丝、武汉的姜芽子鸡均是地方名菜。

### （四）枸杞芽

枸杞的嫩茎尖可作蔬菜食用。唐代诗人陆龟蒙在《杞菊赋》序中说："前后皆树以杞菊，春苗恣肥。"《红楼梦》第六十一回中就有吃枸杞芽的记述："连前儿三姑娘和宝姑娘偶然商议了，要吃个油盐炒枸杞芽儿来，现打发个姐儿拿着五百钱来给我，我倒笑起来了，说二位姑娘就是大肚子弥勒佛，也吃不了五百钱的去。"

### （五）黄芽

清代光绪十年（1884 年）张焘编撰的《津门杂记》载："黄芽白菜嫩于春笋。"更早时，樊彬在《津门小令》中咏颂："津门好，蔬味信诚夸，玉切一盘鲜果藕，翠生千粟小黄瓜，菘晚说黄芽。"关于黄芽白菜的制法，明代戴羲《养余月令》记述：在冬至前后，"以白菜割去茎叶，只留菜心，离地二寸许，以粪土壅平，勿令透气，半月取食，其味最佳"。

### （六）豌豆苗

豌豆苗历来是我国人民爱吃的芽苗菜。东汉《四民月令》中有"正月……可种春麦、碑豆"，尽二月止；清代吴其濬撰《植物名实图考长篇》中有"豌豆苗作蔬极美"之句。

### （七）马兰

马兰又名马兰头，以嫩芽供食，在田埂、路边很多，又叫田边菊，从早春一直可采摘到秋初。清初顾景星给马兰写了一段赞词："马兰丹，多泽生。叶如菊而尖长，左右齿各五，花亦如菊而单瓣，青色。盐汤汋过，干藏蒸食，又可作馒馅。"专门讲究吃的清代文学家袁枚在《随园食单》上也说："马兰头，摘取嫩者，醋合笋拌食。油腻后食之，可以醒脾。"宋代爱国诗人陆游的《戏咏园中春草》诗曰："离离幽草自成丛，过眼儿童采撷空，不知马兰入晨俎，何似燕麦摇春风。"说的是春天在田野采摘马兰头制作凉菜或汤。

### （八）蕨菜

蕨芽又叫蕨菜，是取蕨类植物的幼嫩茎叶作为蔬菜。早在三四千年前，我们的祖先就用蕨芽做菜了。《诗经》中有"陟彼南山，言采其蕨"的诗句。唐宋诗词中就有很多咏蕨菜的句子，如唐代有"淹留膳茶粥，共我饭蕨薇"（储光羲），"野策藤竹轻，山蔬蕨薇新"（孟郊），"对酒溪霞晚，家人采蕨还"（钱起）；宋代陆游有关蕨菜的诗句就更多了，如"箭笋蕨芽甜如蜜""晨飧美蕨薇""笋蕨何妨淡煮羹""墙阴春荠老，笋蕨正登盘""稽山笋蕨正尝新"等。蕨菜鲜嫩细软，余味悠长，且营养价值高，又有多种药用功能，在众多的山珍野味中，享有"山珍之王"的美誉。它长于山野，属天然蔬菜，极少受到农药、化肥的污染，因此是一种最"洁净"的蔬菜。蕨菜在我国南北各地的山野都有，据调查统计，我国蕨菜的蕴藏量为100万吨，而开发量却只占1.5%。近年来，我国农业科技工作者又研究出了蕨菜的人工栽培方法，可进行露地栽培和大棚与温室栽培，一年四季均可上市。

### （九）竹笋

竹笋是竹芽苞发育而成的幼芽，有竹肉、竹胎之称。冬季藏在土中的叫冬笋，春天破土而出的叫春笋。它以味道清新、爽口、煮不变色、吃之不腻等特色得宠于世，被清代戏剧家李渔称为"蔬食中第一品"。我国食笋已有几千年的历史了，《诗经》中就有"其蔌维何？维笋及蒲"的诗句。晋代的戴凯在其所著的《竹谱》一书中，介绍了竹子的70多个品种和竹笋的不同风味。唐太宗是一位非常喜欢吃竹笋的皇帝，每当春笋上市，总要召集群臣吃笋，谓之"笋宴"。唐朝还专门设有管理植竹和生产竹笋的官员，《唐书·百官志》载："司竹监掌植竹笋，岁以笋供尚食。"宋代赞宁还编著了一部《笋谱》，总结了历代流传采笋、煮笋的经验。相传清代康熙皇帝南巡时，曹雪芹的祖父曹寅和妻兄李照专以春笋为原料烧出了名菜"火腿鲜笋汤"，博得皇上欢心，以后《红楼梦》中荣、宁两府把"火腿鲜笋汤"列为上品。1972年2月，周恩来总理宴请美国总统尼克松的菜谱中，就有一道"芙蓉竹笋汤"。

古往今来，"诗中品笋"颇多乐趣。唐代诗圣杜甫写过"青青竹笋迎船出，日日江鱼入馔来"，吟出了他对竹笋风味的喜爱。宋代文豪苏东坡被贬黄州时，就吟出了"长江绕郭知鱼美，好竹连山觉笋香"之句，后来传诵一时的"无竹令人俗，无肉使人瘦。若要不俗也不瘦，餐餐笋煮肉"，更说明笋是餐餐所不可少的。宋人黄山谷还写了《苦笋赋》，称竹笋"甘脆惬当，小苦而及成味；温润缜密，多啖而不疾人。……食肴以之开道，酒客为之流涎"。清代扬州八怪之一的郑板桥一生作过许多竹子的诗画，其中"江南鲜笋趁鲥鱼，烂煮春风三月初"的诗句，对鲜笋烧细鱼的赞赏之情跃然纸上，让人读来垂涎三尺。近代大画家吴昌硕在其所绘的《竹笋图》上题诗赞道："客中虽有八珍尝，哪及山家野笋香。"

## （十）藕芽

藕芽即莲藕的嫩芽，称之为银苗菜。它是明代宫廷名菜。《明宫史·饮食好尚》记载："六月初六日，皇史宬古今通集库晒晾。吃过水面，嚼'银苗菜'，即藕之新嫩秧也。"李时珍《本草纲目》载："藕芽种者最易发。其芽，穿泥成白蒻，即蒻也。长者至丈余，五六月嫩时，没水取之，可作蔬茹，俗呼藕丝菜。"这道菜历代宫廷所无，为明宫首创。

除了上述提到的芽苗菜外，民间还食用花椒芽和柳芽，多与节令有关。当第一声春雷炸响之时，北京人就要吃"椒蕊黄鱼"了。北京人喜食炸酱面，炸黄酱、手擀面，拌上花椒蕊，是老北京待客的上等饭食。花椒嫩芽麻中带有清香，佐以各种菜肴，量虽小，而其味大增，可谓芽苗菜中的神品。另外，4月正是微风拂面、杨柳依依的时节，讲究时令的北京人开始采摘柳芽食之。柳芽富碘，是补碘的好食品。北京六必居酱菜园早年间在春天有腌柳芽出售，现在已无这一传统菜了。

而今，随着科学技术水平的提高，人们又开发出多种新型芽苗菜，并进行工厂化生产，可一年四季上市供应，如花生芽、苜蓿芽、小扁豆芽、菘蓝芽、沙芥芽、落葵芽、芥菜芽、白菜芽、萝卜芽、独行菜芽、蕹菜芽、向日葵芽、胡麻芽、芝麻芽、胡椒芽、芹菜芽、蒲公英芽、小麦芽、荞麦芽、黄秋葵芽、佛手瓜茎梢、芽球菊苣、龙芽木和芦笋等，使芽苗菜的家族进一步壮大。

芽苗菜的文化历史如同一条涓涓的溪流，听之有声，视之见底，集山川之灵气，汇万物之精华，像一首诗，像一支歌，在平民百姓的生活中，增添了几分乐趣，倾注了许多滋味。今天，芽苗菜的研究和生产已进入了绿色食品的范畴，并在众多的蔬菜种类中，占据了重要的位置。

## 二、芽苗菜的概念

芽苗菜又称芽菜、活体蔬菜、如意菜，是利用作物的种子、根茎、枝条等繁殖材料，在黑暗或弱光条件下培育成供食用的幼嫩芽苗、芽球、幼茎或嫩梢。芽苗菜又有种（子）芽菜、体芽菜和软化芽菜之分。种芽菜是指用种子中贮藏的养分直接培育的幼嫩芽苗，如黄豆芽、绿豆芽、萝卜芽等。体芽菜是指利用植物的营养器官，如宿根、枝条等贮藏的养分直接培育的幼嫩芽苗，如花椒嫩芽、枸杞头等。软化芽菜是指植物体在黑暗或弱光条件下培育成黄色的芽苗菜，如韭黄、蒜黄、石刁柏等。用种子培育芽菜时，因其在形成芽菜过程中发育和显露的部位不同，又有不同的称谓。例如，大豆和绿豆等种子在发芽过程中胚轴伸长，子叶肥嫩，胚芽生长，但不显露，叫豆芽，如黄豆芽、绿豆芽等；豌豆、蚕豆等在发芽过程中，胚轴不伸长，子叶收缩，由胚芽生长形成肥嫩的茎和真叶，称嫩苗，如豌豆苗等。

可以培育芽菜的种子有很多，最常用的有黄豆、黑豆、绿豆、豌豆，其次是蚕豆、萝卜、香椿。此外，红小豆、白菜、芥蓝、空心菜、苜蓿、芝麻、花生、荞麦、大麦、小麦等也能培育芽菜。

明代王象晋在《群芳谱》中详尽介绍了生绿豆芽的方法。明代高濂著《遵生八笺》记载："将绿豆冷水浸两宿，候涨换水，淘两次，予扫地洁净，以水洒湿，铺纸一层，置豆于纸上，一日两次洒水，候芽长，淘去壳，沸汤略焯，姜醋和之，肉炒尤宜。"《本草纲目》中提到了香椿的食用："椿木皮细肌实而赤，嫩叶香甘可茹。"芽苗菜由我国最早传入日本。欧美国家人民也十分喜爱芽苗菜，如小扁豆芽、苜蓿芽在美国是很流行的健康食品。豆芽菜是我国古代食品的重大发明之一。美国在20世纪40年代开始进行豆芽生产。近几十年，新加坡、日本等国家采用现代技术推出能自动控温和淋水的"豆芽机"生产"无根豆芽"。日本在20世纪70年代后开始芽苗菜的商品生产，其中萝卜芽面积最大。芽苗菜是消费者喜食的大众化蔬菜，但长期以来仅限于黄豆芽、绿豆芽、萝卜芽3种菜类，且是小规模传统栽培，直到1990年《中国农业百科全书·蔬菜卷》才将芽苗菜列为独立菜类，并开始在国内流行，现已由传统的生产豆芽，发展到生产30多种芽苗菜，利用轻工业厂房、温室、塑料大棚等设施，在弱光条件下进行半封闭式、多层立体、无土、营养液栽培，实现大规模、集约化、工厂化生产。

## 三、芽苗菜的特点

第一，芽苗菜是活体蔬菜，易达到绿色食品的要求。芽苗菜在贮运过程中或加工成菜肴之前，仍然是活体，如果能满足它对温度、湿度等条件的要求，不仅可保持鲜嫩的特点，还可持续生长。绿色食品是洁净、安全、无污染的优质食品，绿色食品生产要求初级产品的产地内没有工业直接污染；栽培管理必须遵循一定的操作规程；化肥、农药、植物生长调节剂等使用必须遵循国家制定的使用标准；在生产和加工过程中，禁止或严格限制化学肥料、农药以及其他化学合成物的使用。芽苗菜多在大棚、温室、厂房等设施环境或可控环境条件下栽培，且在生产过程中靠种子或根、茎等营养器官提供养分，生产周期短，较少感染病虫害，一般不施用化肥、植物生长调节剂和农药，栽培基质也经过了无菌处理。因此，芽苗菜易达到绿色食品的要求。

第二，芽苗菜是品质优良、营养丰富的保健食品。芽苗菜以植物的幼嫩器官供食用，品质柔嫩，口感极佳，风味独特，易于消化，并且含有丰富的维生素、氨基酸及矿物质等营养成分。每100克芽苗菜维生素C含量如下：豆芽为16～30毫克，香椿芽为50毫克，萝卜芽为51毫克，苜蓿芽为118毫克。维生素A、维生素B、维生素E等含量也极其丰富，如大豆发芽后，维生素$B_2$增加2～4倍，胡萝卜素增加2～3倍，烟酸增加2倍。萝卜芽维生素A的含量是柑橘的50倍，每100克可达到800单位（U），而蒲公英嫩芽维生素A含量高达每100克14 000单位。

德国营养生理学研究所指出，人类每天所需的蛋白质，如果用动物性蛋白质时需 90 克，而用植物性蛋白质时只需 30 克，若用发芽过程中的活性植物蛋白质时仅需 15 克。现已证明，芽苗菜具有抗疲劳、抗衰老、抗癌等作用，对预防皮肤粗糙、黑斑、便秘、贫血等也有良好效果。芽苗菜中含有大量的蛋白质、脂肪和碳水化合物以及钠、磷、铁、钙等，发芽后不但能保持原有的营养成分，而且增加了维生素 $B_1$、维生素 $B_2$、维生素 $B_{12}$ 和维生素 C 的含量。春季是维生素 $B_2$ 缺乏症的多发期，每人每天摄入的维生素 $B_2$ 低于 0.6 毫克时，易患舌炎、口角炎、唇炎、脂溢性皮炎、眼腺炎及角膜炎等病症，多吃芽苗菜可防止其发生。芽苗菜属碱性食品，食用后消化水解产物可中和体内多余的酸，达到酸碱平衡。芽苗菜还含有丰富的膳食纤维，能帮助胃肠蠕动，防止便秘，经常食用能降低血脂、血糖，并可减肥。例如，荞麦芽含有芦丁，对高血压和糖尿病有一定的防治效果；苜蓿芽含有钙、钾等矿物质和多种维生素，对关节炎、营养不良和高血压等都有良好的疗效；枸杞的嫩茎、叶可治疗夜盲症和眼干燥症；苦苣芽含有大量的钙、维生素及蒿苣素，有清肝利胆功效。

美国克莱博士在控制癌症理论研究中指出，癌症患者中多数缺乏消化蛋白质的胰酶、维生素 A 和维生素 B。某种 B 族维生素对癌细胞有毒，而对正常组织则无伤害。萌芽种子比同类种子中 B 族维生素的含量要高出 30 倍，所以常吃芽苗菜有明显的防癌效果。

第三，生长速度快，周期短，程序简单。芽苗菜多属于速生蔬菜，生产周期只需 7 ~ 15 天。芽苗菜多在棚室内生产，产品形成所需要的营养主要依靠种子或根、茎等器官所贮藏积累的养分，只需在适宜的温度条件下，保证水分供应便可培育出芽苗、嫩芽、幼梢或幼茎。

第四，生产技术有广泛的适用性。由于大多数芽苗菜较耐低温和弱光照，并且以各种器官贮藏的养分作为产品形成的营养来源，因此既可在露地进行遮阴栽培，也可利用加温温室、日光温室、塑料拱棚等保护设施栽培；既可采用传统的土壤平面栽培，也可采用盘栽、盆栽等进行无土栽培。此外，还可在不同的光、温或黑暗条件下进行"绿化型""半软化型"和"软化型"产品的生产。因此，芽苗菜生产技术具有广泛的适用性，栽培管理方便，生产设施简单，规模可大可小，生产有计划性和稳定性，不受气候条件限制，一年四季随时可以生产，对调节淡季蔬菜供应具有重要作用。

第五，生物效率、生产效率和经济效益高。芽苗菜的生物产量一般为投入生产干种子重量的 4 ~ 10 倍。由于芽苗菜立体栽培，一般可扩大生产面积 4 ~ 6 倍，加之产品形成周期短，1 年复种指数可达 30 以上，生产效率高。例如，每千克豌豆种子可生产 4 千克芽苗菜产品，生物效率达 4 倍左右，生长期

为 10～15 天，每平方米可收获约 11 千克产品；香椿种芽用苗盘立体架栽，用
60 厘米 ×25 厘米的苗盘，每盘播 30 克种子，12～15 天采收，可产芽菜 250 克，
一般设 5 层，1 年生产 25 批，产量远比常规蔬菜高。产品经精细包装，以优质
高档细菜上市，价格比普通菜可高出几倍。若在冬春淡季供应，则效益更加显
著。另外，芽苗菜属于典型的节地型农业，我国地少人多，发展芽苗菜生产对
于节约土地、充分发挥土地潜力具有重要意义。所以，随着人民生活水平的提
高，芽苗菜作为富含营养、洁净卫生、安全无害、风味独特的高档细菜，备受
青睐，发展前途甚为广阔。

# 第二节　芽苗菜营养价值与功效

## 一、芽苗菜的营养价值

芽苗菜是各种谷类、豆类、树类的种子培育出可以食用的"芽菜"，也称
"活体蔬菜"，又被称为如意菜。芽苗菜能减少人体内乳酸堆积，消除疲劳，其
含有干扰素诱生剂，能诱生干扰素，增加体内抗生素，提高人体抗病毒、抗癌
肿的能力。芽苗菜还含有丰富的维生素 C、核黄素、膳食纤维。

### （一）主要营养成分

种子和芽苗菜的营养成分主要有糖类、脂类、蛋白质以及维生素和矿物质等。

1. 糖类

糖类是种子中重要的贮藏物质之一，在种子萌发时供给胚生长发育所必须
的养料和能量。种子中所含的糖可分为可溶性糖和不可溶性糖。种子中可溶性
糖的种类和含量在种子成熟过程中变动很大，充分成熟种子的含糖量变动幅度
也较大，但几乎完全不含还原糖（单糖），而主要以蔗糖的状态存在。单糖在种
子中只是一种过渡形式，在种子成熟过程中很快就转化为双糖和其他较复杂的
糖。不溶性糖主要包括淀粉、纤维素、半纤维素、果胶等。纤维素虽然由葡萄
糖所组成，但通常不易被消化、吸收。半纤维素可以作为植物的"后备食物"，
在种子发芽时能被半纤维素酶水解，为胚吸收利用。

2. 脂类

绝大多数种子中都含有脂类物质，特别是油料作物种子中含油脂更多。脂

类物质包括脂肪和磷脂两大类，前者以贮藏物质的状态存在于细胞中，后者是构成原生质的必要成分。种子中脂肪的品质与脂肪酸的种类有关，如芥菜种子中含有亚油酸、芥酸和亚麻酸等。亚油酸和亚麻酸均有降低血脂的功效。磷脂是细胞原生质的组成成分，主要累积在原生质表面，可生成多种膜。植物中磷脂存在于根、叶、种子等部分，以种子中的含量较多，一般可达 1.6% ~ 1.7%，在胚芽中的含量又较内胚乳中的多。大豆种子磷脂含量特别丰富，尤以胚芽部分为高，子叶中也相当丰富。

### 3. 蛋白质

种子中蛋白质的含量差异很大，豆科作物种子的蛋白质一般为 25% ~ 36%，油脂种子为 18% ~ 39%，禾谷类作物种子所含蛋白质一般不超过 15%。

蛋白质可分为简单蛋白质和复合蛋白质两大类。简单蛋白质由许多不同的氨基酸组成，而复合蛋白质由简单蛋白质和其他物质结合而成。种子中的大部分蛋白质都是简单蛋白质，只有极少部分是复合蛋白质。

种子所含蛋白质的营养价值除取决于种子中的蛋白质含量外，还取决于蛋白质状态以及组成蛋白质的氨基酸类别和含量。一般来讲，蛋白质由 20 多种氨基酸组成，但不同种子中蛋白质存在着一定的差异，如果蛋白质的组成中缺少色氨酸、赖氨酸、甲硫氨酸、苏氨酸、亮氨酸、异亮氨酸、苯丙氨酸及缬氨酸 8 种人体必需的氨基酸时，人体就不能利用植物中的蛋白质重新构成人体蛋白质。

### 4. 维生素

种子中的维生素分为脂溶性和水溶性两大类。种子中的脂溶性维生素有维生素 A（视黄醇）和维生素 E（生育酚），水溶性维生素有维生素 C 及维生素 B 族的维生素 $B_1$（硫胺素）、维生素 $B_2$（核黄素）、维生素 $B_6$（吡哆素）、维生素 PP（烟酸）、泛酸和生物素等。

维生素 C 是葡萄糖经强氧化的衍生物，一些种子中没有维生素 C，但在种子发芽过程中能生成维生素 C，因而在幼芽中维生素 C 含量比较丰富。豆类种子在发芽过程中，能在子叶内合成维生素 C。

维生素 E 在油脂种子中大量存在，它是一种抗氧化剂。

维生素 $B_1$、维生素 $B_2$、维生素 $B_6$ 等在大豆、花生、向日葵等种子中有较丰富的含量。

### 5. 矿物质

种子中矿物质的含量比绿色体内的含量要低。一般豆类植物含矿物质较高，特别是大豆，矿物质总含量可高达 5%。种子中所含有的矿物元素有磷、钠、钾、钙、铁、镁、锰、硅等。

### （二）芽苗菜在栽培过程中的营养转化

种子萌发实质上是幼胚的生理机能从休眠状态到活跃状态的生命现象，其主要特点是植物在此期间不需要外来的营养。这时植物虽然增加了体积，但没有增加干重，仅发生了贮存物质的转化，而没有物质的同化。

种子中贮藏的糖类主要以淀粉粒的形式存在。当种子萌发时，由于淀粉酶的作用，淀粉粒水解，转变为糊精和麦芽糖，之后经麦芽糖酶进一步分解为葡萄糖。也有由磷酸化酶的作用而使淀粉转化为单糖这一途径。温度较高时，有利于淀粉酶的水解；在 10 ℃以下时，则有利于磷酸化酶的水解。但在种子萌发的初始阶段，磷酸化酶对分解淀粉起着主要作用，此酶直接存在于种子中，但分解效率较低，因此在积累相当能量后，就转入效率较高的水解途径。水解产生的还原糖及糊精迅速转移至胚轴中，供种子发芽生长所用。

## 二、营养来源和形成机理

芽苗菜中含有的蛋白质、维生素和矿物质与芽苗菜的形成有关。

芽苗菜的生长过程是生物生长的过程。根据生物全息理论，种子携带着植物的全部基因和信息。成熟干燥后的种子原生质呈凝胶态，生物活动极为微弱。当温度适宜，并得到适当的水分时，种子开始萌发。萌发的过程迅速而复杂。适宜的外界条件相当于一把打开种子信息门的钥匙，开启快捷。开启后，种子吸收能量，进行一系列的生理、生化转变。目前的生物技术尚无法完全控制这样的转变，因此这种转变属于自发性转变。对转变结果的研究表明，这种转变具有以下优点。

### （一）激活全息物质，并迅速增加含量

蛋白质、维生素、纤维素、碳水化合物、人体所需的微量元素及对人体有利的活化酶等含量增加。一般情况下，萌芽后的种子中维生素含量高出干种子的几倍到几十倍。例如，发芽 5 天的大豆每 100 克中蛋白质含量要高出未发芽的种子 3 倍。大豆发芽后核黄素增加 2～4 倍，胡萝卜素增加 2～3 倍，维生素 $B_2$ 增加 2 倍以上。还有一些营养物质只有在种子发芽后才产生，并急剧增加，

如香椿种子中不含维生素 C，但每 100 克发芽的种子中含 53 毫克维生素 C。

### （二）降解不利于人体吸收的物质

酶化作用使植物酸得到降解，释放出磷、铁、等离子态矿物质，易于被人体吸收。

### （三）具有良好的平衡状态

转变过程将种子中储藏的脂肪、谷氨酸作为能源转化成有利于人体吸收的氨基酸和不饱和脂肪酸，如消耗胰蛋白酶，减少对人体胃肠的刺激，从而消除了引起人体腹胀的因素。

### （四）转变程度具有可视性

转变程度可以通过芽苗菜生长程度来判断。嫩芽阶段时营养转变基本完成。随着子叶、真叶长出，叶绿素、纤维素等渐多。栽种时，可以根据不同的品种和需要，适时采摘。

### （五）转变趋势

转变使芽苗菜更具营养，可被人们充分利用。

## 三、芽苗菜中营养成分对人体的作用

### （一）蛋白质

现代医学表明，蛋白质是由氨基酸组成的。氨基酸有 20 多种，其中有 8 种不能在人体内合成，必须由食物提供，这些氨基酸被称为"必需氨基酸"。芽苗菜中基本囊括了这些必需氨基酸。

蛋白质是构成人体的物质基础，如皮肤、头发、指甲、肌肉、血管、内脏器官等。人体在生长发育、新陈代谢过程中也需要蛋白质。此外，蛋白质还有调节人体生理功能、提高人体免疫功能的作用。一个健康的成年人每天需蛋白质 80 ~ 90 克，其中 60% 应该是质量较好的"完全蛋白质"。孕妇和哺乳母亲每天需要更多的蛋白质。儿童、青少年或体质较弱、体质恢复期的病人对蛋白质的需要量也较多。如果蛋白质供应量不足或因某种疾病所致不能吸收，均会产生程度不同的营养不良性蛋白质缺乏症。最初多无自觉症状，日久会逐渐出现疲劳、体力下降、贫血、多尿、免疫力降低等症状，极易感染其他疾病。严重时可出现程度不等的浮肿，这就是常说的"营养不良性水肿"，必须补充优质蛋白质。

芽苗菜中所含的蛋白质的数量和种类较多，质量较好。芽苗菜中的植物蛋白的营养价值近似于牛奶，消化率和吸收率较高。多食芽苗菜，可以通过植物蛋白起到降低血胆固醇的作用，延缓和减少动脉硬化。

### （二）维生素

芽苗菜中含有人体所需要的各种营养物质。其中含有多种维生素，如维生素 A、维生素 B、维生素 C、维生素 E、维生素 D、维生素 K 等。

芽苗菜中的维生素 C 含量在种子发芽后所占优势较大，几乎在每一种芽苗菜中都占有优势。经实验测得，每 100 克豆芽菜中维生素 C 含量可达 16 ~ 30 毫克，每 100 克香椿芽中维生素 C 含量可达 50 毫克，每 100 克萝卜芽中维生素 C 含量可达 51 毫克，每 100 克苜蓿芽中维生素 C 含量可达 118 毫克，远远高于柑橘、柠檬等一些水果中维生素 C 含量。

不同维生素对人体具有不同的作用：

维生素 C 可以提高人体抵抗能力，增强体质，预防维生素 C 缺乏病、牙龈出血、骨折等疾病。

维生素 A 是许多生理过程的必需要素，如维持正常视觉和促进骨骼发育，保证生殖系统和皮膜组织等健康生长。许多芽苗菜中含大量的维生素 A，如萝卜芽中维生素 A 含量是柑橘的 50 倍，每 100 克中的含量可达 8 000 单位（U）；每 100 克蒲公英嫩芽中维生素 A 含量高达 1 400 单位（U）。

芽苗菜中 B 族维生素含量极为丰富，维生素 B 的用途很多，芽苗菜中主要含有维生素 $B_1$、维生素 $B_2$、维生素 $B_{17}$ 等，研究表明维生素 $B_{17}$ 具有预防和抑制癌症的作用。

维生素 E 能延缓衰老，提高心肌功能。

维生素 K 可以有效抑制反常流血等。

### （三）人体所需的微量元素

芽苗菜能供给容易被人体吸收的活性微量元素，如钙、锌、铁、钾、锗、磷等。

人体所需的微量元素主要是矿物质，又称为无机盐，其是构成机体组织的重要材料，也是维持机体活动所必需的。例如，骨骼和牙齿很大部分是由钙、磷组成的，一个体重 60 千克的人，体内约有 0.9 千克的钙，绝大部分存在于骨骼中。

矿物质又是细胞内液和细胞间液的重要成分。钠、钾、钙、镁、磷和重碳酸盐与蛋白质共同存在，维持着各组织一定的渗透压，使组织潴留一定量的水分。矿物质还是机体内特定生理功能物质的主要组成成分，如血红蛋白中的铁、甲状腺中的碘、胰岛素中的锌等。钾、钠、钙、镁等可使肌肉、神经具有一定的兴奋性，尤其是钙。血钙缺乏会导致小儿和青少年骨骼发育不良，易患佝偻病；孕妇骨骼软化变形，影响胎儿发育，影响分娩；成人肌肉松弛，容易疲劳、抽筋。

芽苗菜中的微量元素大多呈离子状态，易于被人体吸收。

## （四）脂肪

脂肪是人体重要的组成部分，体内脂肪可分为定脂和动脂。定脂比较稳定，存在于细胞原生质和细胞膜内，很少因食物脂肪含量而变动。动脂贮存于皮下、腹腔、肌肉间隙、卵巢和肾脏周围等处，很容易受到每天脂肪摄入量的影响而变动，其中以皮下脂肪最易变动。皮下脂肪能保护骨骼和器官，使人体热量不会过度散失；膳食中的维生素 A 和维生素 D 只有溶解在脂肪里，才能被人体吸收；脂肪又是很好的产热物质，每克脂肪在分解时可放出 38.9 千焦热量，脂肪还能保护皮肤和毛发，因此必须保持一定的人体脂肪。但是，人体动脂不能过多，否则会引起肥胖症，导致其他疾病发生。

芽苗菜中脂肪含量较低，多是由种子发芽的生化过程转化而来的不饱和脂肪酸及亚油酸。不饱和脂肪酸不含胆固醇，有些不饱和脂肪酸不能在人体内合成，全靠食物供给，这类脂肪酸能促进人体生长发育，维持血管正常渗透压和韧性。亚油酸能分解胆固醇。芽苗菜中的脂肪虽少，但基本能维持人体正常需要，不会造成脂肪淤积。

芽苗菜属低脂肪食品，可以根据需要配量。

## （五）糖类

食物中的糖类是人体热能的主要来源，每克糖类可以产生 17.15 千焦的热能。一般认为人体热量的 60%～70% 是由糖类提供的。糖类是维持心脏和神经系统正常功能所必需的物质。单糖能迅速被吸收进血液，而淀粉和双糖则只能在小肠内分解为单糖后，才能被逐渐吸收进血液。食物中的糖类进入机体后，以糖原的形式暂存于肝脏和肌肉中，成为肌肉活动的后备物质。

## 四、芽苗菜的药膳作用

芽苗菜的药用价值古人就已认识："涤清肠，漱清胰，助清吟，益清职。"从中医角度讲，大多数的芽苗菜都具有健脾和胃的作用，其中富含的纤维素能刺激胃肠蠕动，帮助消化，还能抑制或消除消化系统的溃疡和病变。几乎每种疾病都可以找到合适的芽苗菜作为膳食，来辅助治疗。在中国多有民间谚语，如"常食椿芽不染杂病""冬吃萝卜夏吃姜，不劳医生开药方"等。我国中医学理论也讲求食疗优先，将芽苗菜做成美味，又能治病，一举多得。下面举例说明芽苗菜的食疗效果。

豆苗对消化不良、高血压、血管硬化、糖尿病及肥胖等症有良好的作用。豆苗的性味甘、平、无毒，具有补益气血、健脾和胃、清热解毒、化湿利尿的功效。食用豆类芽苗菜不会出现吃豆子或豆制品时使人腹胀的现象。

萝卜苗可以增进食欲、杀菌通气，也可以祛毒防癌。它的性味甘、辛、平、微凉，能健胃消食、顺气利肺、止咳化痰、清热解毒、利尿杀菌。由于萝卜苗中含有淀粉酶，可以分解亚硝酸盐，因此有祛毒防癌、养生美容的功效。

香椿苗既可食用，又可外敷。食用香椿苗可以抑制金黄葡萄球菌、肺炎双球菌和大肠杆菌，还有温补健脾、止痛开胃、祛风除湿、收敛止血、脱敏爽神、消毒排脓、解毒杀虫的功效。另外，把香椿捣烂外敷，具有消炎、消肿的疗效。

苜蓿芽能中和因过多食用肉类食品引起的血液酸性偏高，因而能缓解身体不适。

荞麦苗能养心养血、降糖降脂、去燥祛火，适合高血压、中风、脑出血、心脏病等病人食用，尤其适于中老年人。因荞麦苗中含有对心脑血管非常有利的有效成分，经常食用效果较好。

荞麦苗性味甘、平、寒、无毒，高纤维、低热量，可以降脂减肥，解除胃肠疾患，是胃肠病和糖尿病人的良好食品，但脾胃虚寒者要少食用。

小麦芽味甘，性凉，有健脾养心、益肾止渴、消肿止痛、脱敏平喘、排石通便、断乳消炎等作用。长期食用对糖尿病、血压不稳、过敏症、结石症、肺结核、癫痫、痔疮、各种溃疡，以及喉、气管、肾、结肠、胸膜、关节等炎症有明显效果。

芥菜苗具有温中散寒、利气祛痰、消肿止痰等作用。芥菜苗有刺激性的辣味，可以缓解胃寒、腹痛、咳嗽等症状。

此外，黑豆芽具有补中活血、明目补肾、利尿解毒的功效。红豆苗有清燥沥水、健脾止泻、解毒排脓的作用等。实例很多，不胜枚举。

芽苗菜还有其他功用，如美容养肤，食用芽苗菜健胃消食、调理内分泌本身就能美容；有些品种的芽苗菜汁能兑水洗脸，或加到浴盆中泡浴洗澡，可以软化皮肤。

# 第三节　芽苗菜的市场前景分析

芽苗菜是利用植物的种子或其他营养器官，在黑暗或弱光条件下直接生长出的可供食用的嫩芽、芽苗、芽球、幼梢或幼茎，是近几年来新兴的无公害蔬菜。芽苗菜项目具有 30 多个品种的产品，花色多，种类全，营养丰富，具有极高的药用价值和经济价值，芽苗菜市场前景广阔。

## 一、项目优势

### （一）无土栽培、立体栽培、周年栽培

完全不用土壤，节约土地，节省耕地面积，减少种植成本，打破祖辈依赖土地种植蔬菜的传统模式，实现了新型芽苗菜的高效栽培。芽苗菜不仅不用土壤种植，可安排在家里、所有的废旧空闲房或简易塑料大棚内生产，还可立体化多层种植，极大地减少种植面积，同时不受外界天气变化的影响，坐在家里轻松管理。不受季节影响，四季都能种植。由于芽苗菜能安排在可控的房内和棚内生产，专业生产户还能实现智能化和自动化的管理模式。

### （二）速生、速长、速效

芽苗菜不同于常规蔬菜，常规蔬菜周期过长，属于时间长、效益低的常规项目。芽苗菜打破了"地是作物之根本"的说法，跳出一般蔬菜最少 10 多天、最多数个月的框架约束，一般一周上市，最快两至三天，甚至一至两天，这是在蔬菜大家族里见效最神速的一种。常规菜由于太常见，技术一般化，种植面积大，从业人员多，受天气和市场变化以及市场竞争的影响，风险较高，利润

太薄。新兴芽苗菜目前还属于早期正在发展阶段，每个地区从业人员基本比较固定，有的市场至今还没有看到生产者，有空缺，不存在大的恶性竞争，市场价格基本都会偏高，因此效益会更高。

### （三）产品绿色健康无公害

芽苗菜实际上是直接利用种子自身的营养，完全可以不用任何化肥、农药、植物添加剂，属于真正无公害蔬菜，甚至可以达到有机的标准。现在常规蔬菜不用农药的，在市场上真正天然的可能找不到了，不用化肥几乎不太可能。芽苗菜只需每天管水，是真正能经得起市场检验的安全蔬菜，在市场上的身价自然会升高，市场投资潜力自然增大。

### （四）从业人员广泛

年轻的朋友有创业意识，有开拓和进取精神，属于新兴芽苗菜发展的主力军。这些人敢于尝新，勇于创新，有运筹和策划能力，碰到困难会积极和妥善处理，同时勤奋果敢，把生产芽苗菜推向市场成功的机会较大。另外，中老年人、家庭妇女同样能从事芽苗菜生产，芽苗菜生产管理轻松，没重力气活，工时少，技术易掌握，加上投资不大，从业人员范围广。

## 二、应用前景

芽苗菜风味独特、清香可口，具有较高的营养价值，又具有延缓衰老、抗辐射、防治肥胖等功能性作用，深受广大消费者青睐。芽苗菜能够解决人们对新鲜蔬菜的需求，为人们的生活提供新鲜蔬菜保障。芽苗菜以品味与营养的独特性和食疗性加入高档蔬菜的行列，在我国的应用前景广阔。我国的"三北"地区、边防海岛、沙漠等地区自然环境恶劣，依然面临着新鲜蔬菜供应紧张的问题，芽苗菜的出现对这些地区的蔬菜供应有着巨大的意义。芽苗菜生产方式简单，不受场地的限制，在土地资源紧缺的繁华城市以及自然环境恶劣的沙漠、孤岛，甚至一些偏远的矿区和军事基地等地方都可进行芽苗菜的生产与栽培。而且人们在远航和科学观察时，由于持续时间长，也会面临缺乏新鲜蔬菜的考验，芽苗菜也能够解决其对新鲜蔬菜的需求。芽苗菜的出现能够有效地满足不适合蔬菜种植地区对新鲜蔬菜的需求，为土地资源紧张、气候恶劣的地区的蔬菜生产开辟了一条新道路。

此外，现代生物技术在芽苗菜开发过程中具有很广泛的应用前景。利用现代生物技术开发出的生物有机芽苗菜是真正意义上的绿色无公害、风味独特、营养丰富的产品，是一种优质保健型蔬菜。芽苗菜特色资源种类众多，资源丰富，可以利用现代生物技术从大量特色资源中开发具有特殊保健功能、药食两用价值的高附加值芽苗菜。例如，三色姜芽含有多种氨基酸及钙、铁、磷等，可凉拌、腌制、清炒，若佐以鱼肉，味道更为鲜美，经常食用具有祛风散寒、温肺暖胃等特殊保健疗效；黑豆芽含有丰富的蛋白质、糖类、纤维素、烟碱酸、大豆皂苷、大豆黄酮等成分，有增强机体抵抗力、降低血脂等功能性作用。利用现代生物技术开发具有高附加值的特色芽苗菜能够提高芽苗菜的经济效益和附加值。芽苗菜作为一类很有发展前途的新兴蔬菜，深受广大消费者的青睐和市场的瞩目。我国芽苗菜产业经过多年的发展，取得了显著的成绩，但与国外相比，仍存在较大差距。因此，我国必须继续加大对芽苗菜的投入力度，改进落后栽培技术和设备，研发新型芽苗菜栽培技术和种类，把我国的芽苗菜生产推向更高的发展水平，促进芽苗菜产业更好、更快的发展。

## 三、发展前景

芽苗菜智能化生产是当前实现工厂化、规模化、集约化的必由之路。在当前蔬菜产业从零散走向规模、从自然栽培到设施生产、从家庭作坊到工厂模式的转变过程中，智能化栽培以其独有的优势而成为蔬菜生产工厂化的一种重要模式。这种模式集成了设施栽培的优越性、智能管理的简易性、层式立体栽培的高效性、物理杀菌无污染残留性、不受季节局限的常年性以及智能化栽培的高效性，是未来芽苗菜生产的主要模式与发展方向。当前，发达国家的芽苗菜生产已开始走向植物工厂之路，不仅全面结合了自动控制及智能管理技术，还运用了自动播种与自动采收与包装等机械，渐渐向无人化和无菌化生产方向发展，从而成为21世纪无公害保健蔬菜生产中最为先进高效的一种新模式。芽苗菜以其生产方式的灵活性与广适性而成为城市农业发展的一个方向，是下岗工人及中小企业再创业的好项目，它不受自然环境的局限，只要是有电有水的地方就可进行生产。地下室、废弃仓库与厂房、塑料大棚、沙漠和孤岛等地方都可进行芽苗菜的生产与栽培，特别是一些偏远的矿区、军事基地，以及不适合蔬菜基地发展的地区，采用芽苗菜生产技术，可以满足人们对新鲜蔬菜的需求。采用芽苗菜智能化栽培是为人们的生活提供新鲜蔬菜的保障，而且是投入成本最低的生产方式。随着社会的发展和人们生活水平的提高，人们对蔬菜的需求已从传统的温饱需求上升为健康需求。芽苗菜的生产模式与特有的营养价值正适合了这种趋势性的消费需求，这种需求为芽苗菜产业的发展开辟了一个广阔的市场空间，可为生产者带来丰厚的经济效益，为社会创造不可估量的社会效益与生态效益。

## 四、风险提示

芽苗菜投资少，见效快，技术易掌握，风险不高，但多少也存在风险。在此提示一下新生产户入此行业应该注意的几点：其一，生产户生产芽苗菜尽量选择在县城或市区生产，不要选乡镇和农村生产。活体、有档次的芽苗菜毕竟价格高于普通豆芽，酒店、超市、大型菜市场才是芽苗菜的最大卖场。当然，单单生产普通的各地有售的黄豆芽、绿豆芽也能在一般的乡镇和偏远农村生产。其二，不要盲目贪大。笔者接触到这样一些客户，心很大，自信满满，本来该产品刚开始日产 20 或 30 盘很好卖，按常理逐渐加大生产量市场会越来越好，而有些人心急，急于求成，市场未完全成熟和稳定就安排日产 50 ~ 100 盘的量超负荷销向市场，市场一时消化不了，保鲜跟不上，造成积压，芽苗菜卖不完又舍不得扔掉，造成苗长得过高，品质次，压价销售，并影响自己以后的市场而做死了市场。其三，要找到对路的品种。芽苗菜品种林林总总数十个，不要盲目贪多，也不要死守当地不对路的品种。比如，香椿芽在北方市场俏销，但在多数南方市场就有点打不开市场，这不是因为香椿芽不好吃，可能是市场接受需要一个较长的过程。又如，豌豆苗、松柳苗这些产量低、卖价相对较高的品种，就要选城市的酒店、超市和大菜场，乡镇市场就应选卖价低、产量高的更加大众化的品种，可选豆芽或黑豆苗，高端的品种只能附带。其四，芽苗菜生产用的种子尽量找正规、专业的供应商购买。市场上的或杂粮店里购买的一般不能用于专业化生产，有的不发芽，有的筛选不净，有的品种自身不适合或生长效果欠佳，特别是到了夏天，像黄豆类芽豆、香椿等品种，一定要选有冷藏条件的供应商。产品的质优价廉、创新的营销技巧、熬过了一两个高温夏天的过硬的技术、大胆引进外面先进的技术是芽苗菜生产成功、减少市场风险的有力保证。

# 第四节　芽苗菜的生产方式

## 一、芽苗菜的生产

### （一）育苗盘与立体培养架栽培

这是目前活体芽苗菜生产的主要方式。育苗盘生产的特点是将种子播种在育苗盘中，在栽培架上摆放培养。多采用水培法，即喷淋清水，一般不施化肥。培养中通常不见光，管理上主要掌握保湿和通风，防止烂芽。

### （二）播种与催芽生产

一段式播种催芽即在浸种后直接将种子播种在育苗盘内，随后叠盘催芽或上架催芽。采用这种方式播种要求种子发芽快，不易烂种，播种密度宜小，铺1～2层为宜；二段式播种催芽即种子浸种后先在浸种器，如塑料盘、搪瓷盆内集中催芽，待露白后再播在育苗盘内。凡采用二段式催芽的，一般都是种子发芽慢、易烂种或每盘播种量大的种子。它的特点是在一段式的基础上不叠盘，种子集中催芽后再播到育苗盘中。

### （三）育苗盆生产

先在育苗盆内装好已消毒的沙或土壤，然后将浸种催芽后的种子播到盆内，再覆沙或土壤，最后把育苗盆单个平放在栽培架上。

### （四）苗床生产

苗床生产多采用沙培或土培，通常将选好的场地用砖砌成宽1米、长10～12米的苗床。土培法需深翻土层30厘米，沙培时要把苗床内30厘米厚的土层移走，换上30厘米厚的粗沙。浇透水后播种，播后覆盖细沙3～4厘米厚，即将出土时再盖2～3厘米厚的细沙，反复2～3次，待幼苗白嫩未长须根时采收上市。

### （五）综合生产

为了充分利用温室或阳畦的空间，可在设施北边摆立体栽培架，中间摆育苗盆进行地面生产，南边用苗床生产芽苗菜。需要进行绿化的盘、盆放在南边见光处，以促进芽苗生长。立体栽培架上层摆放要进行绿化的芽苗菜，下层摆放处在催芽阶段或需遮阴培养的芽苗菜。此外，根据生产场地的不同，生产方式可分为家庭生产和工厂化生产。家庭生产可在屋顶、阳台或室内进行；工厂化生产需建设专门的生产车间，包括浸种催芽室、播种室、培养室和采收包装室。

## 二、芽苗菜智能化生产模式

### （一）传统模式与新型模式的比较分析

芽苗菜的生产运用了种子发芽及成苗的机理，采用人工环境控制技术，让其快速均匀地成苗。对于环境的控制分为人工控制与计算机自动控制，当前用于生产的大多还属于人工控制。根据各种不同芽苗菜的种类，为其创造不同的温度、湿度、光照和水分环境，以让种子快速整齐地萌芽伸展而成苗。因控制方法及流程的不同分为两种生产方式，即人工管理与智能化管理，以下就这两种生产方式的相关流程与技术要求进行分析与比较。

1.较为普及的模式——层架式人工管理模式

现就传统生产模式的流程与技术进行研究分析，为智能系统的开发提供经验参数。

（1）浸种

浸种操作对任何芽苗菜的种子都是一样的。只有让种子充分吸水，才能让其快速恢复萌芽的能力与生长的活力。通常都是采用温水浸泡稍许后，再用常温自来水以种子 3～5 倍的水量浸泡，待充分吸水发胀后即可进行播种。种子的浸泡时间不宜过长也不宜过短，过长会因种子的无氧呼吸而使种子发臭腐烂；浸种时间过短则种子吸水不充分，许多水解酶未能被激活，会影响萌芽的整齐度。通常应以吸水量指标为标准，不同的品种最适吸水量也不同。含蛋白高的种子（如豆类）吸水量大；含脂肪类的种子（如葵花子、花生）吸水量小些；以含淀粉为主的种子吸水量居中。一般把种子在吸水后质量占种子干质量的百分数作为吸水量指标，只有达到适宜的吸水量指标，种子才具最佳的萌动发芽能力。不同的芽苗菜种类最佳吸水量指标不同，所以操作时有不同的浸种时间。

（2）催芽

催芽是实现芽苗菜栽培生长的第一个环节，它对芽苗生长的整齐度、产量及品质影响较大，是种子的胚胎在适合的温度、湿度和氧气条件下，让胚根胚芽突破种皮开始茎芽叶根的分化伸长与生长的阶段。这个阶段的温度最佳范围为 20 ~ 25 ℃；湿度以半干半湿为宜，但要做到湿不积水、干不见白；氧气条件也至关重要，它是胚胎通过呼吸作用获取代谢能量及分解合成产物的主要代谢路径，如缺氧会使胚胎处于无氧呼吸状态，能量转换率较低，表现为返糖现象，会影响种子发育活力与栽培后的粗壮度，胚乳或子叶内的贮藏营养会因厌氧呼吸底物分解代谢不彻底，形成大量的乳酸、乙醇而出现烂种、发臭等缺氧中毒现象，即使长出苗，也大多为纤弱苗。传统生产中，常用叠盘催芽法，时常会因垒盘过高或浇水不均而出现发芽不整齐、发芽率低、烂种弱苗过多的现象。

（3）上架

上架就是把发好芽的托盘摆放在栽培架上进行水分、温度及光照的管理，这个环节在传统栽培中是最费劳动力的一个环节，也是最需技术与经验的一个环节，包括上下层架间的上下调盘操作、阶段性的人工喷水工作以及遮光黄化或见光绿化管理。这些管理较为重要，如管理不当将会出现大量的烂种或者影响品质的老化、纤维化芽苗菜，或者产量低下，生物转换率低。所以，需栽培者有相当丰富的经验与知识才能把苗菜培育好。

（4）收获

适时收获也是芽苗菜栽培中较为重要的环节。采收过早影响产量，采收过晚影响质量，通常每种不同种类的芽苗菜或者不同的栽培方法都有不同的采收标准，但都是在芽苗菜的生物量最高、品质最佳时采收效益会更高。在传统人工管理条件下，只能凭感官判断采收期，而且传统栽培进行芽苗菜收获时，常因托盘内存在栽培基质（如沙或珍珠岩）而影响收获效率，会因夹带基质与杂物而增加检苗与清洁的工作量。

（5）消毒

栽培完一茬芽苗菜后，需对托盘及基质进行清洗杀菌与消毒工作。传统生产中常采用百菌清、多菌灵、高锰酸钾或者漂白粉之类的化学杀菌。对于基质也有用太阳能热杀菌的方法，也就是在高温的夏季，在基质堆上扣闷塑料薄膜进行太阳能升温杀菌。除了上述的消毒外，如果栽培场所因烂种、病苗及通气不良产生臭味与滋生蚊蝇，还需进行杀虫处理，生产者也常用杀虫剂进行灭虫，因此造成环境的农药污染与产品化学残留而影响芽苗菜的品质。

**2.较为新型与先进的模式——工厂化智能管理生产模式**

工厂化智能管理生产模式就是将工厂化的方式与智能化的环境控制技术相结合，取代传统的各种人工操作与经验判断；运用计算机自动控制取代各种烦琐与高强度的劳动，特别在温度、湿度、光照和通风的控制上，采用计算机技术使环境参数精确化，芽苗菜的生育期变得可控，能如期上市，按时供货。与传统操作相比，工厂化智能管理生产模式除了能使效率提高、成本降低外，还能使芽苗菜的外观与品质都有更大的改观，是传统生产方式所不能比拟的，更重要的是在封闭式的环境下能实现无公害绿色生产。

（1）采用封闭全天候的生产模式

这种全天候的模式在国外发达国家被称为植物工厂，它的一切温、光、气、热调控完全采用人工智能控制技术，不依赖外界的气候因子，具有环境可调性强和不受自然影响的特点。为了达到最佳的隔热效果，让室内环境更稳定，受外界影响更小，可以利用隔热较好的泡沫板膜建造成栽培房，也可通过在普通的房屋内墙上衬隔热板来实现，既有利于温度的稳定，也有利于加温或降温时热传导消耗的减少，环控效率更高。与自然环境相比，虽然冬季加温的能源消耗稍大些，但这种全天候的生产模式具有更高的生产效率，不管严冬还是盛夏皆可生产，而且芽苗在环境因子稳定的条件下生长，产期易控，更利于市场计划调节。这种模式虽说能耗稍大，但通过增加栽培架的层次与提高生产效率，总体的生产成本还是极大降低了。

（2）生产流程大大简化

对于传统操作中必需的一些操作环节，在智能环境下可以省略，如一些小种子的品种（如空心菜、萝卜、油菜等）可以直接播在托盘上进行层架栽培，无须进行浸种处理，也无须进行催芽。因为栽培室内的温度和湿度恰好是催芽所需的最佳环境，无须像常规操作一样叠盘与淋温水。另外，在常规栽培条件下，需要使种子处在基质湿度与温度相对稳定的环境中，智能控制条件下可完全省去。让种子直接暴露于空气中，也能确保稳定环境的智能调控。这种免基质的栽培可以节省大量的操作用工与环节，播种更为快捷方便，消毒更为简单高效，无须如传统栽培中烦琐的基质消毒，同时病虫滋生藏匿的场所与概率也减少。每茬芽苗菜收获后，只需对托盘进行清洗消毒即可，更利于实施无公害栽培。通过智能化控制后，芽苗菜的生产过程简化为浸种、播种和收获。

（3）智能化代替人工管理

人工管理存在经验与技术的局限性，也存在劳动力的高强度、高投入。采用智能化控制后，湿度控制可通过自动微喷系统实现，采用自动空气加热线加温，也可采用锅炉的蒸汽加温，这些都可与计算机控制系统连接，实现精确化控制。温度过高时，会在计算机的指令下进行最节能化的微喷降温或拉帘通风降温；运用智能补光技术，隔离了外界自然光源，实现补光的完全人工化、自动化，可以在稳定可控的光照强度与时间下进行不同程度的绿化、半绿化或黄化栽培。另外，还有自动的通风系统以调节室内空气的流通，使空间保持清新与富氧环境，不会产生异味与发育时的缺氧烂苗。运用这些控制手段，使芽苗菜栽培过程中的环境问题经计算机控制后轻松而精确地得到解决。

（4）生产环节流程化

运用智能化控制技术，使芽苗菜的生产真正实现工厂化、流程化、规模化与产业化。与常规作坊式生产相比，采用智能化自动管理模式，把与芽苗菜培育相关的最重要环境因子模式化与标准化，可使一切操作变得规范而简单；运用计算机智能控制与专家系统相结合，使生产环节减少，且变得专业而统一，这就为工厂化大规模生产创造了硬件与软件基础。

## （二）实现环境管理的智能控制

采用智能化控制技术后，芽苗菜的生产真正实现了智能化、自动化、工厂化与标准化，但这些都须基于环控技术基础。所谓环控技术，就是与芽苗菜生长过程相关的温、光、气、热和水环境，能够依赖计算机控制技术得以精确化地模拟与控制，可以按照不同种类芽苗菜生长模式的不同需要，进行科学精确的控制，为其创造出最佳的生长环境。

### 1. 温度控制

温度是一切种子萌芽与生长的最基本条件，不论种子或者植株，它们一切的生理代谢都得在一定的温度条件下才能进行。如果温度过低，种子萌发生长相关的各种酶，如淀粉酶、蛋白质水解酶等活性低，不能为种子胚的发育分化提供更多的呼吸底物，能量的代谢受到抑制，种子胚胎的发育就变得缓慢，或者停止生长；如果温度过高，种子胚也会因呼吸作用过强，消耗大量的营养，造成胚发育过快而纤细，并且纤维化加快，难以培育出品质优良的芽苗菜。对于大多数芽苗菜种子来说，胚发育所需的温度范围以 15 ~ 28 ℃为佳。有些低温型的种子，如香椿、豌豆、荞麦和苜蓿等，温度可适当偏低些；高温型的空心菜、大豆、红豆、黑豆和萝卜等，温度可适当高些，这与品种的原产地有关，源于北方地区的品种相对来说适温低些，源于南方地区的品种适温相对高些，但具体温度范围可因生产需要及具体品种而定，如豌豆最适温度为 18 ~ 23 ℃，香椿为 15 ~ 20 ℃，大豆、空心菜为 20 ~ 25 ℃，而且最好晚上与白天有 1 ~ 3 ℃的温差，这样更利于芽苗菜的生长与壮苗。

在生产中，为了实现这些不同品种不同适温的环境模拟，我们可以通过专家系统及分区控制实现，可以把各种不同芽苗菜对不同适温的需求参数预先写成程序输入计算机，使用时只需选择相关品种，就会自动调出这些已预先设定的数据进行控制与模拟，这就是专家系统的应用。当不同品种同时生产时，可以通过区隔不同的栽培房，安装不同的分控器实现每个区相对独立的温度控制。栽培室内温度控制主要采用空气加热线加温与微喷通风降温实现。在基地建设时，可在每层栽培架的上方安装喷雾管道与喷头，起到加湿与降温的双重作用。当温度超过适温上限值时，计算机会发出降温指令，自动开启电磁阀进行微喷降温，还可结合通风扇进行双重降温，这些温度信号的采集都依赖集成传感器智能叶片来实现。所谓智能叶片，就是把芽苗菜相关的生长发育参数，如温度、湿度、水分、光照等，集成在一个外形类似植物叶片的感应材料上，实现温、光、气、热等参数的集成感应与数据采集。它是实现智能控制的核心部件，其他各项参数都通过这个智能叶片进行数据的采集。当智能叶片感知到环境温度低于适温下限值时，计算机会自动指令加温线的开启，进行环境加温，达到设定参数时，则自动关闭。

2. 空气湿度控制

湿度的控制与温度控制的方式相似，不同的发育阶段及不同的品种都有不同的湿度要求，这些不同的要求与最佳参数可以通过研究试验获取，然后再把获取的资料作为该品种的生长模式，输入计算机控制程序，从而形成该品种的湿度专家参数。使用时，无须再设定，选好生产品种就可按其湿度需求进行智能自动控制。

空气湿度调控也是通过管道微喷进行的，当智能叶片检测到空气湿度低于下限值时，会自动开启微喷电磁阀进行喷雾增湿，当空气湿度达到指标时就会立即关闭，实现湿度的科学管理。通常一些大种子类型的芽苗菜，代谢与发育消耗的水量大，对空气湿度及水分的要求也相对高些，如黄豆、花生、黑豆、红豆和绿豆等，这些品种除了蛋白质或淀粉含量高造成水解耗水量增大外，在其生物产量的形成中也需更多的水分，所以一般要求前期相对湿度为90% ~ 100%，后期相对湿度为 80% ~ 90%；对于小种子类型，如空心菜、芝麻、葵花子、荞麦、苜蓿、油菜、香椿和萝卜等，可以适当降低湿度与减少水分，通常前期相对湿度为 80% ~ 90%，后期相对湿度为 70% ~ 80%，水量过多会造成烂种或者病害滋生。这些不同湿度间的差异与不同时期的湿度差异在计算机控制的环境下，可以通过智能叶片的精确检测及专家系统的科学控制实现。

### 3. 水分的控制

芽苗菜的技术其实从某种角度来说就是种子在水的作用下进行水分代谢与合成的技术，水是其最主要的成分，占到整个鲜种的90%以上，这些增加的质量全是由水补给。另外，还有大量没有被吸收的喷雾喷淋水，这样就需在芽苗菜的培育过程中不断地给予补水。然而，补水程度和补水量除了上面的空气湿度指标外，还有一个重要的指标就是芽体表面水分分布的指标。在芽体表面，水分分布的多少以水膜的厚薄衡量，种子在芽体萌发的初期要求大量的水分，甚至要达到淋水的效果。因为此时除了供给水分外，更重要的一点是需把种子表面的一些代谢排泄物冲淋或稀释掉，起到淋除呼吸代谢产物的作用。种子萌动生长初期是呼吸最旺盛的时期，常在芽体表面形成黏状物或胶状物，这些产物有些是厌氧呼吸造成，也有些是种子生物膜渗透性破坏引起内含物的外泄，还有些是菌类滋生形成，这些物质可以通过大水喷淋解除。在基质栽培中，这些代谢物可以被基质吸附，而在无基质栽培条件下，只有通过喷淋实现，这些中间代谢产物如果积累腐化会形成异味或导致杂菌的滋生，从而造成病害发生或者种子中毒烂苗。一些喷淋不均匀或淋不到水的部位常有烂种现象产生。水的喷淋量可以利用智能叶片的水膜传感器控制。水膜传感器由高度密集的回形电路组成，可因叶片表面水膜分布的不同而显示不同的参数，称之为水膜的厚薄传感器。大种子类的萌动初期，保持水膜要厚且时间要长；小种子类的保持水膜要稍薄，时间要短，这些可以通过智能叶片水膜检测与喷雾量的控制实现。水分控制技术要求都可通过专家系统写入运行运算程序中，实现智能化、科学化的调控。

### 4. 光照的控制

光照是芽苗绿化所必需的外界环境条件与控制参数之一，也是芽苗菜与当前豆芽产品最大的区别所在。豆芽是白化或黄化、不带叶绿素的芽体，无须光照即可生产，而芽苗菜是绿色芽体甚至是带真叶的幼苗。绿色的形成其实也就是芽体内叶绿体细胞的形成与叶绿素的合成，这些都得在有光照的情况下才可以达到绿化效果。

在智能化栽培中，光照是全人工化的，没有任何外界太阳光的透入，这样更利于科学、精确地控制补光量与时间，也就是全天候的环境下生产，这种模式对实现标准绿化较易做到。芽苗菜按照绿化程度的不同可分为黄化型、半绿化型和全绿化型。其中，黄化型是在无光照或微光下培育的苗菜；半绿化型是绿化程度达到淡绿色化的苗菜；全绿化是达到子叶真叶全绿或浓绿程度的苗菜。

至于生产什么类型的苗菜，是由市场需求或质量要求而定，各种类型芽苗菜其营养及品质外观都有所不同，全绿化型芽苗菜的叶绿素及维生素 C 含量高些，淡绿或黄化型芽苗菜的可溶性蛋白质或氨基酸类相对高些。另外，有些类型芽苗菜的纤维素含量也是与绿化程度成正比的，绿化程度高则纤维素含量相应也高些，但也不绝对，因为纤维素合成所需的碳水化合物可由部分光合产物供给。在芽苗菜栽培室中，光照的科学控制方法如下：在栽培室建设时，可在栽培室顶棚、层架或侧壁上均匀地布设补光灯，达到整个空间光照均匀的效果，同时需考虑补光质量，也就是不同光质的搭配。对芽苗菜生长来说，光合作用所需的光照分为红光与蓝光两种，这两种光质对叶绿素促进各有偏向，其中红光偏向于形成更多的叶绿素 a，蓝光促进形成更多的叶绿素 b，生产上以红光、蓝光比为 5∶1 或 3∶1 为好；蓝光使芽苗菜更脆嫩，红光使芽苗菜产量更高、颜色更浓绿，两者科学结合为最好的光质搭配模式。

光照量可以通过时间或强度控制，一般芽苗菜栽培房以光照强度1 000～5 000 勒克斯为宜，其中小种子类的绿化程度要高些，控制时光照强度可大些，或补光时间长些；大种子类的光照强度可弱些或补光时间短些。其补光量的控制与测算以强度与时间的乘积为控制量，而且不同品种与不同生产阶段芽苗菜的补光控制量都有所不同：前期少，后期多；小种子多，大种子少。这与芽苗菜生物产量的形成有关，大种子有更多的可转化的贮藏营养，而小种子类的可转化营养少，需依赖更多的光合产物提高生物量的形成。这些光量控制通过试验研究确定，然后形成生长模式与专家系统，再通过光照传感器记录强度，时间芯片记录时间，两者结合而达到补光量的精确测定与调控。当某品种的光量不足时，计算机会自动打开补光系统进行人工补光，达到设定光照控制量时就立即关闭，实现光照的精确科学控制。采用这种生产方式能够生产出色泽一致的标准化商品芽苗菜，可以按人为意志生产出各种类型的产品，其控制的精确性与均衡性是传统栽培所不可比拟的。

5. 通风的控制

通风也是芽苗菜科学栽培中较为重要的一项技术。通风可降低温度与湿度，也可以增强空气流通，增加栽培室中 $O_2$ 及 $CO_2$ 的含量，但又会造成环境因子稳定性的破坏。通风选用的设施通常为风扇。风扇安装分为对流安装与单向安装两种方式，其中对流可用于室内空气对流与室外走道空气的对流。室内空气对流可促进室内环境因子（如空气湿度与空气温度）的均衡，室外走道对流可实现栽培房内环境与外环境相关因子的调控。例如，在走道顶棚安装通风风扇，可通过吸进外界太阳光能所产生的热量进行加温，也可利用外环境的温差，实现排出降温，这种方法可以实现节能化栽培。冬季中午时，外界温度较高，可吸进热空气进行加温。特别是在天气晴朗的中午，因栽培泡沫房外扣闷塑料大棚，拱形棚顶的温度因温室效应而骤然升高，甚至可达 40 ℃，这样热空气的吸进可以进行整个栽培室的加温，我们称之为节能化加温。同时，通风可以使空气成分发生变化，在芽体发育过程中会消耗空气中大量的 $O_2$ 与 $CO_2$，经内外通风对流可以得到换气补充。一般通风量及时间的控制也是由计算机的温度传感器及时间芯片结合来完成的。当室外温度高于室内，而室内又需加温时，计算机会自动打开吸进热空气的风扇，实现节能加温；当室外温度低于室内，而室内又需降温时，计算机还可自动开启排出风扇进行排风降温；当室内外温度较稳定时，计算机可开启定时通风系统；在室外温度较低的冬季，空气对流会使室内温度骤降时，计算机控制系统会选择最佳时机，也就是在对栽培环境因子影响最小的时刻开启对流通风，如冬季寒冷季节，计算机会利用中午外界温度最高时刻进行内外对流，这样因对流造成降温的影响相对会小些。

采用计算机控制技术实现对流通风控制是当前最科学、最节能的一种方法，是人工通风所达不到的，特别是在冬季，能够结合对流加温技术实现加温耗能的最小化，真正实现节能化、低成本栽培。

## （三）物理杀菌的机理与运用

在芽苗菜栽培过程中，环境的高湿度及空间的高度密封为病菌的滋生创造了环境。封闭环境对外界细菌的侵入有隔离作用，但细菌一旦侵入，滋生蔓延会比开放环境下更快，常会造成大量烂种与病苗，严重影响芽苗菜的产量与质量。控制入侵的病原基数与空间及苗体的杀菌消毒，传统常规的方法是使用多菌灵、托布津和高锰酸钾等化学杀菌剂来控制病菌，然而芽苗菜栽培期又短，会有大量化学成分残留。

随着物理农业技术的发展，现在已形成了电场与电功能水复合杀菌的技术体系，可以利用高压直流电场处理种子来杀死附于种子表面的真菌、细菌，减少外源带入的病原基数，还可以利用电功能水中酸水的强氧化性杀死栽培空间与器具或苗体上所有的病原菌，而且这两种方法都是物理的无公害手段，不会对环境有任何的污染。其杀菌机理如下：利用空间高压直流电场对浸种前的种子杀菌处理，同时提高萌芽率，促进陈种子脂膜的修复，降低内含物的外渗率，有利于种子的萌发与发育，还可激活各种水解酶，有利于贮藏物质的水解转化，为萌芽生长提供更多能量。除了这些生理作用外，更为重要的是，种子的浸种

或播种前进行 $3 \times 10^4 \sim 1 \times 10^5$ 伏高压直流电场处理，可以杀死附于种子表面的细菌、真菌。其杀菌原理是，由高强度电场造成细胞膜或生物脂膜的电穿孔，从而达到杀菌的效果。还有其他复合因素作用而形成的综合杀菌效应，如水在电场作用下电离成具有强氧化还原性的超氧阴离子、过氧化氢物及 OH 自由基等物质，还有带电荷的颗粒与臭氧，当它们接触到细菌或真菌的细胞表面时，可以产生氧化反应而使细胞膜脂膜的渗透性破坏，从而达到杀菌抑菌的目的。这些杀菌方法属物理措施，没有任何化学污染与残留，是无公害生产中实施种子处理最有效、最环保的方法。

另外，在栽培中如果结合电功能水技术，就可实现栽培环节的无菌化操作。所谓电功能水，就是加有质量分数为 0.1% 氯化钾的普通水经电解后，形成强氧化性酸水与强还原性的碱水。其中，酸水具有很强的氧化性，用它喷雾处理栽培空间、器具及幼苗，可以起到很好的杀菌作用。电功能水杀菌机理如下：①酸水主要成分是 pH 为 3 以下的次氯酸，喷酸水除了创造酸环境起到抑制菌类滋生的作用外，其中氯离子也起到一定作用；②经电解后形成的强酸性水的氧化电位可达 1 100 毫伏以上，这么高电位的水一旦接触到病菌的细胞膜，可从膜上强制性地获取电子，使细胞膜电位及渗透性遭到破坏，从而起到杀菌抑菌的作用。这样的杀菌过程极为快速，一般的杂菌在几分钟甚至几秒就被完全杀灭，不会出现像化学杀菌那样见效慢还会产生抗药性的弊端。

在生产过程中，可以利用电功能酸水进行栽培房走道、托盘、墙壁、空间、栽培架、工具和种子等的杀菌与消毒，还可阶段性地给芽苗菜的芽体喷具有强杀菌性能的酸水雾，以预防各种病害的发生。但在使用酸水喷淋苗体后，最好在 30 分钟后间隔性地喷一次碱水，可以起到中和的作用，防止有些对酸水极度敏感的芽苗菜发生药害。这些杀菌消毒方法具有杀菌成本低、杀菌操作无残留、杀菌过程快速和适用病原广泛的特点，基本上适合杀灭所有的细菌及真菌甚至病毒，而且不会产生任何抗药性，是最安全、低成本的无公害、纯绿色配套生产技术措施。现已把它作为芽苗菜智能化、工厂化生产上的一项重要技术措施使用。

芽苗菜智能化生产是当前实现工厂化、规模化、集约化的必由之路。在当前蔬菜产业从零散走向规模、从自然栽培到设施生产、从家庭作坊到工厂模式的转变过程中，智能化栽培以其独有的优势而成为蔬菜生产工厂化的一种重要模式。这种模式集成了设施栽培的优越性、智能管理的简易性、层式立体栽培的高效性、物理杀菌的无污染残留性、不受季节局限的常年性，以及智能化栽培的高效性，是未来芽苗菜生产的主要模式与发展方向。当前，发达国家的芽苗菜生产已开始走向植物工厂之路，不仅全面结合了自动控制及智能管理技术，甚至还运用了自动播种与自动采收与包装等机械，渐渐向无人化和无菌化生产方向发展。

## 三、芽苗菜生产需注意的问题

### （一）严格把好种子质量和消毒关

种子质量直接关系到芽苗菜的产量和品质，因此必须严格把好种子质量关。生产中要选择新鲜、饱满、发芽率高、不带病菌的种子，并对种子及生产设施和生产工具进行严格的消毒处理。

1. 种子消毒

可用50 ~ 55 ℃温水搅拌烫种5分钟，或用0.1%高锰酸钾溶液浸泡15分钟，捞出种子，再用清水漂洗干净。

2. 棚室消毒

用硫黄粉250克、锯木屑500克混合后密闭棚室熏烟12小时，可消毒约100立方米的棚室。也可用10%石灰水洗刷墙壁。

3. 基质与用水消毒

基质和用水可用1毫克/千克的漂白粉混悬液消毒。如果是用床土栽培，则用40%甲醛100倍液将床土喷湿，堆好拍实，再用薄膜密闭熏蒸4 ~ 5天，揭膜后将床土推开晾晒7天，药味散尽后播种。还可采用多菌灵消毒，即按每立方米床土加50%多菌灵可湿性粉剂80克，充分混合后盖薄膜密闭7天，然后摊开晾晒10天左右，药味散尽后播种。

4. 芽苗消毒

芽苗消毒一般有4种办法：①在种子露白时用4%石灰水浸泡1分钟，再用清水冲洗干净，有防止芽苗腐烂的效果；②用50%多菌灵或75%百菌清可湿性粉剂1 000 ~ 2 000倍液浸泡种芽1分钟，然后多次用清水洗干净；③将育苗盘内受污染的芽苗菜和基质清除，用1%石灰水喷淋；④含脂肪量高的种子，如花生、香椿、大豆等，生产芽苗时易烂种烂芽，这类种子在浸种时宜铺薄一些，并注意通风降温，适当控制水分，切忌积水。

### （二）按市场需求生产

重视市场营销，切忌盲目大批量生产。芽苗菜种类多，应采用小批量、多茬次、多品种、排开播种、分批收获、均衡上市等措施，生产新、特、优品种。芽苗菜是柔嫩、容易失水的产品，不宜贮藏和长途运输，应按市场需求就地生产，就近供应。芽苗菜组织脆嫩，营养丰富，销售时宜采用小包装，或用整盘活体销售，以延长货架期。

## （三）生产中常见问题的处理

### 1.烂种烂芽

芽苗菜栽培过程中易发生烂种烂芽现象，特别是传统豆芽菜，种子发芽后不久，当根很短时，胚轴上先产生红斑，不再长须根，进而使豆芽发红、腐烂。生产中应注意剔除瘪籽、破烂、霉烂及发过芽的种子。同时，对种子、场地、器具等进行彻底清洗、消毒。

### 2.生长不整齐

芽苗菜生长不整齐常使产品的商品率降低。生产中应选用优质、大小一致的种子，并均匀播种和浇水；水平摆放苗盘，并注意经常"倒盘"，使芽苗菜生长环境一致；喷淋水应均匀仔细，尽量减少催芽和栽培时的温度差；喷淋浇水应在蒸发量较大、空气湿度较小时进行，以提高芽苗菜的整齐度。

### 3.品质差

芽苗菜生产过程中，如遇干旱、强光、高温和低温、生长期过长等情况，均会导致纤维迅速形成，使芽苗菜老化。因此，生产上应采取相应的措施，尽量避免上述情况出现。

### 4.种子"戴帽"

有些种子在出苗过程中种壳不脱落（戴帽），对这些种子应多次喷雾，软化种壳，促进"脱帽"。采用床土栽培时宜适当深播，也可在种子出苗时盖湿沙土增加压力，以达到脱壳的目的。

### 5.猛根与坐僵

猛根是指豆芽须根过多、过长的现象。这是由于水温高、浇水时间短，从而导致根系过度生长。坐僵是指豆芽头大梗细，无力生长的现象。这是由于豆子浸入水中时间过长，引起缺氧和营养物质外渗造成的。解决的方法是，掌握好浸种的时间，发芽后注意浇水量。

### 6.烂缸

烂缸有3种情况：一是豆芽两头完好，中间腐烂，俗称"折腰"；二是豆芽成片迅速腐烂，原因是温度太高、水分过多以及病菌污染；三是豆芽根部发黑，不长须根，芽很短，进而逐渐腐烂。这种现象在温度低且湿度大的情况下容易发生。防止烂缸的方法，除控制温度、湿度外，还要注意卫生，避免豆芽受污染。

### 7. 病虫害防治

芽苗菜受消费者欢迎的重要原因是清洁、无污染、食用安全。病虫害的防治应以预防为主，采用控制湿度和通风、清洁环境等生态方法以及物理方法进行防治，尽量避免使用化学农药。

芽苗菜常见的病虫害有催芽期种芽霉烂，产品形成期烂根、猝倒病、根蛆等。防止措施：一是选用抗病优质品种，并对种子清洗消毒；二是严格对苗盘清洗消毒，用洗涤剂或洗衣粉溶液浸泡苗盘，彻底洗刷，然后将苗盘用 3% 石灰水或 0.1% 漂白粉溶液消毒处理 5 ~ 15 分钟，再用清水冲洗干净；三是不定期对生产场地消毒；四是栽培基质一般不要重复使用；五是严格控制喷水次数，切忌过量喷水；六是调节好棚室内温度；七是及时通风换气，避免长时间出现接近饱和的空气湿度；八是随时清除烂种烂芽，若发现有烂根，并已影响芽苗菜生长，可提早采收上市。

# 第二章 常见子芽菜与体芽菜生产新技术

## 第一节 常见的子芽菜生产新技术

### 一、黄豆芽生产技术

黄豆芽又称金灿如意菜,古称豆卷、大豆卷、黄卷皮等,一般是用黄豆加水湿润,保持适当的温度,使之发芽长成嫩芽。黄豆芽是我国的特产,在日本很少见到,欧美国家几乎没有,仅在大城市华人菜馆有少量生产,作为珍蔬供品尝。

黄豆发芽后,脂肪含量变化不大,蛋白质的人体利用率也基本没有变化,谷氨酸下降,天冬氨酸增加。黄豆中含有的棉籽糖和鼠李糖人体不易消化,又容易引起腹胀,但在生芽过程中会消失,人食后无胀气现象;有碍于食物吸收的植物凝血素几乎全部消失;生芽中因酶促作用,植酸降解,释放出磷、锌等矿物质,可以增加被人体利用的机会。最有趣的是维生素 $B_{12}$ 的变化,以前认为,只有动物和微生物才能合成维生素 $B_{12}$,而瑞士的科技人员在做黄豆无菌发芽试验时发现,豆芽中维生素 $B_{12}$ 大约增加 10 倍。黄豆和绿豆中都没有维生素 C,而生成豆芽后维生素 C 含量却较丰富。所以,豆芽的营养价值很高。另外,豆芽的颜色洁白,质地脆嫩,味道鲜美,同时能四季生产,特别是冬春缺菜时更成了人们最经济实惠的佳蔬。豆芽菜还有一定的药用价值,生芽后天冬氨酸急剧增加,所以吃豆芽能减少人体内乳酸堆积,消除疲劳。豆芽中还含有一种叫硝基磷酸酶的物质,能有效地抗癫痫发作。黄豆芽中的叶绿素能分解人体内的亚硝酸胺,起到预防直肠癌等多种消化道恶性肿瘤的作用。此外，黄豆芽中含有一种干扰素诱生剂，能诱生干扰素，提高体内抗病毒、抗癌的能力。豆芽含维生素 C 和氨基酸较多，又富含不饱和脂肪酸，因而有预防维生素 C 缺乏症和牙龈出血的作用，能防止血管硬化，降低血液中胆固醇水平，防止动脉硬化和治疗高血压。不饱和脂肪酸还有护肤养颜和保持头发乌黑发亮的功能。豆芽中粗纤维较多，能预防结肠癌及其他一些癌病的发生。维生素 $B_{12}$ 有抑制恶性贫血，促进血红细胞发育和成熟的作用。如妇女月经期间血压增高，可服用煮 3 ~ 4 小时的黄豆芽水，每日服数次。如胃有积热，取黄豆芽、鲜猪血共煮汤食用。干黄豆芽性甘平，能利湿清热，对胃中积热、大便结涩、水肿、湿痹、痉挛等病均有较好的疗效。

### （一）小批量生产

#### 1.家庭培育豆芽

家庭培育豆芽，对器具的要求不严格，如报废了的家用炊具，漏底的大号牙杯，有裂缝的钵头、陶罐以及竹篮等，均可用来培育豆芽。由于这些容器的底部会渗漏水分，能自行排除培育豆芽时的积水，使底部的豆种不会因长期泡水窒闷而影响发芽。如果用完好的铝锅、盆钵等炊具培育豆芽，则要在这些炊具底部的上方 1 ~ 2 厘米处，放 1 个竹架或蒸架，在上面铺 2 ~ 3 层纱布，不让豆种掉下去，底部空间可供存放积水之用。

经过预选的豆种，用 60 ℃的热水泡 1 ~ 2 分钟，期间搅拌 1 ~ 2 次，然后用自来水或井水淘洗干净，滤去瘪粒、碎粒和虫蛀粒。将洗干净的豆种倒入牙杯、钵头或罐子等培育器皿中，加入与豆种同等重量的清水浸种，浸种时间为 8 ~ 12 小时，浸种后将余下的积水倒出沥干，然后用清洁的毛巾、纱布遮盖严密，并将培育器具放在避光、潮湿的地方。每天早晨、中午、傍晚及入夜前各淋水 1 次。每次淋水时，先将覆盖的毛巾或纱布揭开，再向培育器具内添加清洁的自来水或井水，使水面超过豆芽表面，停留 2 ~ 3 分钟后倒干净，这样反复进行 2 ~ 3 次即可。每次淋水后，再用毛巾或纱布等物覆盖。如果培育的豆芽数量较多，从培育后的第二天开始，应将豆芽倒入较大的器具中培育。因为豆芽生长，冒出器具的顶部，会出现返青现象，而且豆芽与空气直接接触后，豆芽会根长茎细，品质低劣。家庭培育豆芽，夏季温度高，只需 3 ~ 4 天豆芽就可成熟；冬季温度低，则需 7 ~ 8 天。

为了促进豆芽生长，冬季可用温水淋豆种，并将培育豆芽的器具放在灶头、炉旁保温。如果室内有暖气，则更为理想。夏季如果温度过高，可用井水或木桶中预冷的凉水淋豆芽，这样培育的豆芽粗壮，品质脆嫩。如果采收的豆芽当日食用不完，可用干净的冷水泡起来，水面以超过豆芽 10 厘米左右为宜，但要注意避免光和热。

此外，家庭培育豆芽还可采用连续生豆芽的方法，其方法如下：取细沙 1.5 ~ 2 千克，竹筐、盘或破裂的小瓦盆 1 个，黄豆种子 0.5 千克。在竹筐、盘或瓦盆里放一层沙，沙上放一层豆种，再铺一薄层沙，再放一层豆种，可放多层。最上面铺盖的是沙，在沙上面覆盖一些干草（稻、麦草等），早、晚各淋水 1 次，4 ~ 5 天后，豆芽便穿出干草 3 厘米左右。第一层采收后，把干草仍旧盖在上面，继续浇水，第二天又可取出一层，这样连续几天都有新鲜豆芽吃。

2. 黄豆芽缸栽

用黄豆生豆芽，干物质损失 20% 左右，豆瓣也不易消化，所以从营养角度看，用黄豆生豆芽不合算。

（1）选好豆子

豆子要选择充分成熟、发芽率高、无虫蛀、无发霉的种子。不太成熟的种子，皮发皱，发芽慢，芽苗寿命短；虫蛀过的种子有时能发芽，但芽长势弱，产量低，质量差；贮藏时受热的走油豆生命力弱，发芽慢，质量差。

（2）场地和容器的选择

豆芽菜一般在室内培育，以确保环境黑暗和保温保湿。所用器具可根据经济条件和培养量确定，量少时用瓦盆，量多时用瓦瓮、瓦缸。瓷瓮不吸水，保温性好，适宜冬天用；瓦缸含水量大，凉性好，适合夏天用。缸或瓮的尾部要有排水孔，里外都要洗净，要求无油污、无盐渍。用旧缸时，尤其是在泡豆芽过程中发生过腐烂的，应将缸洗净后多晒几天。如果没有缸或瓮，也可在室外进行沙培。具体做法：挖深 50 ~ 60 厘米的培养床，整平床底后铺 10 厘米厚的泥沙，在上面放一层浸泡过的豆子，再盖厚 10 ~ 13 厘米湿沙。

（3）浸种和入缸

用自来水或井水浸种。自来水清洁卫生，且有余氯，具有漂白作用，生出的豆芽洁白美观。井水有浅水井和深水井，大城市浅水井水量小，水质差，pH 高，不宜用于生豆芽。深水井水量大，水质好，一年四季温差小，最低温度 18 ℃，最高温度 22 ℃，可长年用于生豆芽。江河水和塘水有异味，不宜用于生豆芽。将豆子放到锅里或其他容器中，先用 45 ~ 50 ℃热水浸泡半小时，再用笊篱捞出瘪籽和霉籽，继续浸泡 2.5 ~ 3 小时。当豆粒充分吸水完全膨胀变圆后捞出，直接放入豆芽缸中培育。装入缸中的豆子数量要适宜，据农户的经验，内径 55 厘米、高 65 厘米的缸，装 5 千克干豆即可。装入过少，豆芽长得细而长，产量虽高，但丝多，质量差；装量过多，不但芽短，产量低，而且长满缸、露出缸口后，容易受冷、受旱，不利于生长。豆子装入缸中后，缸口用麻袋片、塑料布或草帘等盖严，防止光照。如果豆芽缸少，可在竹笼下部和周围铺些有孔的塑料布，再把浸泡好的豆子装入，用塑料布和麻袋等盖严，放到温暖处催芽，芽长至 2 ～ 3 厘米时，再倒入缸中继续培养。

（4）管理

豆子入缸后的主要管理是浇水和控制温度。冬季温度低，豆子入缸后须立即用 30 ℃左右的温水从缸的四周浇入，以提高缸的温度。第一次浇水后，开始的 2 ～ 3 天每天隔 3 ～ 4 小时浇 1 次水，4 ～ 5 天后每天隔 5 ～ 6 小时浇 1 次水。水温随豆芽的生长逐渐降低，由第一天的 30 ℃逐渐降低至第六天的 15 ℃左右。浇水量则应逐日增加。豆芽房的温度应控制在 18 ～ 25 ℃。温度过高时，豆芽的根和茎秆发红，须根多，芽子不壮实；温度过低，豆子发黏，易腐烂。

豆子装入缸中后，经 6 ～ 7 天，芽长至 5 ～ 7 厘米时，开始上市。出售前，先把豆芽放入水中，稍加搅动，使种皮与豆芽分开，因豆皮比重大，所以沉于水下，用笊篱将豆芽从水中捞出，装入筐中即可。

3. 木桶生产豆芽

木桶生产豆芽，适用于我国南方小批量生产，采用的容器多为圆形木桶，也可用盛水的水缸。一般木桶或水缸高约 60 厘米、直径约 60 厘米，可培育 5.5 千克黄豆种的豆芽。虽然小批量生产豆芽的木桶或水缸的规格没有一定的要求，但不宜太大或过小。因为器具过小，盛豆种的数量少，发芽时不仅发热的热量不够，也不易保持温度；器具太大，一个容器内豆芽菜过多，淋水不易均匀，豆芽生长不一致，影响产品质量。

器具选定后，要在木桶或水缸的底部旁边开一个直径 3 ～ 4 厘米的排水孔。然后放置在太阳不能直接照射到的室内空气流动比较稳定的地方。放置时注意器具应稍微倾斜，使排水孔向下，以便于排水。

生产前，应选择新鲜豆种，并进行浸种处理。同时，将木桶或水缸下方的排水孔用稻草塞好，然后将浸种后的豆粒放入，底部铺平，并在上方用草袋盖好，冬季比夏季要多盖两层。豆粒入桶发芽后不要翻动，保持其自然直立生长状态，这样生产的豆芽主根舒展，芽体笔直，外形美观、整齐，符合商品豆芽的规格。

用木桶等生产豆芽时，要注意浇水的时间和水温。一般夏季天气炎热，每隔 4 小时左右浇 1 次冷水；冬季天气寒冷，可减少浇水次数，每隔 6 ～ 8 小时浇淋温水 1 次。每次淋水或浇水量以水面高出豆芽表面 5 厘米左右为宜，浇后任其自然排干。

豆芽生产过程中，豆壳自行脱离，与豆芽混在一起，为了提高商品价值和方便食用，必须将豆芽、豆壳分开后，才能上市出售。分离豆壳的方法是先向容器内浇淋一些凉水，使容器内豆芽降温，然后取出 1 ~ 1.5 千克，放入柳条或竹制簸箕内轻轻簸几下，倒入盛满水的容器内，如此进行 2 ~ 3 次，并将豆芽搅动数次，借助水的浮力，绝大多数豆壳沉入水底，少数浮在水面，可用软扫帚将水面上的豆壳扫到一起，用塑料网纱捞出豆壳，取出豆芽。

4. 红砖压生产豆芽

传统豆芽生产加盖不加压，生产周期较长，生长的豆芽有老有嫩，有强有弱，甚至出现长叶和烂芽现象。采用红砖施加压力，可使豆芽生长均匀一致，产生强大的膨胀力，将红砖顶起数寸高，到时取出豆芽，洗净豆壳即可出售。用红砖培育豆芽，可先备好 10 个无盖简易包装木箱，先在箱底板上钻 9 ~ 10 个直径约 1 厘米的洞眼，要求能流出水即可。每箱备 3 块建筑用的干净红砖，最好用刚烧出窑的红砖。同时，每箱准备 1.5 ~ 2.5 千克茅草，茅草具有不易腐烂、不吸收水分和抗腐蚀、除秽、保温等特点，使豆芽不易出现烂芽现象。也可用稻草（除去稻叶）及麦秸，但其易吸水，又易溶解碱性物质，影响豆芽生长。在寒冷的冬季，则可用锯木屑。

选好豆种，用清水冲洗，然后浸种 3 ~ 4 小时。等豆种膨胀后捞出，放入箱内，每箱放豆种约 3 厘米厚，铺平后盖干净的新鲜茅草 5 ~ 6 厘米厚，然后并排压上 3 块红砖。为了保持箱内湿度与温度，应注意淋水，随着豆芽的生长及温度升高，淋水的次数和用量相应增加。一般豆种入箱后第一天隔 12 小时淋水 1 次，第 2 ~ 3 天隔 8 小时淋水 1 次，第 4 ~ 5 天隔 6 小时淋水 1 次，以后则隔 4 小时淋水 1 次。在 20 ℃条件下，经 4 ~ 5 天即可采收供食用，温度低时要晚 1 ~ 2 天。管理中注意淋水要充足，每箱每次淋水半桶，约 10 升，后期水量要更多些。水要淋在红砖上，让水从箱面浸入箱底再缓慢地流出。冷天要用温水。在整个管理过程中，不要揭开红砖和茅草翻看。木箱的摆放位置根据气温高低不同而有差异，气温高时，可置于通风阴凉处；气温低时，可以在室内生火，提高温度。在长江以南地区，当豆芽长至 3 厘米左右时，就不再生火，因豆芽内的温度自然升高，不再需要增温了。但在长江以北地区，如无暖气设备，需继续生火。木箱下面用红砖或木头垫起，以免腐朽。用红砖培育豆芽，除具有一定压力外，经过高温处理的红砖比较洁净。同时，浇水后还能产生氮水解物质，刺激豆芽胚轴迅速生长，豆芽产量高、品质好。当箱内豆芽平面升高 15 厘米左右时，即可采收上市销售。

5. 草囤生产豆芽

草囤生产豆芽适用于我国北方地区，其特点如下：①时间短。黄豆豆芽只需 70 个小时即可出囤。②产量高。每千克黄豆种可生产 10～11 千克豆芽。③方法简单。单人每次可生产 10～15 囤。④不受季节气候限制。置于 20 ℃左右、光线暗、不透水的房间一年四季均可生产。⑤品质好。豆芽乳白色、晶亮，豆瓣淡黄色，不长叶，不生根，茎粗白嫩、爽脆多汁。

草囤生产豆芽的器具是草囤。草囤是用干燥而无霉烂的稻草编成。一般草囤上部有盖，底部直径约 60 厘米、高 45～65 厘米、厚 5 厘米，体积 0.127～0.184 立方米，每次可生产 40～55 千克豆芽。

生产豆芽前，草囤内外先用牛皮纸包裹好，在囤内再放一层聚乙烯塑料薄膜，薄膜下固定 1 个水管穿过囤底，以利于自然排水，防止囤底豆芽长期泡水。水管外部接软塑料管，排水时自然张开，不排水时自然闭合。豆种用 35 ℃温水浸泡，浸泡时不断用木棒搅动，5 分钟后用木板盖上，再用棉被包裹好，浸泡（泡豆）5 小时。泡豆水的温度要保持在 35 ℃左右。豆子膨胀裂口出芽，即可将豆种捞到木板上沥干水分。然后将豆种放入无水盆内，用旧棉被盖严，置于 20 ℃左右的豆芽生产房里，3 小时后豆粒出齐芽，这时盆内温度 30 ℃左右。然后将出芽的豆种均匀撒入囤内，加草盖密封，并加盖保温被、毯等物。囤的地面要铺一些麦秸，使其密封不漏气。囤的外围也要用旧棉被包上，保持恒温，以缩小温差。

出芽的豆种入囤后，每小时浇 1 次水，每次浇水量约 15 升。第一天浇入的水温约为 26 ℃，流出的水温为 30～32 ℃，囤内温度控制在 27 ℃；第二天浇的水温约为 24 ℃，流出的水温为 29～30 ℃，囤内温度控制在 25 ℃；第三天浇的水温约为 23 ℃，流出的水温为 27～29 ℃，囤内温度控制在 24 ℃；第四天浇的水温约为 25 ℃，流出的水温为 28～29 ℃，囤内温度控制在 26 ℃。掌握囤内外温度要用温度计测试。测试水温时，以水管流出的水温为标准。方法是把囤内流出的水用水盆接起来，将温度计插入水中，得出水温的数字。调温的方法是把水盆里的水依次循环浇到囤内 3～4 次，将囤内温度控制在一定的范围内。在正常情况下，5 小时浇 1 次水，若流出的水温高于要求时，可加凉水调到需要的温度。

草囤生产豆芽必须注意以下几点：①豆种须经严格选择，要求无虫蛀、无霉变和烂瓣，不能用有油花的水泡豆和浇豆，并控制好水的温度；②囤围不宜过大，以每囤装 4～5 千克豆种为宜；③严格控制豆种与风、光、空气的接触，豆芽生长期除浇水时间外，平时不要揭盖观察；④防止囤内积水；⑤豆芽按时出囤，时间过长，营养逐渐减少，不嫩不脆，外观形态差，商品价值低，时间过短则影响产量。

6.油毡筒、塑料袋批量生产豆芽

用油毡筒、塑料袋培育豆芽，具有取材容易、成本低、利于批量生产等特点，而且最适于冬季生产。

生产时，取宽1米的聚乙烯塑料筒状薄膜，用烙铁将一头烫合，在袋底的一角剪1个洞，插进1个直径约1厘米的硬塑料排水管，用细绳扎牢。在排水管插向塑料袋的一头要烫出2圈排水小孔，并包上1块纱布或窗纱，防止排水时将豆冲出。然后，将油毡缝成一个口径约60厘米的圆筒，并各剪一直径约65厘米的塑料薄膜圆片和油毡圆片做垫。

在屋内墙角适当的一面，离墙80厘米处筑一条窄墙，高80厘米，长度可按放置塑料袋个数而定，使其与室墙形成一个长方形空槽，在小墙的前下方留出排水孔，塑料袋下面的排水管可由此孔伸出。最后，将油毡筒放入窄墙内，前后均离墙5~10厘米，然后在油毡筒的四周填满无霉、无味的碎草、麦秸或秕糠等保温物，填充高度离油毡筒上口3~4厘米。为了防止油毡筒被挤扁，可先将油毡筒填满压好，待外层填好后，再将筒内物料掏出，但不要掏完，应剩下20厘米厚，铺成前低后高，以利于排水。这时放进1块油毡圆片把碎草盖好，并将塑料袋放入油毡筒中，在油毡筒的前下方挖1个小孔，连接塑料袋的排水管由此孔伸出。塑料袋放入油毡筒后要将四周抚平，高出筒外一节，朝外向下翻，套在油毡筒的上口缘，并用铅丝圈牢，防止塑料袋往下滑。在塑料袋底部再放一圆垫片，盖住不平的皱褶，防止积水烂豆。

上述为1个油毡筒塑料袋的制作方法，一般5袋为1组，每袋加入5千克豆种，可生产50千克的豆芽成品，可每天连续生产。如果再扩大生产，则可增加油毡筒塑料袋数。保温槽除了用砖砌外，也可用木板等间隔，或用1个口径80厘米的大油毡筒，内装1个较小的油毡筒，两筒间隙为7厘米，间隙内填充保温材料。保温外套也可用大柳筐、草垫及废铁皮等代替，可以就地取材，灵活运用。

（二）大批量生产

大批量豆芽生产要保持室内潮湿、阴暗和气流稳定。大批量豆芽生产属经营性的专业化生产，多为流水作业，循环操作，每天既要浸豆、催芽，又要产出豆芽，不间断周转生产。器具多采用木桶，其规格可分大、中、小号3种，一般大号木桶可生产 60 千克豆芽，不能过多。各种规格的木桶底部都是活动的，可以方便拆卸，便于清洗、消毒和翻倒豆芽。在生产过程中，随着豆芽的伸长生长，不同规格的木桶可轮回周转使用，从而提高木桶的利用率，如在豆芽生产的第一、二天，先放在小桶中培育，到第三、四天，转放在中桶内培育，到最后的第五、六天，才放在大木桶内培育。

淋水管理同一般豆芽生产一样，每次淋水前，将草袋、麻袋或多层纱布等覆盖物揭开，淋水后再及时遮盖严密。淋水次数一般夏季每隔 4 小时浇淋 1 次，冬季每隔 6 小时浇淋 1 次。注意浇淋豆芽时，每次都必须将桶内的豆芽浇透。由于生产批量大，要配备专业人员从事淋水管理。同时，由于用水量较大，可在室内挖井，采用井水浇淋。井水冬暖夏凉，可以直接浇淋；如果用自来水，冬天要兑热水，以保持淋水温度在 27 ℃左右。为便于管理，冬季室内要生火炉，专门用于浇热水等。

大批量生产豆芽特别要注意消毒和防腐。一是进行豆种处理。选用新鲜、无病虫和无破碎烂粒的豆种，在温水中浸泡 4 ~ 6 小时，要求水面高出豆面 2 厘米，并在浸泡前期多搅动几次，待种子浸涨后捞出，再用 3% 石灰水浸泡 5 分钟，不断搅拌，随后立即捞入温水中清洗干净。也可用 0.1% 漂白粉混悬液搅拌消毒 10 分钟后，马上捞出用温水冲洗干净。二是注意器具的清洁和消毒。

生产用的木桶应经常放在阳光下暴晒，以杀死病菌。木桶在使用较长时间后，应经常检查、修整，及时换掉底部变质腐朽的部分，防止细菌滋生。同时，浇水用具和覆盖物等要保持清洁，经常用开水浇淋消毒，或用石灰水消毒。方法是用 1 口水缸常贮石灰水，将所用设备和器具在石灰水中浸泡 1 小时以上，捞出后用清水冲洗干净。生产豆芽的工具应专用，不要与一般工具混用。注意水源要干净，防止污染。

### （三）无根豆芽生产

在生产豆芽时，除长芽之外也长根，由于根须较长，食用不便，若在食用前摘根，又较麻烦。所谓无根豆芽，实际上并非无根，只是无须根，只有秃头的胚根。与普通豆芽相比，无根豆芽主要有 5 个特点：①无根豆芽外观无须根，胚轴粗细一致，颜色洁白，嚼之无纤维感，感觉肥嫩、爽口。②无根豆芽子叶占 60%，胚轴和胚芽占 40%，而普通豆芽的须根占 10% 以上，所以无根豆芽食用率比普通豆芽提高 10% 以上。③无根豆芽品质良好，肥嫩、粗壮、爽口、食用方便，而且营养成分高，如维生素 C、氨基酸、糖等都有所提高。④无根豆芽不仅无须根，胚轴洁白，而且豆瓣没有红色斑点，符合制罐头出口的要求，所以可作为生产罐头的原料。另外，无根豆芽还可脱水制成干品，出口日本；有根豆芽须根长，颜色不白，豆瓣带红色，不适合制作罐头。⑤无根豆芽食用方便，可节省大量摘根时间。

关于无根豆芽培育的机理国内外有较多的研究。据 Ahmad 和 Mohamed（1988）研究表明，在豆芽生产中用一些能产生乙烯的物质，如乙烯利、对氯苯氧乙酸等植物生长调节剂，在豆种浸泡后 24 ~ 60 小时进行处理，可使豆芽下胚轴膨大增粗，胚根长度缩短。其机理是乙烯抑制了胚轴及根部细胞的伸长，促使细胞呈辐射状膨大。也有人认为，无根豆芽是由于植物的根、茎和芽等不同器官对植物生长调节剂浓度的反应不同。一般根较敏感，需要较低的浓度，而促进芽和茎生长的浓度较高。因此，能促进芽和茎生长的施用浓度往往能抑制根的生长。

生产无根豆芽的方法是在豆芽生长过程中，通过使用植物生长调节剂——无根豆芽药剂抑制胚根及初生根的生长，促使胚轴粗壮。产品白嫩，食用方便，且营养成分较普通豆芽提高，食用率也提高。现介绍以下 3 种无根豆芽素及施用方法。

1. 用 NE-109 生产无根豆芽

江苏省南京市蔬菜研究所从 1980 年开始，经过 3 年试验，利用食品添加剂 NE-109（萘乙酸）培育无根豆芽，豆芽的食用率提高 15% ~ 20%。该技术经过江苏省及全国食品添加剂标准化技术委员会审定，认为是安全可行的。1984 年，全国食品添加剂标准化技术委员会第六次年会通过卫生标准，认为该食品添加剂对豆芽无药害，对营养成分无破坏，食品安全，符合相关部门卫计委颁发的食品添加剂的要求。

NE-109 为白色粉末，易溶于水，性质稳定，长期存放不变质，具有高效，易生物降解，对人、畜安全，对鱼类无害等特点。生产黄豆芽时使用 NE-109 1 号药剂和 2 号药剂。在培育过程中，用药剂处理 2 次，方法如下：种子用清水浸 4 ~ 6 小时，再用 0.1% 漂白粉混悬液浸半分钟，搁置 1 分钟，然后用清水淘净，放入容器中。豆芽长至 1.8 厘米时，用 NE-109 1 号药剂溶液（每包兑水 50 ~ 75 升，水温控制在 25 ℃左右），将豆芽浸泡 1 分钟，一般 1 千克黄豆用药液 2 ~ 2.5 升，处理后取出搁置 4 ~ 6 小时，再用清水淋洗。当芽长至 5 厘米时，用 NE-109 2 号药剂溶液（每包兑水 50 ~ 60 升），浸泡 2 分钟取出，搁置 5 ~ 6 小时后再淋水。500 克黄豆第一次用药液 2.5 千克，第二次用药液 3 千克。第二次用 NE-109 处理后，当下胚轴伸长、胚根基部呈圆形、无须根时，即表明豆芽发育成熟，可以上市。用豆芽机培育豆芽时，黄豆芽用 NE-109 2 号药剂溶液（每包兑水 250 升）处理 2 次，第一次在芽长至 1.8 厘米时，第二次在芽长至 5 厘米时，每次淋洗 9 分钟，2 次间隔约 1.5 小时。药液淋洗 4 次后，废弃另换新药液。

2. 用芽豆素生产无根豆芽

芽豆素是生产无根豆芽的专用制剂。不同类型的芽豆素可适用于黄豆、绿豆及蚕豆芽的生产。芽豆素具有高效、易被生物降解、在动物体内无蓄积和致癌作用、不污染环境、在豆芽体内基本无残留、对营养成分无破坏等特点。芽豆素为白色粉末，易溶于水，性质稳定，长期有效不变质，使用安全方便，对人、畜、鱼类无害。经过技术鉴定和安全性评价，符合相关部门卫计委颁发的《食品安全性毒理学评价程序》的要求。

芽豆素的剂型有黄豆芽专用型（C-1 型芽豆素、C-2 型芽豆素）和绿豆芽专用型（D-1 型芽豆素、D-2 型芽豆素）。每袋重均为 5 克。适用于传统手工工艺操作，也可与豆芽机配套使用。

无根黄豆芽生产时，第一次处理，用 C-1 型芽豆素 1 袋，加水 25 ~ 37.5 升，当黄豆芽长至 0.5 厘米时，浸泡或淋浇 5 ~ 15 分钟，经 3 ~ 4 小时后淋清水。第二次处理，用 C-2 型芽豆素 1 袋，加水 25 ~ 37.5 升，当黄豆芽长至 4 ~ 4.5 厘米时淋浇，经 3 ~ 4 小时后淋清水。

3. 用 EN-609 生产无根豆芽

EN-609 为白色针状结晶，易溶于水，化学结构稳定，是培育无根绿豆芽和黄豆芽的专用剂，经山西省卫生防疫站进行食品卫生测定，符合国家安全食用标准。EN-609 处理豆芽后，芽小根短，胚轴大，外观白胖，食之爽口。

（1）EN-609 与豆芽机配合使用方法

将豆种放入培养箱内，在 35 ℃条件下淋水 3 小时，随后将温度控制在 25 ℃左右。之后每隔 1.5 小时淋水 1 次，每次 10 分钟，共淋水 7 次。第一次处理在豆芽长至 1.8 厘米时，即豆种放入箱内 24 小时左右，用 EN-609 药剂 1 包，加水 80 升，每隔 1.5 小时淋洒 1 次，每次 9 分钟，共淋洒 4 次，药液排净后再用清水淋 8 次。第二次处理在豆芽长至 5 厘米时，用 EN-609 淋洒，浓度和方法同第一次，将药排净后换上清水，每隔 1.5 小时淋水 1 次，一直到出售为止，约需 24 小时。

（2）EN-609 一般使用方法

当豆芽长至 1.8 厘米时，用 EN-609 药剂 1 包加水 35 升，浸泡 2 分钟，随后迅速排除药液，不可延时，以免皮层起泡。当豆芽长至 4 厘米时，再用同样浓度 EN-609 浸泡 2 分钟，迅速排除药液，不可延时，以免根部发红。

通常，1 包 EN-609 药剂可处理黄豆芽 3 ~ 4 千克，用过后倒掉，不宜再用。未用过的药液下次还可用，不会变质失效。EN-609 使用的浓度范围较窄，在配制时要称准水的用量，待全部溶解后，才能使用。如果配水量不足，浓度过高则会使豆芽畸变；如果配水过量，浓度过低，则达不到预期效果。同时，药液要搅匀。温度会直接影响 EN-609 的溶解性和药剂效果，最佳温度为 25 ℃左右，如高于 30 ℃，药液容易失效；低于 20 ℃，作用降低，影响胚轴生长。

### （四）用豆芽机生产

豆芽机是根据豆芽生长对环境条件的要求，通过自动控制系统，在育苗箱内营造一个适合豆芽生长的温度、湿度及空气组成的小环境，从而达到高效、优质、高产目的的生产机械。目前，市场上通用的豆芽机按其生产方式分为水浸式和喷淋式两种，按生产量分为单机式和装置式两种。目前，北京宇翔、诚达等单位制作了自控豆芽生长机。豆芽机由芽箱、温度自动控制装置、淋水自动控制装置、气体控制装置、排水管装置以及生长器等部分组成。用豆芽机生产豆芽，水可多次循环使用，若将无根豆芽药剂与豆芽机配套使用，生产无根豆芽，豆芽食用率可提高 30%，而且商品性好，经济效益高。

1.豆芽机的类别及技术性能

豆芽机的种类和生产厂家很多，主要有 5 种类型。目前，我国普遍生产的是中、小型豆芽机，主要型号及技术性能如表 2-1 所示。

表2-1　豆芽机的主要类型

单位：千克

| 类　型 | 日产量 |
| --- | --- |
| 家用豆芽机 | 1 ~ 5 |
| 小型豆芽机 | 10 ~ 50 |
| 中型豆芽机 | 100 ~ 300 |
| 大型豆芽机 | 500 ~ 800 |
| 机器育苗场 | 1 000 ~ 10 000 |

（1）FH-1 型自动快速发芽机

220 伏交流电，50 ~ 60 赫兹，加热功率 2 千瓦，温度调节范围 18 ~ 35 ℃，连续可调；水箱容量 0.098 立方米；育芽箱容积 3 立方米；外形尺寸 820 毫米 ×450 毫米 ×1 350 毫米，机器净重 125 千克。

（2）DY-60 型自动豆芽机

额定产量 60 千克；220 伏交流电，50 赫兹，加热功率 2 千瓦；温度调节范围 21 ～ 32 ℃，连续可调；喷水时控 0 ～ 4 小时，连续可调；每次喷水延续时间 0 ～ 5 分钟，连续可调；育芽箱容积（6 个总和）1.63 立方米；外形尺寸 850 毫米 ×590 毫米 ×1 500 毫米，整机净重 160 千克。

（3）ZYJ-200 型自控豆芽生长机

装豆量 30 千克（分装于 12 个盆式生长器）；产量 180 ～ 250 千克；220 伏交流电，50 赫兹；加热功率 2 千瓦（室温 23 ℃时，耗电量 35 千瓦时 / 周期）；耗水量小于 1 立方米，工作环境温度 5 ～ 42 ℃，相对湿度小于或等于 85%；外形尺寸 135 毫米 ×980 毫米 ×1 900 毫米，整机净重 400 千克。

（4）ZYD 豆芽快速培育机

生产周期 2 ～ 3 天，可循环生产，每次生产豆芽 150 ～ 250 千克。1 千克黄豆可生产 7 ～ 10 千克黄豆芽，1 千克绿豆可生产 8 ～ 12 千克绿豆芽。220 伏交流电，50 赫兹；平均耗电功率，室温 20 ℃，小于 40 瓦。耗水量不大于 0.3 立方米；外形尺寸 1 500 毫米 ×650 毫米 ×1 050 毫米。另外，机箱尺寸也可缩小。

2. 生产方法

豆芽机生产豆芽时，生产前培育容器及器具应进行清洗消毒，可选用 0.2% 漂白粉混悬液，或 5% 明矾溶液，或 2% 碳酸氢钠溶液浸泡消毒，然后用清水洗净。将选好的豆种放入培养箱生长器内，将感温控头插入箱顶的探头架上，关紧箱门，温度调节在 40 ℃处，连续循环淋水 3 小时后，将水排干换清水。之后每隔 1.5 小时淋水 1 次，每次 10 分钟，温度调节在 21 ～ 23 ℃，进入正常管理。待豆芽平均长 1.8 厘米时进行第一次药剂处理，用 NE-109 2 号药剂将豆芽机水箱内的水配成 1 : 250 000 的无根豆芽药液，用药液淋豆芽，每 1.5 小时淋 1 次，每次 10 分钟，共淋 4 次。之后将药液排净，换上清水，再每隔 1.5 小时淋清水 1 次，每次 10 分钟。豆芽平均长 5 厘米时，进行第二次药剂处理，处理方法与第一次相同，仍然是结合淋水，用 1 : 250 000 的 NE-109 2 号药液，每 1.5 小时淋 1 次，每次 10 分钟，淋 4 次后排净药液换上清水，恢复正常管理，每 1.5 小时淋清水 10 分钟。一般 3 ～ 3.5 天豆芽达到商品标准，把其从培育箱内取出，放进水池漂去种皮，即可装筐销售。

### （五）绿瓣豆芽生产

传统的豆芽是在完全黑暗环境中生产的，呈乳白色或乳黄色的芽体供食用。绿瓣豆芽是在弱光条件下培育的子叶为浅绿色、下胚轴为乳白色的豆芽。绿瓣豆芽除子叶（豆瓣）颜色与传统豆芽不同外，其下胚轴较长，销售时捆成把或小包装上市，风味与传统豆芽相似，但维生素 C 含量高。绿瓣豆芽利用保护地栽培，方法简便，又采用沙培，清洁卫生，所以受到消费者的欢迎。

#### 1. 生产方法

绿瓣豆芽目前多用黄豆、黑豆和红大豆栽培。生产场地一般为日光温室、大棚等保护设施，采用育苗盘、盆或缸、木桶或发芽池等容器，但不可用铁器，以防铁锈污染。所用容器底部必须有排水孔，还需要麻袋、草苫或塑料膜等覆盖物。生产间每平方米用硫黄粉 250 克、锯末 500 克混合烟熏，密闭 12 小时后通风。生产器具用 40% 甲醛 100 倍液浸泡 30 分钟，或用 10 毫克 / 千克漂白粉混悬液浸泡 30 分钟，用清水洗净后放置 2 天待用。选择前茬无严重土传病害、土壤透气性、渗水性好的棚室，将地耕翻整平，做成南北向延长的畦床。床宽 120 ~ 150 厘米、深 10 ~ 20 厘米，床间筑 30 ~ 35 厘米宽的床埂。也可将地翻松、整平后用红砖铺砌床埂，做成地上式苗床。种子清洗后，放入 50 ℃温水中，迅速搅动，约经 15 分钟，待水温降低至 30 ℃时，继续浸泡，夏天泡 12 ~ 14 小时；冬天泡 24 小时。如需培养无根豆芽，浸种时，每 10 千克种子用 50 升水，加 4 毫升无根豆芽素。种子捞出后，沥去多余水分。床底铺一层厚 2 ~ 3 厘米细河沙或细净土，轻轻抹平，按实，但勿踏压。然后播入种子，每平方米需播干种子 2.5 ~ 3.5 千克，粒挨粒铺平，不要成堆。播种后用平手掌轻轻按压，使豆种平放土上，然后盖 2 ~ 4 厘米厚潮湿细河沙并抹平。盖沙后立即喷 1 次水，要浇透，每平方米用水 1 ~ 2 升。播种后，夏秋季每 2 天喷水 1 次，冬春季 3 ~ 4 天喷水 1 次。播后 3 天，豆芽长至约 3 厘米时重喷 1 次水，然后停灌，使床面板结。过 1 ~ 2 天，当豆种拱土"定橛"、床面出现裂缝时，将覆盖的河沙起走，使豆苗子叶微露，随即喷水，冲净叶上细沙，使豆芽全部露出来，再用湿麻袋、黑棉布或单层遮阳网遮阴。将河沙起走又称除沙，为避免触伤豆芽，最好用手抓（称抓沙）。抓沙后用干豆量 5 ~ 8 倍的水，均匀洒于地面，以利淋沙和保湿，以后根据畦内湿度 2 ~ 3 天喷 1 次水。上市前 2 天，最好另换白棉布或单层遮阳网覆盖，造成弱光条件，以利于子叶绿化。当豆芽长至 8 厘米时，除去遮阳物，进行见光处理，增色增绿。生长期间，棚室温度应不低于 14 ℃，不超过 30 ℃，以 20 ~ 25 ℃最为适宜。豆芽长至 1 ~ 3 厘米时，随喷水加入无根豆芽素，每毫升兑水 2 ~ 2.5 升。一般经 6 ~ 12 天，当豆芽长至 12 ~ 20 厘米，子叶半张开，尚未平展，真叶微露时采收。采收时，可用花铲或特制铁丝铲轻轻将豆苗兜底铲起，抖落净沙子后带根捆把。绿瓣大豆芽产品下胚轴比普通黄豆芽粗长，色泽乳白，小叶（豆瓣）绿色，形态美观，口感柔嫩，风味近似黄豆芽。通常 1 千克干种子，可生产 8 ~ 12 千克绿瓣豆芽。采完后培养基（沙子）应彻底淘洗干净或消毒，可将沙子放入 10 毫克 / 千克漂白粉混悬液中浸泡 30 分钟，用清水洗净后放置 2 天方可再用。

2. 注意事项

绿瓣豆芽生产要注意以下几点：①播种时容器内的种子不可太多、太厚，否则底层种子受压力大，芽体弯曲细小，有时甚至不发芽而引起烂种；②发芽前必须倒缸，使缸内所有种子都处于同一环境中，利于发芽一致；③发芽后喷淋，不可冲动种子，应保持芽体不受损伤；④喷淋和浸泡要用同室温的清水，一直喷淋浸泡到种芽层内温度与室温相同，否则芽层内因呼吸散热，温度太高而引起烂种、烂芽；⑤发芽初期如有腐烂，可用 4% 石灰水浸泡种子 1 分钟，再用清水洗净，如芽体伸长后出现腐烂，则应提前采收，然后对器皿进行消毒处理。

## （六）豆芽生产中易发生的问题及防治措施

1. 豆种不发芽

豆种不发芽主要由于豆种质量问题和处理效果不好而引起。豆种保存不当，遇到高温、高湿、受潮霉变；豆种本身为不成熟的嫩粒、病粒、虫粒和碎粒，已丧失发芽能力；发芽前未认真进行豆种处理和浸种，或培育豆芽时，温度过低，水分过少；浸种时间过长，或豆芽培育器具内的豆芽长期浸渍在水中，与空气隔绝，因缺氧而影响生芽。找出不发芽的原因，采取相应的防治措施。

2. 豆芽生长缓慢

豆芽生长缓慢的主要原因是豆种质量差，或生产前豆种选择和处理得不好，使豆芽生长速度减慢；生产豆芽时气温和水温太低，生长过程中水分供应不足等。根据发生原因，采取相应的防治措施。

3. 豆芽生长细弱

豆芽生长细弱的原因主要是生产周期过长，豆芽过于成熟老化，同时豆芽暴露在空间，与空气接触或见光时间太久；培育豆芽的温度过高，豆芽生长过快、过长，胚轴细弱；水分偏少，胚轴不能充分吸水生长。防治措施：缩短生产周期，掌握在胚轴充分伸长、子叶始露时及时采收；在培育容器上方，用草袋、麻袋、稻草等遮盖严密，避免与空气直接接触。淋水后注意及时将覆盖物盖上；温度过高时，要用冷水浇淋。同时，将容器放在遮阴和空气流动较稳定处。按时淋水，每次淋透。

4. 烂豆芽

烂豆芽是由于病菌侵染引起，通常在培育后 3 ~ 4 天开始出现。一般在胚轴的底部或胚根上部开始溃烂，然后逐渐扩大、蔓延，严重时整个容器内的豆芽全部腐烂，导致"烂缸"。引起烂豆芽的原因有以下几个：用水不清洁、水中含有机物多、有致病的细菌，或由于淋水不及时、不均匀；培育容器和水桶、草囤及覆盖物等消毒不彻底或沾有油污；豆种本身已发霉变质，或带有病菌，还有些病虫豆粒和破瓣粒不会发芽，亦容易腐烂；气温变化大，时冷时热，特别容易发生烂豆芽；培育豆芽时温度过低，延长了育芽天数，也容易导致病菌侵染，引起烂豆芽；培育时温度过高，而淋水时水温又过低，也易造成烂豆芽。防止烂豆芽的措施有以下几项。

（1）豆芽生产场地及时消毒

场地、土房及器具应保持清洁，经常消毒。场内严禁堆放化肥、农药、柴油、油脂及其他化学药品，豆芽生产人员严禁接触油污、化学药品，不要用脂质润肤品、头油、化妆品等，饮酒后切勿进入场内，防止细菌侵入。生产豆芽的容器及器具等要经常保持清洁卫生，特别是对有腐斑的容器要严格消毒。可选用 0.2% 漂白粉混悬液，或 5% 明矾溶液浸泡消毒。也可用沸水煮烫、太阳暴晒等方法进行简易消毒处理。对培育豆芽的缸应进行加温消毒，方法是将缸扣在烧旺火的煤炉上进行高温消毒，在近地面垫一木条，留出一小口，以利通气。经半小时后，将缸翻过来，把煤炉放入缸中，继续高温消毒半小时，即可将病菌全部杀死。

（2）豆种处理

用 0.2% 漂白粉混悬液，或 5% 石灰水，或 2% 碳酸氢钠溶液洗种，也可用热水烫种，既可对豆种表皮消毒杀菌，又可调整豆种发芽时酶的活性，提高发芽率。

（3）控制育芽温度

要求室温保持在 20 ~ 25 ℃。在气温冷热发生较大变动时，应通过淋水的方法调节与控制温度，防止烂豆芽。每次淋水都要让全部豆芽浸泡在水中，使豆芽温度与水温趋于一致。同时，保持培育豆芽容器周围环境的温度，温度过低影响豆芽生长时，应采取加温措施提高室温，或在容器四周加保温层，减少热量的散失，或用温水淋浇容器，以免由于温度低，培育天数延长而导致豆芽霉烂。

（4）水质要清洁

最好用新鲜的井水或自来水，不能用不清洁的河塘水。浇淋水要适时，一般每4～6小时淋1次。夏季容器内温度易升高，淋水的次数应增加，水温要低，淋水量要大。每次淋水都要淋透、淋均匀，如水温较高，可在水中加入少量石灰或明矾。冬季采用温水浇淋。及时淋水可使豆芽新陈代谢后产生的废污物质及时排出。

（5）使用消毒净

消毒净为白色结晶粉末，具有高效、安全、无残留的特点，是一种较好的消毒剂，能杀灭细菌、真菌、结核杆菌、蜡样杆菌、大肠杆菌、芽孢和病毒等。消毒净对人、畜安全，无蓄积毒性和诱变作用。用消毒净3 000倍液淘洗浸泡3～5分钟，即可消灭豆种表皮的各种病菌。在豆芽生长期间与发病初期，用消毒净500倍液喷洒1～2次，可抑制病菌滋生；在发病中期，用消毒净300倍液浸泡病豆10～15秒钟，可达到控制蔓延的目的；在发病后期，用消毒净500倍液喷洒病豆芽，然后挖坑深埋，并将器具用消毒净200倍液浸泡3～5小时，可防止以后发病。

5.豆芽易长须根（又叫花根）

生产豆芽时，有时须根又长、又多、又密，生产无根豆芽时，也会长出须根。水温太高，或浇水间隔时间太短，易造成只长根不长胚轴。为防止豆芽长须根，可在生长期间，注意调节与控制生产环境的温度，使其适合豆芽生长；淋水时用冷水降低温度；将培育豆芽的容器放置在能遮光同时空气流动稳定的场所，并在豆芽表面及四周遮盖严实，不要经常揭开遮盖物；观察豆芽生长时，应尽量减少豆芽与空气接触的时间；适当延长浇水间隔时间；采用无根豆芽调节剂抑制根的生长，但应注意合理配制。

6.豆芽红根

在豆芽胚轴底部出现红棕色，即为豆芽"感冒"，影响豆芽生长和外观形态。这是由于在豆芽生长期间，不按时淋浇水、淋水温度忽冷忽热、淋水时间忽长忽短、淋水的水量不足、散热不好等。因此，生产中要严格掌握好水温，定时淋水，控制好室内的温度，淋水量要充足，以促进热量散发。切忌让豆芽忽冷忽热和脱水伤芽。

7.热芽（或称烫芽、烧芽）

豆芽生长初期，开始出现发红、发暗，生长停滞，随后呈水渍状霉烂。这是由于温度过高，淋水不及时、不均匀。因此，在育芽初期淋浇水时，要注意淋透、浇透并淋浇均匀。最好先用比豆芽内温度低3～5℃的水淋浇，再用常规水淋一遍或进行浸泡,但浸泡时间不宜过长,或在淋水时要兜底翻动,消灭死角,尽量避免豆芽在幼芽时受热。

8. 芽根发黑

冬季生产豆芽时,豆芽根部易发暗、发黑霉变,芽茎色泽不鲜,子叶也易霉变,出现烂斑。这是由于在生长中期,淋水水温太低。因此,要注意提高水温,补充热量,使豆芽正常生长。

9. 豆芽折腰

豆芽折腰表现为豆芽两头好中间烂,降低商品质量和食用价值。这是由于生产周期过长、后期淋水温度过高、豆芽太长。因此,生产中要注意降低最后3次淋水的水温,观察豆芽长势,必要时采取消毒杀菌手段,同时要及时出售。

10. 花脚膀、烂根斑

根部短,无须根,胚轴下部有红斑,烂根,豆芽呈红褐色。这些多由于在生长初期至中期冷热大起大落,以3、4月份最多见。因此,生产中淋水时要掌握水温,不能忽冷忽热,水温要稳定。出现这种现象的豆芽一般难以挽救,应尽快采收,按质论价出售。有时,在生长过程中,豆芽生长一切正常,但胚芽好像受到抑制,无根尖长出,且根部呈椭圆形,豆芽粗短。这是由于喷施药剂不当,特别是一些无根药剂,如EN-609、NE-109等,配制浓度过高或喷施量过多,就会出现这种现象。

11. 老鼠洞

有一团团的烂糊陷窝(称为老鼠洞),严重时大面积豆芽坍下去。这主要是由于在豆芽生长初期,热量没有完全散尽,造成生长中期烂糊陷窝。黄豆芽胚轴粗,豆瓣大,豆芽之间的间隙大,相对来说热量比较容易散发;绿豆芽的芽头和胚轴粗细差不多,间隙小,热量难散发。特别是在夏天生产时,更需充分散尽热量。陷窝的烂糊豆芽要及时去掉,以防止扩散蔓延。

一团团的烂糊窝团俗称"刺猬团",症状与老鼠洞相似,严重时,满缸出现,造成塌缸现象。主要原因是育芽器内,种豆不纯、不精,病豆、瘪豆、破碎或腐烂豆粒多,含有大量细菌,吸水后膨胀腐烂。防治措施:选择种豆时,严格按操作程序,剔除病豆、碎豆和瘪豆,并进行消毒处理。在预生过程中,要对豆种进行搅拌、翻动;淋水期间注意水质,采用干净的水源,调节好水温,为了不使豆芽黏团,在初期淋浇水时,可用干净的手轻轻搅拌种豆,以免霉烂豆粒成团。

12. 伤水

伤水又叫伤芽,表现为根长,颜色呈糙米色,发脆易断,芽体出现水渍斑。

在豆芽长至 2 厘米后，由于室温太低或浇水过多、过频，豆芽达不到生长所需的正常温度，这种情况在冬天多见。生产中应注意提高室温和水温，减少浇水量。

13. 坐僵

坐僵又叫坐缸，表现为豆瓣大、胚轴细，豆芽生长无力。这是由于浸豆过于膨胀，致使芽头变形增大，缸下面 40% 的豆芽发酸、发臭，出水洞流出白浆水。排水太慢，缸内有积水，豆芽内持续高温也能造成坐僵。生产中要掌握适度的浸豆时间，同时加快排水速度。

14. 豆芽长势不均

一个容器内豆芽长势不均，有的芽长，有的芽短，形成蘑菇状，一般表现为容器四周豆芽同中间的生长不一致。这是由于容器内温度不一致。冬季，外界温度低，容器四周温度比中间低，四周豆芽生长比中间的慢；夏季则相反，四周豆芽生长比中间要快。所以，在生产过程中，一定要将容器四周的保温物填实，起到保温效果。也可用淋水调节温度的方法改变豆芽长势不均的现象。

有时出现"缸头菜"，即处于容器上层的豆芽，因受氧气侵袭和外界气候的影响，同时因没有压力，松散性强，致使豆芽长得细弱、修长，粗纤维增多，严重的子叶长出，根部比例扩大，品质较次。防止缸头菜有两种方法：①拉上门窗上的布帘，控制生产房内的空气流通和光照。用棉被、稻草等覆盖物遮盖严实育苗容器，不要随便掀开，淋水后迅速密封；②可用高效助壮无叶剂或无叶激素剂等溶液喷洒，抑制根、叶生长，促进芽体萌动。

15. 豆芽畸形与异味

有的豆芽长得特别粗壮发胖，稍有酸味并伴有氨气味。这是由于个别商贩利用尿素或碳酸氢铵对豆芽催长，有的甚至用除草剂催生豆芽。在生产过程中，化肥会产生对人体有害的杂质，如缩二脲、缩三脲、三聚氰胺等。同时，化肥中所含的氨化合物有部分会转变成亚硝酸铵，危害人体健康。由于豆芽生长期短，化肥本身不能完全分解，人吃后会引起中毒。因此，生产豆芽必须禁止使用化肥和除草剂。

（七）黄豆芽简易保鲜方法

为延长豆芽保鲜期，一般在采收后送入冷库，用 3 ~ 8 ℃低温进行预冷，然后用塑料袋真空包装，每袋 150 克左右，可延长保鲜期 3 ~ 5 天。家庭生产黄豆芽可用塑料袋包装好，放在冰箱冷藏室内，能保鲜 2 ~ 3 天。

## 二、绿豆芽袋装生产技术

绿豆芽又称掐菜、如意银针等，富含维生素，有预防消化道癌症的功效。长期食用能消除血管壁中胆固醇和脂肪的堆积，防止心血管病变，还可清热解毒、利尿除湿、解酒。绿豆在发芽过程中，维生素 C 会增加很多，而部分蛋白质会分解为各种人体所需要的氨基酸，可达到原绿豆含量的 7 倍。据说，第二次世界大战中美国海军因无意中吃了受潮发芽的绿豆，竟治愈了困扰全军多日的维生素 C 缺乏病，这是因为豆芽中含有丰富的维生素 C。此外，绿豆芽富含纤维素，是便秘患者的健康蔬菜，含有维生素 $B_2$，对口腔溃疡有一定疗效。绿豆芽是祛痰火湿热的家常蔬菜，凡体质属痰火湿热者、血压偏高或血脂偏高者、多嗜烟酒肥腻者常吃绿豆芽，可起到清肠胃、解热毒、洁牙齿的作用。

绿豆的最低发芽温度为 2 ℃，豆芽最佳生长温度为 25 ℃。温度过低（18 ℃以下）生长缓慢，芽体不白，生长周期长，产量低；温度过高（超过 30 ℃），生长加快，豆芽细弱，有柴筋，品质差，而且容易烧芽烂缸。适合豆芽生产的空气成分是氧 10%、二氧化碳 10%、氮 80%，而空气中自然成分是氧约 21%、二氧化碳 0.03%、氮为 78%，不适合豆芽生产。所以，生产豆芽必须改变空气成分，降低光照，适时补水。

无根须绿豆芽的培育流程如下：称量种子→漂洗→烫豆→浸泡→装罐预生→淋水→预生结束→下罐进入生长期→小芽→药物控制根须→二芽→淋水→药物控制根须→淋水→中芽→淋水→长芽→出罐→漂洗去除豆皮→称取产量→批发零售（注：小芽指豆芽长 0.5 ~ 2.5 厘米，二芽 2.5 ~ 4.5 厘米，中芽 4.5 ~ 6.5 厘米，长芽 6.5 厘米以上）。

绿豆芽产品规格为芽身挺直，无弯曲，粗细长短基本一致，短豆芽所占比例不超过 4%；根茎雪白晶莹，无红根、黑根、烂根等不良芽菜；萎缩豆瓣呈鲜黄色，无斑点和浆烂现象，胚轴长 12 ~ 23 厘米、横径 4 ~ 6 毫米；口味发甜，爽脆多汁。

### （一）豆种的选择和处理

豆种应选择颗粒饱满而带光泽的豆粒。毛绿豆应选择青绿色、饱满、无虫蛀、无霉烂、无残缺、发芽势强的豆粒。主产于黑龙江省杜尔伯特蒙古族自治县的小明豆颗粒较小，颜色浅绿，发光发亮，种豆表皮覆盖蜡质，习惯称为东北豆、笨豆，适合生产细长豆芽。小明豆对药物敏感、喜凉怕热、抗病力较弱，用其生产豆芽时须加以注意。

用铁筛将豆种中的泥土和碎小豆粒筛除，用簸箕簸除残留的柴草、豆荚，再利用风力扬撒，除去瘪粒、虫蛀粒等。然后用水漂洗，除去泥土杂质、嫩粒和虫蛀粒。漂洗后倒入大盆中，加 80 ~ 90 ℃的热水烫豆消毒 5 分钟。冬季烫豆 5 千克需加热水 4 升，春秋季需热水 5 升，夏季需热水 4 升。然后加冷水降温至 45 ℃左右进行浸泡，要求水淹没豆面 66 毫米。浸泡后，种豆表皮软化、破裂，胚芽容易显露出来。浸种时还可与药物一起使用：在浸泡种豆的水温降至 30 ℃以下时，按 5 千克种豆加入无根素 1 支、增粗剂 1 支、多功能杀菌剂 1 支，分别倒入盆内，搅拌均匀，并将泡豆容器移入培育室，浸泡 4 ~ 6 小时。浸泡期内，每小时兜底翻动 1 次，以保证上、下豆种全部浸透。

## （二）豆芽的预生

豆种浸泡好后捞出，用 3.5% 石灰水浸泡 2 分钟左右消毒，然后捞入 30 ℃温水中清洗干净，倒入竹筛、竹篮等内，控净水分，放入育苗罐内。罐用塑料布盖住 2/3 左右，并用保温被将罐口全部封闭严实，预生 9 ~ 15 小时。预生过程中，每隔 3 ~ 4 小时淋浇 1 次水，每次用水量 10 升。水温四季变化在 25 ~ 30 ℃。淋浇前把塑料排水管的塞子拔开，排完后马上把塞子堵严。在预生过程中，淋浇的间隔时间不要过长。因为此时种豆还是豆粒，保留不住水分，无法保持湿度，如果淋浇间隔时间过长，种豆会因表皮干裂，造成干缩或出芽无力。另外，在严冬和初春，上层豆种会因室温偏低而出芽缓慢。所以，必要时可在预生过程中，在冲水前将豆种上下翻倒几下，以便受热均匀，出芽整齐一致。豆种预生主要是使其在正式进入育芽罐前露出 5 毫米的小白芽。

## （三）冲淋

把预生催出芽的种豆，连竹筛一起从育芽罐中端出，用力晃动几下，使粘连在一起的豆粒松散。然后倒入育苗罐中，边倒边用手轻轻、慢慢地摊平，使之厚度均匀一致。整好后淋浇 30 ℃温水 10 升。淋水最好用浇花的喷壶喷淋，每次必须淋透，不能留空白点。否则，容易出现高温烧芽、黑紫色芽或刺猬团（俗称老鸹窝）现象。淋浇完后，及时将罐口封盖严实，同时把排完水的塑料管口用玉米轴或碎布团等物塞堵住，预防冷空气流入，造成近排水管部位芽体须根增多。以后每隔 6 小时淋浇 1 次，水温 22 ℃。第二次冲淋无根药液 12 小时后，豆芽自发热量明显降低。为促进豆芽快长，可将冲水温度提高至 27 ℃左右，以免豆芽头大芽细，质量次，产量低。如冲水温度忽高忽低，或限氧塑料布掀得过少，会使豆芽根部发红、发黑，生长慢，芽体不白。淋水温度过高或淋水量太少，淋浇不透，在豆芽生长前期极易烧芽，出现熟烫芽或烂根芽。如果限氧塑料布掀得过多，罐内氧气充足，豆芽会烂头，而且叶片长得较大，受阳光照射，叶片会变绿。靠近门窗的育芽罐，开罐时易受冷风侵袭，上层豆芽会呈现粉红色或紫红色。因此，在种豆发芽期和小芽生长期温度应稍高。芽前，最好用 27 ~ 30 ℃的温水淋浇，小芽和中芽时用 21 ~ 24 ℃的水淋浇。此期间温度太高，豆芽因生长过快而瘦弱细长、粗纤维增多，质量差；大芽期，淋水温度必须提高至 27 ℃以上，以弥补豆芽自身发热量的不足。淋浇豆芽的用水量一般以淋浇到上面冲入水的温度与下面排出水的温度基本一致为标准，下面排出的水温比上面冲入的水温相差不能超过 2 ℃。前期豆芽自发热量高，水分消耗较快，淋浇间隔时间可短一些；后期自发热量低，水分消耗慢，淋浇间隔时间可长一些。一般每隔 6 小时淋浇 1 次。

### （四）药剂控制根须生长

种豆生成豆芽，除了长芽之外也有根，而且须根较长。无根豆芽从外观上看没有根，实际上不是无根，而是只有秃头的胚根，没有须根。用调节剂对豆芽进行处理，可生产出完全不生须根的豆芽。

1. 用 NE-109 生产无根豆芽

NE-109 易溶于水，每包重量 1 克，使用时需加水 30 ~ 35 升。生产无根绿豆芽一般需处理 2 次，第一次当绿豆芽长至 1.8 厘米时，用药液浸泡 1 分钟，2 ~ 5 小时后淋清水，每千克绿豆需药液 2 ~ 2.5 升。第二次当绿豆芽长至 4 厘米时浸泡 1 分钟，每千克绿豆需药液 3.5 ~ 4 升，2 ~ 4 小时后淋清水，然后正常管理直至出售。生产中应注意，在使用药液时，温度不超过 25 ℃。如果出现豆芽根部发红、色泽灰暗、皮层发青、豆芽粗短时，应先淋水降温，然后再进行处理，同时要增加兑水量，降低药液浓度；药液淋入前，须拔开排水管的塞子，以便药液尽快排出。冲药液后 4 ~ 6 小时仍按常规方法管理。NE-109 应存放在阴凉、通风、干燥处，防止受潮。NE-109 性质稳定，没用完的药液，下次可接着用。

2. 用芽豆素生产无根豆芽

芽豆素是生产无根豆芽的专用制剂，适用于黄豆芽、绿豆芽及蚕豆芽等。绿豆芽专用型（D-1 型和 D2 型）适用于传统手工工艺操作，也可与豆芽机配合使用，生产无根绿豆芽需处理2次，第一次用D-1型芽豆素1袋，加水25～37.5升，当绿豆芽长至0.5厘米时浸泡或淋浇5～10分钟，经3～4小时后淋清水。第二次用D-2型芽豆素1袋，加水25～37.5升，当豆芽长至4厘米时浸泡或淋浇5～15分钟，经3～4小时后淋清水。

3. 用EN-609生产无根豆芽

EN-609是培育无根绿豆芽的专用剂。

（1）EN-609与豆芽机配合使用方法

第一次处理：将豆种放入箱内24小时左右，芽长至1.8厘米时，用EN-609药剂1包，加水62.5升，每隔1.5小时淋洒1次，每次9分钟，共淋洒4次，待药液排净后再换清水淋洒8次。第二次处理：当豆芽长至4厘米时，再用EN-609淋洒，药液浓度及方法同第一次。将药液排净后换上清水，每隔1.5小时淋水1次，直到出售。

（2）EN-609一般使用方法

当芽长至1.8厘米时，用EN-609药剂1包加水35升，浸泡1分钟后迅速排除药液，不可延时，以免皮层起泡。当豆芽长至4厘米时，再用同样浓度浸泡1分钟，迅速排除药液，不可延时，以免根部发红。通常1包EN-609药剂可处理绿豆芽5～6千克。用过后的药液倒掉，不宜再用；未用过的药液，下次还可再用。

## （五）豆芽最佳出罐期与去皮除杂

1. 最佳出罐期

正常情况下，绿豆芽约经96小时，芽长至120毫米以上时，豆皮自行脱落，豆芽雪白如玉，晶莹鲜嫩，全部呈现浓蛋黄色，无绿叶，无毛须侧根，外观干净漂亮，豆瓣全部萎缩，此时为最佳出罐上市期。

2. 分离豆皮的操作方法

豆皮自行脱落后与豆芽混在一起，上市前应进行分离。分离的方法是向育芽罐内淋浇些冷水，使之降温变脆，然后取出3～5千克或更多豆芽，放入竹筛中，使劲晃动几下，使豆芽与豆皮分离，倒入盛有冷水的大水泥池中，或用其他能盛水的大口浅底容器，如大锅等，用笊篱翻搅几下，借水的浮力和冲击力使豆芽与豆皮分离，绝大部分豆皮沉入水底，少部分漂浮水面。然后用笊篱或扫帚将漂浮在水面上的豆皮和个别断碎根茎归拢在锅或水泥池的一边，把豆芽取出。把漂浮在水面的豆皮及杂质捞净，再继续放入豆芽，直到将豆芽全部去皮干净。罐内豆芽出完后，把沉在锅底和漂浮在水面的豆皮及断碎根茎捞出。

豆芽出罐后，不可用明矾进行浸泡增白，这是因为明矾是一种含有较大比重铅的无机物，人们长期摄入会引起神经、消化、泌尿及造血系统的病变。如果想保鲜增白，可用增白保鲜粉处理：在豆芽出罐前 3.5 小时，取增白保鲜粉 1 袋的 1/4 兑水 5 升，用喷壶喷淋 4～5 分钟。喷淋时注意温度和湿度，一般在温度为 24 ℃、空气相对湿度为 80% 的环境条件下效果最好。另外，该药剂是气体型处理剂，溶化后很快就会释放大量气体，所以溶解用水的温度越高，释放速度越快，故最好现用现配。豆芽出完后，立即把塑料圆垫片、塑料袋、排水塑料管放入清水中，刷洗干净，然后放入 3.5% 石灰水中浸泡半小时以上，捞出用清水洗净，置阴凉、干燥、通风处晾干、备用。也可用 0.1% 漂白粉混悬液消毒处理。

## 三、蚕豆芽生产技术

蚕豆别名胡豆、佛豆、罗汉豆，豆科蝶形花亚科蚕豆属，越年生或 1 年生草本植物，是人类栽培最古老的食用豆类作物，已有 4 000 多年的栽培历史，我国有 2 000 多年的栽培历史，是我国三大传统芽菜之一。

### （一）生产流程

蚕豆→挑选→过秤→入缸→淘洗→浇水→沥干→萌芽→漂洗→入缸→浇水→小芽→盖包→浇水→种芽→长芽→采收→装篮→过秤→出售。

### （二）规格质量

芽长不超过 2.5 厘米，双芽不超过 10%。无红眼，芽脚不软，无烂豆粒，壳内无积水。白皮豆、无芽豆不超过 5%，青皮豆、无芽豆不超过 10%，虫蛀豆不超过 5%。每千克豆种生产蚕豆芽 2.2 千克左右。

### （三）原料选择

蚕豆按种子大小分为大粒种、中粒种和小粒种。千粒重 800 克以上为大粒种，650～800 克为中粒种，400～650 克为小粒种。种子扁平椭圆形，出苗时子叶不出土。主要食用部分为子叶和幼芽。

生产蚕豆芽的种豆应选择种皮厚，千粒重 700 克以上的品种，如江苏启东

1号、浙江上虞田鸡青等。要求颗粒饱满，胚芽突出，瘪籽、嫩籽不超过5%，拣出虫蛀豆。青、白、黄、棕色豆混在一起时，最好能拣成清一色。

蚕豆产地广，品种多，以江、浙两省为主产区。浙江嘉兴地区和上海市金山区的红光青蚕豆，粒小、色青、饱满、皮薄、出芽快、出芽率高，口味香糯，易酥，是最好的品种。余姚、启东、崇明和嘉定的蚕豆品种，粒大、皮厚、出芽慢，口味粳性。云南、四川的小白豆，皮薄、出芽率高，一烧就酥，口味糯，但属淡性。

### （四）生产操作方法

蚕豆喜温暖湿润，不耐暑热，较耐寒，发芽的最低温度为3~4℃，最高温度为30~35℃，最适温度为16℃，生长适温为18~27℃。生长期间要求湿润条件，种子萌发需吸收相当于种子本身重量110%~120%的水分才能发芽。为保证产品质量，生产要求遮光环境。有传统生产方法和家庭简易生产方法两种。传统生产方法是在遮光避风的室内进行，可用缸、桶、水泥池或自制草囤。草囤制作方法是用经太阳暴晒、干燥无霉烂的稻草、谷草、麦秸、青草编结或草片缝制成有底、有盖的圆形草囤，草囤外用牛皮纸包裹好，囤内用塑料薄膜衬垫，囤下端固定一个小管，以利自然排水。为避免烂豆，生产前必须对器具及场地消毒。干蚕豆种皮厚而坚硬，一般应浸种36小时，如用新鲜蚕豆浸泡6~12小时即可，每3~4小时换水淘洗1次。待蚕豆泡涨，无瘪、无皱纹，切开断面无白心，豆嘴处皮壳未开裂时浸种结束。将其装入网袋，放入3%石灰水中浸泡5分钟，取出用清水冲洗2遍，沥干，用湿麻袋或棉布包裹，放入催芽器中催芽。1天后80%豆种露白时取出淘洗，转入培育容器。把沥干水的蚕豆放入培育容器中，灌满水，然后将水慢慢全部排净，再盖上湿麻袋或草包。收获前一般不再浇水，但若气温高，空气干燥，须用细眼喷壶喷淋少量水，防止风干。蚕豆芽生长时对室温、水温要求较低，一般四季均可利用自然温度的水喷淋，室温在10~30℃均可生产。若气温偏高，可通过室外遮光，室内喷水、通风等措施降温；气温偏低，可通过灶、炉等设施提高温度。传统生产方法生产的蚕豆芽以短芽为宜，一般芽长1~2.5厘米时采收。将发好的蚕豆芽取出，剔去烂豆粒和未发芽豆粒，用水浸泡6~8小时，装盘沥水上市。家庭简易生产时，可选择温暖、避免阳光直射的厨内、墙角、窗边、阳台等处。用废弃的器皿，如罐头瓶、陶罐、一次性快餐盒及塑料袋等，利用洁净的毛巾、纱布覆盖。生产前，将培养容器和覆盖用纱布、毛巾等放入开水中浸烫15~30

分钟，取出晾晒干；或用餐具消毒剂浸泡 10 分钟后用清水冲洗干净。一般 1 千克豆种生产 3 千克左右的蚕豆芽。选取蚕豆种，放入 60 ℃热水中浸泡 10 分钟，再加入冷水浸泡 30 小时，其间每隔 5 ~ 6 小时淘洗换水 1 次。结束后淘洗去黏液和污物，取出沥干，装入培养容器，用纱布或毛巾遮盖。6 小时后向培养容器内注水，水没过蚕豆表面，浸泡 2 ~ 3 分钟，倾斜容器，倒去水，重复 2 遍，沥干水，盖上毛巾或纱布，芽长至 1 厘米时采收。蚕豆芽生长对室温、水温要求较低，一般用自然温度的水浇淋、浸泡。一年中大致可分为 4—6 月份、9—11 月份和 12 月份至翌年 3 月份等生产季节，气候条件不同，操作方法稍有差异。

蚕豆芽采收后放在 3 ~ 8 ℃的冷库中进行预冷，然后用塑料袋真空包装，可延长保鲜期 3 ~ 5 天。也可用洁净的冷水泡，置避光、阴暗处，可保鲜 2 ~ 3 天。

## 四、豌豆芽苗生产技术

豌豆芽苗又叫"龙须豆苗""蝴蝶菜"，主要以幼嫩茎叶和嫩梢为产品器官，是一种常见的蔬菜。我国和东南亚地区将豌豆作为叶菜栽培，食用的苗叶叫豌豆苗。京津一带所称的豌豆苗是指专门密植软化栽培供食用的豌豆嫩苗；长江流域及其以南地区的豌豆苗则指专门栽培、采摘食用豌豆植株的嫩梢叶，上海、南京称之为豌豆苗，四川叫豌豆尖，广东和香港、澳门叫龙须菜，也有叫蝴蝶菜的。扬州叫安豆菜，每年岁首，餐桌上摆一盘安豆苗，意味着新的一年合家安泰、岁岁平安。

豌豆苗一般以幼嫩梢叶供食用，尤以托叶和幼芽将要张开时为佳。豌豆苗营养丰富，每 100 克中含胡萝卜素 1.58 毫克、维生素 $B_1$ 0.35 毫克、维生素 $B_2$ 0.19 毫克、维生素 C 53 毫克、钙 15.6 毫克、磷 82 毫克、铁 7.5 毫克、蛋白质 4.9 毫克。豌豆苗叶大、肉厚，鲜亮碧绿，纤维少，质地嫩滑，清爽脆嫩，素炒、荤做、凉拌、配汤均可，更是涮火锅的上品，色、香、味俱佳。

### （一）生产场所和器具

豌豆芽苗生长的最低温度为 14 ℃，最高温度为 28 ℃，适宜温度为 18 ~ 20 ℃。由于生产场地的温度不同，即使同一品种全生育期相差也很大，夏季从播种到采收只需 8 ~ 10 天，而冬季因温度低，从播种到采收需要 18 ~ 20 天。因此，北方地区豌豆芽生产场地多选择庭院、大棚、日光温室，而且多采用加温；南方地区使用不加温的温室或大棚。如果冬季最低温度低于 12 ℃，则需加温设施。夏季温度超过 30 ℃时需要降温设施。

栽培架可用角钢、钢筋等材料制成，设置 3 ～ 6 层，层间距 30 ～ 40 厘米，宽度视育苗盘的长度而定。栽培容器选用轻质塑料育苗盘，规格为长 60 厘米、宽 25 厘米、高 3 ～ 6 厘米。基质用无毒、质轻、持水力强、残留物易处理的洁净纸、白棉布、无纺布等，也可用细沙、珍珠岩、蛭石等。每盘播种豆 350 克左右，苗高 12 ～ 15 厘米时采收，每盘产量 1.5 ～ 2 千克。大面积栽培时应安装微喷设施，为降低成本一般采用人工浇灌，方法是把胶皮管的一头接在自来水龙头上，另一头装一个喷壶头，人工从苗盘上方喷淋。

还可在地面做畦进行土培或沙培，每平方米播种豆 1.5 千克，可收豌豆苗 6 千克左右。

### （二）品种选择及处理

生产豌豆苗用的品种除皱粒种外，其他品种均可。较好的品种有上海豌豆苗、美国豆苗、无须豆尖 1 号、白玉豌豆（小豆豌豆）、中豌 4 号、山西小灰豌豆、日本小荚和麻豌豆等。此外，还可用花豌豆、灰豌豆、褐豌豆等粮用品种。尽量不要使用黄皮、白皮或绿皮大荚豌豆。大荚豌豆在催芽和幼苗生长期易烂种，而且传染很快。用于生产豌豆苗的种子原则上要求无霉烂、无虫蛀、无杂质、籽粒饱满、大小匀称，纯度和净度高，发芽率在 98% 以上。播前用人工、机械或盐水漂洗等方法筛选，剔去虫蛀、残破、畸形、霉变的种子。然后将种子晒 1 ～ 2 天，夏天在阳光下晒 2 ～ 3 小时，并用竹垫或草席铺衬，以免在水泥地上晒伤种子。晒种后，先用清水淘洗 2 遍，再用 0.1% 高锰酸钾溶液浸种 10 ～ 15 分钟，冲洗后用种子重量 2 ～ 3 倍的清水浸种，冬季浸泡 12 ～ 16 小时，夏秋季浸泡 6 ～ 8 小时，期间换水 1 ～ 2 次。

### （三）豌豆苗露地栽培

露地栽培又称席地生产，方法简单，单位面积产量较高，适用于大面积生产。豌豆属半耐寒性植物，不耐热，种子在 1 ～ 2 ℃时缓慢发芽，发芽适温为 16 ～ 20 ℃，超过 25 ℃时出苗率下降。幼苗能耐 -5 ～ -4 ℃的低温，生长适温为 15 ～ 20 ℃，温度过高时叶片薄，产量低，品质差。露地栽培根系深，较耐旱，不耐湿，土壤湿度过大易烂种。露地生产分春、秋两季，东北、西北、华北等寒冷地区多进行春播；华东及黄河中下游地区春、秋两季均可播种；华南沿海地区常秋播冬收；江南地区多秋播春收。

豌豆根部分泌物会影响翌年根瘤菌的活动和根系生长，因此忌连作。一般用平畦，低湿地用高畦。整地时施以腐熟农家肥，注意增施磷肥、钾肥。播前种子应进行粒选或盐水选种，有条件时可用二硫化碳熏蒸预防病虫害。为了缩短生产周期，浸种后应进行催芽，这样生长效果较好。催芽方法如下：将浸好的种子放在育苗盆里，实行保温（22～25℃）、保湿（空气相对湿度80%左右）、遮光（或在暗室内）催芽，每隔6小时用温水淘洗1次，同时进行倒盆（翻动种子），1天后即可露白，露白后即时播种。一般采用多行直播的方式。南方地区春豌豆苗常在10月中旬播种，行距30～40厘米，播幅10厘米，每667平方米播种量15～17千克。翌年春，苗高16～20厘米时采收。秋豌豆苗可于8月上旬播种，行距15厘米，每667平方米播种量30～40千克，9—10月份采收；北方地区种植豌豆苗时，做平畦，浇足底水，再撒播种子，每平方米播种量2.5～3千克，以豆粒铺满床面又不相互重叠为度。也可在平整的地块上用砖砌宽1米、长度不限的苗床，床内铺10厘米厚的干净细沙，浇足底水，待水渗下后播种。方法是在苗床上撒一层发芽露白的种子，覆盖3厘米厚的细沙，再覆盖地膜保湿促芽。待幼苗出土后及时揭掉地膜，支小拱棚保温保湿促其生长。播种后随着幼苗的生长，分2～3次覆土，厚10～18厘米，使叶尖不露出土面，促其软化，直至采收前停止覆土，使苗尖1～2片小叶露出土面，呈绿色。播种后10～15天收获，每千克干豆粒可收豆苗3.5～5千克。

豌豆尖有4～5片真片，高10～15厘米，顶部复叶始展或已充分展开，无烂根、烂茎，无异味，茎端7～8厘米柔嫩未纤维化，芽苗浅黄绿色或绿色时即可采收上市。收割时，从芽苗梢部7～8厘米处剪割，只摘上部复叶嫩梢，连带1～2片未展的嫩叶。15天左右收1次，共收5～6次。收后放入筐中，切勿堆积，以免发热腐烂。一般每667平方米产量800～1 000千克。

### （四）豌豆苗室内栽培

精选种子，剔除虫蛀、破残、畸形豆种，然后放入清水中，浸泡8～20小时。浸种期间换水2～3次，保持清洁。浸种后捞出，控干，放入桶或盘中，上盖湿布，置于20℃条件下催芽。催芽期间，每天用清水淘洗1～2次，冬天24～48小时、夏天24小时出芽，出芽后播种上盘。也可浸种后直接播种。盘的规格有65厘米×35厘米×5厘米，每平方厘米1.2目；60厘米×30厘米×4厘米，每平方厘米1目；60厘米×25厘米×5厘米，每平方厘米1目。盘底垫一层吸水纸等基质，防止苗根从盘底孔中穿出，影响清理。然后，将催芽后的种子用清水淘洗后平铺到盘中，每盘播500～1 000克豆种。种子上放一层湿纸，随即将盘 5～10 个为 1 摞，叠放在一起，苗盘叠摞高度不宜超过 100 厘米，每摞上盖干净的湿麻袋、黑色薄膜或双层遮阳网。温度保持在 25 ℃，每天上午、下午各倒盘 1 次，调换上、下苗盘的位置，使其环境一致，促进芽苗生长整齐。在倒盘时用镊子将烂种一一拣出，但不要翻动种子。因为种子的胚根是向下生长的，如果翻动，胚根会因吸收不到水分而干枯。倒盘后，用手持式喷壶向种子表面喷清水，水量要少，以免发生烂种。倒盘应选每天上午 10 时前后，此时温度高、光照强，如果未能及时补充苗盘水分，种子会因缺水而干枯。在高温季节，每天要喷 2 次水。正常情况下，经 3～4 天即可出盘，出盘就是将叠放在一起的苗盘分开，分层放置在栽培架上或放到地上，使其多见光，进行绿化。出盘时间应尽量延后，出盘时豌豆苗已高达 1～4 厘米，此时芽顶端已顶住了上层苗盘底部，再不出盘，芽苗就不能完全生长了。但出盘过早，会增加出盘后的管理难度，芽苗生长难以整齐一致。另一种方法是，播种后将苗盘直接放到栽培架上或地面上，用黑色或银色塑料膜覆盖遮光，直到采收前 3～4 天，苗高 12 厘米时，才将覆盖物揭除，进行绿化。豌豆苗出苗后，要根据天气和苗龄大小浇水。晴天温度高时 1 天浇 3～4 次水；阴天温度低时，1 天浇 1～2 次水。浇水最好用 25 ℃左右的温水。从播种到苗高 4～5 厘米以前，浇水量要大，要浇透。采收前要小水勤浇，防止窝水烂苗。浇水用清水，一般不加营养液。为了增加叶绿素含量，采收前 3 天，可用 0.2% 尿素溶液喷洒。豌豆苗在 10～30 ℃条件下都能生长，但以 20 ℃左右最为适宜。温度低，生长慢，超过 30 ℃时，则容易发生根腐病。要加强通风，空气相对湿度不宜超过 80%。豌豆苗高密度栽培，容易造成有害气体积累，应定期通风换气，夏天以傍晚或早晨通风为好，冬天宜在中午通风。对光照要求不严，株高 3～5 厘米以前，保持黑暗，采收前 3～4 天见光绿化，既有利于生长，又可提高品质。

豌豆苗播种后，夏季 10 天，冬季 15 天，苗高 10～18 厘米，顶端真叶刚展开时即可采收。采收时从豆瓣基部即根部 1～2 厘米处剪下，装入塑料盒或保鲜袋中，立即出售。收获的芽苗菜如果需要暂时保存，将装好袋的芽苗放在温度为 0～2 ℃、空气相对湿度为 70%～80% 的环境条件下，可保存 10 天左右。也可连盘带根出售，最后回收育苗盘。用育苗盘生产芽苗，不能使用铁制品。喷淋和淘洗时，必须用干净无菌水，且水温同室温，以免烂种、烂芽和苗期猝倒病的发生。如发生烂种、烂芽和苗期猝倒病，可适当喷施钙肥和磷肥、钾肥，以缓解症状。气温过低或光线太强，则芽苗生长缓慢，温度过高或光线太弱，芽苗生长纤细，引起徒长，易倒伏；干旱或生长期过长，芽苗易纤维化，致使商品质量下降。催芽期间，如温度太低，种子表面会长出白毛，出现烂种，出盘后会腐烂。通风可降低空气湿度，避免烂籽，并补充芽苗生长过程中消耗的二氧化碳。因此，在温度能够得到保障时，每天应通风 1 ~ 2 次，即使在低温期，也要进行短暂的通风。

### （五）豌豆苗无土栽培

#### 1. 品种

无土栽培豌豆苗，品种选择尤为重要，如大荚白花荷兰豆发芽率很高，但随着发芽过程很快糊化、烂掉；日本小英荷兰豆、青豌豆、麻豌豆则无这一现象。品种不同，生长速度、品质、产量差异很大，青豌豆生长慢，抗病性差，但品质上乘，不易纤维化、味甜、口感好；麻豌豆生长速度快，抗病性强，但易纤维化、品质差；日本小英生长速度和品质都居中间。不同季节应选择不同品种，尤其是夏季应选耐热、抗病性强的品种。种子一定要新籽，发芽率要高。

#### 2. 浸种催芽

种子过筛，并剔除发霉、破损、不成熟的种子，淘洗后放入 2 ~ 3 倍的清水中浸泡，经 8 ~ 20 小时，冬天浸泡时间稍长，夏天 8 小时即可，浸种期间换水 2 ~ 3 次。浸种后将种子捞出，沥去多余的水，放入桶中，上盖湿布催芽。催芽期间要淘洗 2 ~ 3 次，不能让种子表面发黏、发臭。冬天催芽时间 24 ~ 48 小时，夏季仅需 1 夜，待冒小芽时即可播种。

#### 3. 播种上盘

播前，先在盘底垫一层纸，防止根从盘孔中透出。将种子用清水淘洗后平播苗盘中，每盘播种约 500 克。播种后的育苗盘有两种处理方法：一种方法是摞盘，即将苗盘每 5 ~ 10 个 1 摞，摞在一起，上面再盖空苗盘遮光，以后每天上、下午各倒 1 次盘，待种子长出幼芽时再码在栽培架或地上。摞盘的目的在于节省苗盘占地面积，并满足幼苗出芽时对黑暗的要求；另一种方法是播种后直接将苗盘码在栽培架上或地面上，用黑色或银色塑料膜盖上，遮光处理，直到采收前 3 ~ 4 天，才将塑料膜揭去进行绿化。遮光栽培生长快、鲜嫩、纤维少、品质好。

#### 4. 苗期管理

根据天气和苗龄大小浇水。晴天温度高时 1 天浇 3 ~ 4 次，阴天温度低时 1 天浇 1 ~ 2 次。刚播种到幼苗长至 4 ~ 5 厘米前浇水量要大，要浇透。采收前幼苗间已无空隙，水过大容易窝水、烂苗，浇水量要少而勤。无土栽培豌豆苗一般只浇清水，不加营养液。豌豆苗生长适温为 20 ℃左右，但实际适应范围很广，10 ~ 30 ℃条件下均可正常生长，只是温度低时生长慢，温度高时生长快。夏季超过 30 ℃时需降温，否则根腐病发生严重。温度是豌豆苗生产的关键，冬季为了保温加盖塑料膜，要注意适当通风。夏季，尤其多雨闷热天，要加强通风，降低湿度，并适当减少浇水量。种子出芽过程，应保持适当湿度，但应避免过湿或过干，空气相对湿度不能超过 80%，否则极易发病。豌豆苗对光照要求不太严格，在株高 3 ~ 5 厘米以前，保持黑暗环境的幼苗反而生长快，纤维化慢。在株高 3 ~ 5 厘米后进行绿化。北京地区 5—10 月份遮光 80%，绿化时间也只需 3 ~ 4 天即可。豌豆苗全生育期时间很短，夏天从播种到采收仅为8 ~ 10 天。采收要适时，当豌豆苗长至 10 厘米，顶部真叶刚展开时即可采收。采收时从根部 1 厘米以上处剪下，装入塑料盒或保鲜袋中销售。豌豆苗非常鲜嫩，含水量高，容易脱水，为保持鲜嫩可采取整盘带根销售，而且整盘摆放在饭店，还可为饭店美化环境，招揽生意。

### （六）豌豆苗多茬生产

多茬生产是利用豌豆芽苗在适当增强光照后，茎基部潜伏腋芽可以萌发成枝的原理进行的。方法是豌豆苗采收前 2 天左右，用 3 000 ~ 6 000 勒克斯的光照，使芽苗变绿，茎叶粗大，分枝节位降低。收割时留 1 片真叶或 1 个分枝。收割后在通风透光处先晒半天，再移至 5 000 ~ 6 000 勒克斯光照条件下栽培，促使第一腋芽和分枝生长。2 天后，再恢复到弱光条件下栽培，使茎叶加速生长，抑制侧芽和小分枝的生长。苗高 12 ~ 15 厘米时，再按采收前 2 ~ 3 天的管理方法进行管理，即可收割第二茬。

然后，重复上述过程，再收割第三茬。多茬栽培中，光照强度以 3 000 ~ 6 000 勒克斯为宜，光线不足时苗弱，光线过强时幼苗纤维多，品质不良。温度保持在15 ~ 20 ℃，空气相对湿度保持在 85% 左右，基质要湿润，每天至少用 20 ℃清水喷淋 2 次。芽苗不要太密，注意加强通风换气。首次采收后，结合喷水，喷施 0.2%三元复合肥溶液或磷酸二氢钾溶液，或 0.2% 尿素溶液以补充营养。

### （七）豌豆苗生产中的异常现象

豌豆苗在生长过程中常出现一些问题。例如，气温低，或光线太强，或湿度小，或营养不足时芽苗生长缓慢；气温过高，或光线太弱，或高温高湿时幼苗徒长、纤细，容易倒伏；干旱、强光、生长期过长时幼苗老化、纤维多、品质差；种子质量差、精选不彻底、消毒不严致种芽发霉腐烂；因低温高湿，有的芽苗真叶刚刚展开就出现猝倒现象；栽培架层太小，受光多处芽苗低，受光少处芽苗高，致使在同一苗床有时出现芽苗生长不齐，一端高一端低，或中间低两边高的现象；倒盘不及时，苗盘环境不一致，基质不匀，苗盘未放平，使同一苗盘的芽苗根系吸水量有差异。

豌豆苗如多茬采收，一般第二、第三茬时易出现营养不足，致使茎叶黄绿或造成不发苗现象。因此，要及时补充营养，可结合喷水喷施0.2%三元复合肥、磷酸二氢钾或尿素溶液。豌豆苗茎叶柔嫩，容易失水萎蔫。因此，在销售运输前应及时装保鲜袋，一般每袋装250克。如果需要暂时保存，可将装袋的豆苗放在0~4℃的低温条件下保藏，一般可鲜贮10天左右。

豌豆苗生长期间，最易受蚜虫和潜叶蝇的危害。因豌豆苗生长期短，采收又勤，所以在防治虫害时，要严格选择残留期短、易于光解和水解的药剂。同时，因潜叶蝇幼虫可潜入叶内，必须在产卵盛期至孵化初期及时防治，以收到良好效果。生产中常用21%氰戊·马拉松乳油8 000倍液或2.5%溴氰菊酯乳油、20%氰戊菊酯乳油3 000倍液喷洒防治。乐果为内吸剂，对蚜虫、螨类和潜叶蝇等害虫均有较好防治效果，且在高等动物体内被酰胺酶、磷酸酯酶等分解成无毒的乐果酸、去甲基乐果等，对人、畜毒性低。一般用40%乐果乳油2 000倍液喷施，最多喷5次，最后一次喷药距采收期应不少于5天。

豌豆苗的主要病害是根腐病。该病靠种子、栽培器皿、土壤、工具等传染。主要防治方法是育苗盘要彻底清洗，并用0.2%漂白粉或高锰酸钾溶液浸泡消毒后再用；种子用0.1%高锰酸钾溶液浸种15~20分钟，清水冲净后再催芽、播种。生产场地尤其是再次使用的已发过病的苗盘，每周都要进行1次漂白粉或碳酸氢钠消毒处理。

## 五、鱼尾红小豆芽苗生产技术

红小豆又叫朱豆、小豆、赤豆、饭豆、赤菽、赤小豆、五色豆、米豆，豆科豇豆属小豆种，一年生草本植物，原产于我国，在我国栽培已有2 000多年的历史。

红小豆种子为矩圆形，两头截形或圆形，长4~9毫米、宽2~3毫米，千粒重50~150克，多数种子千粒重130克。种皮平滑有光泽，颜色有红、白、黄、绿、褐、黑和花纹等。种子由种皮和胚组成。胚分子叶、胚芽、胚根和胚轴。发芽后胚根生长，胚轴不伸长，胚芽生长形成肥嫩的茎和真叶，子叶收缩，不出土。红小豆芽食用部分为茎和叶。

红小豆中含有较多皂草苷，可刺激肠道，有通便利尿作用，还含有较多的纤维和可溶性纤维，具良好的润肠通便，降血压、血脂，调节血糖，解毒抗癌，防止胆结石，健美减肥等功效。

红小豆芽苗也称鱼尾赤豆苗，是由红小豆种子采用无土立体等方法栽培生产的幼苗。因其真叶未展开，豆荚呈夹合状，形似鱼尾，故名鱼尾赤豆苗。红小豆苗除含有钙、铁、磷、钾等矿物质外，还含有多种维生素，每 100 克红豆苗含维生素 $B_1$ 0.9 毫克，比绿豆芽多 0.17 毫克，经常食用，可预防脚气病，并保持人体血液酸碱平衡。

另据报道，红豆苗煎剂对金黄色葡萄球菌、福氏痢疾杆菌和伤寒杆菌有强抑制作用。民间偏方认为用之可增加消化能力，抑制肠道疾病的发生。在欧美国家，人们把红豆芽视为保健品，多清炒或拌沙拉食用。近年来用沙子作基质栽培的方法应用较为普遍，但沙培由于重茬会发生烂苗，不能全年生产。采用无铅字废纸作为基质，进行工厂化商品生产，夏季可在遮阳棚或通风凉爽的室内生产，冬季可在日光温室内生产。红豆芽生产周期短，一般 10 天左右即可收获。采用立体栽培可充分利用空间，增加单位面积产量，提高生产效益。

红小豆发芽适温为 14 ~ 18 ℃，生长适温为 20 ~ 24 ℃，低于 14 ℃生长不良，高于 26 ℃易发生烂芽、烂苗。生产红小豆芽需要在遮阴或黑暗中进行，而且要求空气流动稳定，水分供应充足。对光照要求不严，在幼芽伸长期要遮阴培养。席地生产每平方米播种量 4 千克左右，产量在 20 千克以上。

## （一）传统生产方法

### 1.场所

鱼尾红小豆芽苗传统生产宜在避光、通风、有干净水源、有良好排水系统的室内进行。采用底部平整，有一定倾斜，有排水孔，四周不透气、不透光的木桶、缸、池等容器，先用 0.2% 漂白粉混悬液或 2% 碳酸氢钠溶液或 0.2% 高锰酸钾溶液浸泡消毒，再用清水漂洗 2 ~ 3 遍。培育室先冲刷干净，再用 70% 硫菌灵可湿性粉剂 1 000 倍液喷洒或 40% 甲醛熏蒸消毒。

### 2.选种

红小豆品种很多，一般均可使用，但必须是颗粒饱满、色泽明亮、脐白的新种子，发芽率应在 95% 以上。红小豆种子寿命较长，收获后晒干的种子在 5 ~ 28 ℃条件下，可贮存 3 ~ 4 年，在 –5 ~ 5 ℃条件下，发芽力可保持 15 年左右。

### 3.种子处理

将破残、不饱满、病虫危害的种子及杂质剔除，用清水淘洗干净，再用

50%多菌灵可湿性粉剂 1 000 倍液浸泡 15 分钟，冲洗干净，放入 55 ℃温水中浸烫 15 分钟，或用 0.1% ~ 0.5%高锰酸钾溶液消毒处理，再放进清水中漂洗 2 ~ 3 次，漂去瘪籽，取出沥水。将处理的种子倒入浸种桶中，加入 20 ℃左右清水，水面淹没豆种，浸泡 16 ~ 24 小时，其间每 5 ~ 6 小时淘洗换水 1 次。当种子充分膨胀，开始破裂时捞出，用清水冲洗干净，装入尼龙袋或蛇皮袋中，放入培育容器，盖上湿布或麻袋催芽。催芽期间温度保持在 20 ℃左右，每昼夜淋喷 5 ~ 6 次水，淋水量以不积水为准。1 ~ 2 天后种子露白，3 天后芽长 0.5 ~ 1 厘米，催芽结束。

4.培育

将催好芽的红小豆放入培育容器并铺平，豆粒厚度 10 厘米左右。用清洁的湿布或麻袋覆盖，遮阴保湿，温度控制在 20 ~ 24 ℃。每隔 4 ~ 5 小时浇水 1 次，采用满灌法，即将水沿容器壁淋下，使水面漫过豆面，然后慢慢将水排尽，再重复一遍。在高温、干燥气候条件下，除遮阴、通风外，还要增加浇水次数和浇水量，并在空中喷雾，以降低温度、提高空气湿度。在低温、阴雨情况下，可用煤炉、空调等进行温度调控，但要注意保持空气清新。

5.采收

红小豆发芽后即可食用，但以培育 5 ~ 6 天、真叶出现、须根未长出时品质最好，也可待芽苗长约 10 厘米、真叶尚未完全展开时采收。采收时将豆芽从上向下轻轻拔起，放入缸中漂洗，除去豆皮和未发芽的豆粒，装入避光的笋筐，筐口用麻袋覆盖，上市销售。也可将芽苗理齐，用透明塑料盒或保鲜膜、塑料袋封装上市销售。

（二）工厂化生产方法

1.场地和设施

鱼尾红小豆芽苗工厂化生产宜在温室、大棚和室内进行。大棚、温室可在顶部加盖双层遮阳网或草苫，场地内增设喷雾及通风设备。如要四季栽培，还需增设加温设备，以确保场地温度在 16 ℃以上。

采用立体栽培，栽培架可用角钢组装成，也可用竹、木搭建，一般每个栽培架设 4 ~ 5 层，层间距 30 厘米，底部安装 4 个小轮。一般选用轻质塑料育苗盘，盘长 60 厘米、宽 22 厘米、高 5 厘米。也可用铁皮自制苗盘，要求底面平、大小适中、重量轻、坚固耐用、便于移动。基质应选用洁净、无毒、质轻、吸水和持水较强的白棉布、无纺布、泡沫塑料片等。浇水一般选用微喷装置，或喷雾器、淋浴喷头等。

2. 种子处理

选用颗粒饱满、色泽明亮、脐白、发芽率95%以上的新种豆。栽培容器及用具用0.2%～0.5%高锰酸钾混悬液或0.2%漂白粉溶液浸泡、擦洗，再用清水冲洗、暴晒。生产场所用甲醛熏蒸并增设紫外线灯消毒。重复使用的基质，先用清水冲洗干净，再用高压蒸汽灭菌锅消毒。种子用清水淘洗，漂除瘪籽，清洗后装入纱布袋，放入清水中浸种16～24小时，其间换水、清洗4次。然后放入55℃温水中烫种10分钟或用0.2%～0.5%高锰酸钾溶液消毒处理，用清水淘洗2遍，洗去附着在种皮上的黏液，将种子装麻袋或用毛巾裹好，在20～25℃条件下催芽，每天用温水冲洗2次，2天后露白时即可播种。

3. 培育

将育苗盘洗净，铺上浸湿的棉布或无纺布、泡沫塑料片等，把催好芽的种子均匀铺在上面，每盘约300克，注意种豆不能堆叠。在种子上覆盖一层棉布，用喷雾器淋水后，置于栽培架上。温度调控在20～24℃，每天喷淋水3～4次，空气相对湿度保持在80%～90%。一般豆芽长1～2厘米，根扎入基质中，即可揭除覆盖的棉布。经8～9天，苗高约15厘米、第一对真叶尚未完全展开时，沿茎基部剪切下来，装入透明塑料盒中，或用保鲜膜、塑料袋包装，也可整盘活体芽苗上市。

工厂化生产要注意以销定产，防止积压，可组织人员提供送货上门服务。

## （三）家庭栽培方法

1. 场地及设施

鱼尾红小豆芽菜家庭栽培多用土培或席地沙培，也可用育苗盘栽培。选阴暗、遮阴的室内或保护地，先平整地面，用砖砌成宽100～120厘米、长20厘米的栽培床，在底部铺上塑料薄膜，在薄膜上间隔打洞，以便排除多余水分。用蛭石、珍珠岩、河沙等作基质。苗床内平铺5厘米厚的干净细沙，喷足25℃的底水，盖上地膜保温保湿待播种。

2. 栽培方法

种子用25℃温水浸泡24小时，捞出放桶中催芽，上面盖一层湿布防止种子变干。催芽期间要用清水淘洗2次，出芽后播种。播种前在苗床底铺一层吸水纸或基质，将种子平播在上面。播后盖5～6厘米厚的基质，然后覆盖地膜。幼苗出土后及时揭开地膜，支小拱棚保温保湿。幼苗出土拱起沙盖时，可喷温水使沙盖疏散，或将沙盖揭掉以防压弯豆苗。保持苗床潮湿，干旱时喷温水，土壤相对含水量保持在 70% ~ 80%，适当遮阴。

3. 采收

当豆苗高 10 厘米左右、茎粗 0.2 厘米左右时，豆瓣微绿，幼苗脆嫩，两片真叶尚未展开呈夹合状，似鱼尾，应抓紧采收。采收时把苗床一端的砖搬开，将豆苗一把一把地拔起，剪掉根部，清洗干净后扎把或装盒上市。如果需要短期贮存，应在 2 ~ 5 ℃条件下预冷，然后用塑料袋真空包装，可贮存 10 天。

## 六、黑豆芽苗生产技术

黑豆是指种皮为黑色的大豆。黑豆营养十分丰富，含有蛋白质、脂肪、碳水化合物、胡萝卜素、维生素 $B_1$、维生素 $B_2$、烟酸、皂苷、胆碱、叶酸、大豆黄酮等。黑豆萌发成豆芽后，各种成分变得更有利于人体吸收。黑豆芽味甘、性平，入脾肾经，具有滋补肾脏、补肝明目、滋阴润肌、利水清肺、解食物中毒的功效。日本人过年或在喜庆日子里，一定要有黑豆食品，似乎颜色深的食品为保健食品。欧洲也出现了一股"吃黑"饮食潮流，因为植物黑色果实所含的黑色素、蛋白质等对美容、健康、抗衰老确实有效。豆苗出土时将肥大的子叶带出土面，在子叶似展非展时豆芽菜的品质最好，这时豆苗颜色白绿相间，质脆清香，营养丰富，产量高，整株都可食用。

### （一）席地沙培法

1. 种子处理

培育黑豆芽，种子选择非常重要，一般人认为光亮的黑豆种子一定是新鲜的，这是错误的。新鲜的黑豆种子表面有一层白霜状的蜡质，这种蜡质会随贮藏时间的延长逐渐减退而变得光亮，所以光亮的种子是陈旧种子，不宜用作生产黑豆芽。新鲜黑豆种子表面有蜡质，没有光泽。每平方米用黑豆种子 2 千克，风选，然后去秕、去杂、去破碎籽粒。将种子用 50 ℃温水搅拌浸种 15 分钟，再用 25 ~ 28 ℃温水浸泡 4 ~ 6 小时，待种子充分吸水、种皮充分膨胀后，用温清水淘洗干净，再用湿布包好或放在育芽盆（盘）内保湿催芽。催芽温度保持在 27 ℃左右，每隔 4 小时翻动 1 次或用温清水淘洗 1 次，种子露白时即可播种。

2. 苗床制作

苗床多设在棚室或日光温室，四周用砖侧立围成育苗床，然后将消过毒的细沙平铺 5 厘米厚，浇透底水，覆盖地膜保温保湿。或用 62 厘米 × 24 厘米 × 5

厘米的平底塑料育苗盘，将盘冲洗干净后，铺一层干净无毒、质轻、吸水力好的包装纸、白纸或无纺布，喷水后播种。

3. 播种与管理

将苗床上的地膜揭开，把催好芽的种子播在苗床上，种子间距1厘米。播后覆盖5厘米厚的细沙，随后浇20℃左右的温水，再盖上地膜保温保湿。或播后覆盖1.2厘米厚的细沙，然后铺尼龙网，浇透水。当幼芽拱土时，揭开地膜或尼龙网，每隔12小时喷水1次，使培养基质保持湿润。5~6天后，幼苗的2个豆瓣变绿，在刚展开但未完全展平时采收最为适宜。平盘栽培时，播后将育苗盘摞起，10盘1摞，下铺上盖塑料膜保温保湿。育苗盘要抹平。如有足够床架，也可将育苗盘放到架子上催芽。催芽期间注意湿度，如发现基质发干，要及时喷水，但水量要小。温度保持在18~25℃，冬季注意保温加温，夏季覆盖遮阳网或其他覆盖物遮阴降温。冬春季每天喷水2~3次，夏季3~5次，每次喷水以盘内湿润、不淹没种子、不大量滴水为宜。空气相对湿度保持在75%，如达不到要求，可在栽培架上覆盖塑料薄膜。注意经常通风，保持有充分的散射光，冬季白天只覆盖塑料薄膜，夏季塑料薄膜上要加盖遮阳网。

4. 采收

管理好的黑豆苗采收时，地上部分10厘米左右都是绿色，地下部分10厘米左右洁白、粗嫩，没有须根。收获时扒开沙子连根拔起，用清水洗净即可捆把上市。夏季生长期6~8天。采收后的畦沙，过筛去豆皮，晾晒后再用。

（二）遮阴栽培法

苗床制作、种子处理及播种均与席地沙培法相同。出苗后采取遮阴措施，每隔12小时喷1次清水。如发现秧苗徒长，可适当控湿或增加光照。从出土到豆瓣似展非展只需4天。为使其绿化，可在上市前2天给予自然光照。

（三）多次覆沙栽培法

黑豆苗多次覆沙栽培法的主要特点如下：在幼苗刚刚出土时，需覆盖5厘米厚的细沙，同时喷水保持床土湿润，经2~3天后幼苗再次拱出土面时，再覆盖5厘米厚的细沙，同时喷水保持床土潮湿。这样反复覆沙、喷水2~3次，豆苗最后一次出土时只喷水不再覆沙，肥大的豆瓣刚刚展开即可采收。这种栽培方法可省去遮阴环节，但要注意湿度不可太大，床土相对含水量以 70% 为宜。此外，覆盖沙土必须在豆瓣未展开时进行。

## 七、花生芽生产技术

花生又叫地果、唐人豆、长生果、万寿果，因地上开花，地下结果，故又名落花生。我国花生主要类型有普通型、多粒型、珍珠型、龙生型 4 种。带壳的果实为花生果，脱壳后为花生仁。花生芽是利用花生籽仁中贮藏积累的营养成分培育而成的，雅称"花生果芽""万寿果芽"。花生发芽后，蛋白质已分解为氨基酸，脂肪含量低，维生素含量全面提高，各种营养成分更易被人体吸收，特别适合喜欢花生而又怕脂肪多的人食用。

### （一）花生芽生产

#### 1. 基质栽培法
（1）种子选择

花生种子有大、中、小 3 种，小粒种子千粒重 300 ~ 500 克，中粒种子千粒重 500 ~ 800 克，大粒种子千粒重 800 ~ 1 300 克。大粒种和小粒种含油量胜过中粒种，小粒种的蛋白质含量最高。生产花生芽应选中粒种子，如天府花生、伏花生等含油量低的品种。含油量高的花生品种在高温条件下易出汗走油，有哈喇味，易产生致癌物黄曲霉素，同时发芽率降低。花生种子具有休眠性，须经一定时间的贮藏才能萌芽。生产花生芽必须选当年的新花生种子。花生种子不宜过夏天，家庭贮藏可阴干后存于塑料袋内，袋内放些花椒，存放在干燥、低温、避光处，随用种子随剥壳。生产花生芽不能使用破损的种仁，因其在高温、高湿条件下极易感染黄曲霉菌。

（2）种子处理

剥好的花生籽仁，进行比重选，剔除瘪、霉、蛀、出过芽、破碎的种子，淘洗 2 ~ 3 次。用种子体积 2 ~ 3 倍的水浸泡 12 小时，夏天用自来水，冬天用 20 ~ 25 ℃温水，每隔 2 小时抄翻 1 次，直到花生种子吸足水充分膨胀，表皮没有皱纹为止。再用 3% 石灰水浸泡 5 分钟，然后立即捞出，用温水冲洗干净。也可用 0.1% 漂白粉混悬液浸泡并不断搅拌消毒 10 分钟，捞出用温水冲洗干净。

（3）催芽

将浸泡过的花生种子捞出，放清水中漂洗多次后装入透气网纱袋内，防止被风吹干，然后放入有排水孔的缸内，上面用湿布盖严。也可用布袋或塑料袋装，每袋装 2 ~ 2.5 千克种子，袋子平放，上盖湿布。花生不宜放得过厚。管理上要求每昼夜浇 20 ~ 28 ℃温水 5 ~ 6 次，每次浇 2 ~ 3 遍，每次水都要浇透浇匀。夏天在气温低、湿度大的地方培育，温度保持在 20 ~ 25 ℃。催芽期间，需要黑暗条件，绝不能见光。大约经 36 小时，正常种子露白，待种芽长至 1 厘米时即可播种。

（4）栽培床的准备

生产场地应选择温度为 12 ~ 30 ℃的露地或大棚，土壤 pH 为 5.5 ~ 7.5，用竹篾筐、盆、缸、透气网纱袋或塑料袋作容器，用土、沙、锯木屑等作基质。栽培床用砖砌，床内平铺基质，也可做成畦。基质应暴晒消毒。用塑料袋栽培时，塑料袋用水清洗干净，然后用腐菌清 10 克兑 20 ~ 24 ℃温水 25 升，刷洗浸泡消毒 30 分钟以上。为充分利用空间也可进行立体栽培，栽培架第一层距地面 10 厘米，层间距 50 厘米，一般 4 ~ 5 层。塑料苗盘为 60 厘米 × 24 厘米 × 5 厘米，底部有透气孔，栽培基质可用新闻纸。

（5）播种和管理

花生种子萌发子叶留在土中。花生芽食用部分为子叶和幼芽。当花生发芽根长至 0.5 ~ 1 厘米时，可播种到整平的畦里，密度以花生种互不重叠为宜。上面覆 1.5 ~ 2 厘米厚的细土或锯木屑，拍实后浇透水，温度控制在 20 ~ 25 ℃。之后根据苗情决定是否浇水，雨季注意防雨淋。用塑料盘生产的，在盘上盖一个空盘，最上面盖上湿毛巾，每天淋水 3 ~ 4 次，温度控制在 20 ~ 25 ℃。整个生育过程不见光。芽体上面压一层木板，给芽体一定的压力，使花生芽长得粗壮。也可将刚出芽的种子播到沙子上，方法是在容器的下面装 2 厘米厚的干净细沙，浇水后播种，种子呈单层摆放，上面覆盖 2 厘米左右厚的细沙。每天淋水 2 ~ 3 次，淋水量以下层沙湿透为度。整个培育过程不见光。塑料袋栽培的，塑料袋装入油毡筒时应铺平展。将催出芽的种仁按每个口径为 65 厘米的塑料袋装入 10 千克，铺撒均匀一致，冲淋 23 ℃温水 30 升，注意要冲淋透。然后用限氧塑料布盖住罐口的 1/3，用棉被将罐口全部盖严。温度保持在 20 ~ 25 ℃，空气相对湿度保持在 70% 左右，喷水的温度为 23 ℃，每 6 小时喷 1 次水，喷水量掌握在每千克种芽喷 3 升水，每次喷水均要喷透、喷匀。因花生芽在生长过程中产生热量使温度很高，而且升温特别快，所以要大量喷淋水降温，同时喷淋水还可带走黏质和异味。生产场所必须暗淡，尤其在喷水时更须保持黑暗条件，否则豆瓣容易开张，而且豆瓣和芽茎容易变为绿色。

2. 水培法

（1）消毒

密闭棚室门窗，每平方米用固体硫黄 1 克点燃熏蒸；用 0.1% 漂白粉混悬液刷洗器具后用清水冲洗干净，防止真菌和细菌的滋生。

（2）种子选择

选择中等大小种子的品种，选用当年生新种，要求颗粒饱满、发芽率高、无污染。

（3）种子处理

与基质栽培法的种子处理方法相同。

（4）催芽

将浸泡处理过的花生种子，在清水中漂洗干净，装入透气的网纱袋中，然后将袋装入有排水孔的缸中，上面用潮湿布盖严。花生不宜放得过厚。也可用布袋装，每袋装 2 ~ 2.5 千克，平放，上盖潮湿布。每昼夜浇 20 ~ 25 ℃温水 5 ~ 6 次，每次浇 2 ~ 7 遍。

如果想培育无根花生芽，待根长至 1.5 厘米左右时，用 NE-109 1 号药剂 15 毫克 / 千克溶液浸泡 1 分钟，浸泡时液面盖过花生，浸泡后将其捞出沥干，将花生芽袋放回缸中，缸底孔打开，处理后 2 ~ 5 小时开始淋水，水温要求 23 ~ 25 ℃，每夜淋水 6 次，每次 2 ~ 3 遍，当根长至 2 厘米时催芽结束。

（5）花生芽的培育

花生芽水培的整个生产过程均在室内进行，所以要求培育室隔热、保温保湿性能好，能通风换气，有排水管道，清洁卫生。有竹筐、盒式缸（缸底要有 2 厘米孔径的排水孔）、透气网纱袋、供水灶具、喷壶或喷雾器等生产器具。将催好芽的花生芽取出，放入缸中，每昼夜浇 20 ~ 25 ℃温水 5 ~ 6 次，每次 2 ~ 3 遍。缸面盖上防潮湿布。早晨进行淘洗，下午用 NE-109 2 号药剂溶液浸泡，液面淹过花生，浸泡 2 分钟后捞出沥干，2 ~ 5 小时后用清水淋洗。生产中注意避光、控温、通风、换气。

（二）花生芽的采收

花生芽从浸泡种仁开始经 6 ~ 8 天的生长，子叶未展开，种皮未脱落，下胚轴粗壮，胚根长 1 ~ 1.5 厘米，芽色乳白或浅黄、肥嫩、香甜，一般无须根时采收。花生芽里的白藜芦醇是花生仁的 100 倍，这种物质是一种天然的癌症预防剂，也是一种极有潜力的抗衰老天然有机物，美国科学界已将白藜芦醇列为 100 种最热门的有效抗衰老物质之一。

水培的花生芽当子叶以上的芽长至 1.5 ~ 2 厘米时出缸，收获时注意轻拿，防止折断。采收后用清水冲洗，用明矾水浸泡 2 小时，再用清水冲洗后，可用塑料袋或盒装上市。每千克种子可生产花生芽 3 ~ 12 千克。基质栽培收获时去掉土或锯木屑，摘去须根，种皮尽量不要脱落。收获后，将花生芽倒入清水中，用笊篱漂洗，除去黏液和异味，然后沥干水分，用快餐盒包装，保鲜膜封口上市。来不及销售的，在 8 ~ 10 ℃冷柜或冰箱冷藏贮存，可保鲜 15 天左右。

## 八、苜蓿芽菜生产技术

苜蓿芽由苜蓿的种子培育而成，又称西洋芽菜。北美每年销售额达 2.5 亿美元。苜蓿为豆科苜蓿，属多年生草本植物，包括紫花苜蓿、南苜蓿（又称黄花苜蓿、草头、刺苜蓿）、天蓝苜蓿、杂花苜蓿等。荚果为螺旋形，种子多为肾形，黄褐色或黑色，颜色随贮藏时间延长而加深。种子千粒重 2 ~ 3 克。种子寿命较长，紫花苜蓿保存 18 年后，有生活力者仍高达 83.4%；杂花苜蓿贮藏 13 年后，有生活力的仍达 93.7%。硬实率一般为 10% ~ 20%，杂花苜蓿为 30% ~ 40%。在寒冷、干旱、盐碱地等不良环境下，硬实率增大。硬实率随贮藏年限的增加而降低，如当年的紫花苜蓿种子，硬实率为 29.5%，发芽率为 65.1%，经贮藏 4 年后，硬实率下降至 0.4%，发芽率提高至 83%。低温处理紫花苜蓿种子可降低硬实率，提高发芽率。将贮藏 1 年的紫花苜蓿种子置液氮内处理后，其发芽率从 63.3% 提高至 91% ~ 94.3%，硬实率则由 32% 下降至 4% ~ 7%。培育苜蓿芽多采用紫花苜蓿籽。苜蓿芽清香爽脆，营养丰富，含热量低，每 100 克鲜食部分中含蛋白质 3.42 克，脂肪 20 克，碳水化合物 3.38 克，维生素 A 286 单位，维生素 $B_1$ 0.91 毫克，维生素 $B_2$ 0.11 毫克，维生素 C 6.79 毫克，烟酸 0.41 毫克，铁 0.95 毫克，钙 21 毫克。苜蓿芽为碱性食品，其碱度比菠菜约高 4 倍，可以有效地中和体内酸性。肉食为主的人，血液酸度较高，食用苜蓿芽可中和体内酸性，而且苜蓿中含有降低胆固醇的物质，有医疗保健功效。苜蓿味苦但无毒，长期食用可治脾胃虚寒、热病烦满、膀胱结石等症，还可治恶心呕吐和帮助消化。苜蓿含有多种有机酸，可预防和治疗多种疾病，如高血压、关节炎、癌、便秘等。苜蓿为温带植物，种子在 5 ~ 6 ℃条件下即可发芽，发芽最适温度 15 ~ 20 ℃，最高温度 25 ℃。在不同温度条件下，发芽速度有显著差异，温度越高，发芽速度越快。在 25 ℃条件下 4 天发芽，15 ℃条件下 7 天发芽。苜蓿对湿度的要求不严，每天喷淋水 1 ~ 2 次即可。苜蓿对光照适应范围广。每茬生产周期为 10 ~ 12 天，产量为种子的 8 ~ 10 倍。

### （一）育苗盘生产

苜蓿芽育苗盘生产，不用催芽可直接播种，方法是先在育苗盘上铺一层吸水纸，用凉水喷湿后撒播种子 50 克左右。也可将干种子与 5 倍于种子重量的细沙均匀混合后播种，播后仔细用清水喷雾，将细沙喷湿后叠盘，每 10 盘 1 摞，最上一盘盖湿草帘保湿催芽。每天早、晚各喷凉水 1 次。待芽高 2 厘米左右时即可摆盘上架，温度保持在 13 ～ 17 ℃，每天用清水淋洗 2 次，继续遮光培养。温度高于 30 ℃时会腐烂、发霉。每天要多次喷水。5 天后，苗高 3 厘米时除去黑色覆盖物或从暗室移至光亮处，见光绿化 2 天，苜蓿幼苗子叶展平，脆嫩无纤维时应及时收获。可带托盘上市，也可用剪刀将苜蓿芽苗从根基部剪下，洗净后稍摊开晾一晾，去掉多余水分后包装上市。苜蓿芽产量为种子重的 8 ～ 12 倍。若幼苗高 5 ～ 7 厘米时采收，每千克干种子可生产带根芽菜 10 ～ 15 千克。放冰箱中可保鲜 5 天。

### （二）席地生产

苜蓿芽苗席地生产，生产周期为 20 ～ 30 天。一般播种床地温在 12 ℃以上时播种，有时也可顶凌播种。选土质肥厚，保水保肥力强的地块作苗床，耕翻后做畦，畦宽 1 米。按每平方米 200 克种子撒播，播后覆盖厚 0.4 厘米的细土，稍镇压后浇水。为了保温保湿，还应覆盖地膜。为了促进幼苗生长，从播种到幼苗期必须保持充足的水分，每天都应浇小水。幼苗出土后撤掉地膜，每天淋 1 次水，2 叶期可追肥浇水，每 667 平方米冲施尿素 8 ～ 10 千克。一般播后 30 天开始收获，每收获 1 次，浇 1 次肥水，促进茎叶生长，每次每 667 平方米冲施尿素 8 ～ 10 千克。

### （三）南苜蓿芽菜生产

采用南苜蓿品种生产芽菜有小盘种和大盘种，大盘种的苗茎粗、叶大、产量高，一般选用大盘种。南苜蓿种子是带荚贮藏的，宜选荚果盘多、荚盘大、黑盘、多刺、籽粒饱满的当年种。陈籽发芽率低，一般不用。南苜蓿是带荚播种，播后吸水慢，出苗不齐，播前必须进行种子处理：先晒种 1 ～ 2 天，然后用石碾压几遍，放在稠河泥中沤 1 天（1 桶稠河泥，1 桶种子），再加入干土、草木灰（有条件的每 50 千克种子加 1.5 ～ 2.5 千克磷肥）拌种，将种子搓散后播种。也可 5 千克种子加 7.5 升水，放在石臼中捣几十下，然后拌河泥或草木灰，再用干泥拌种后搓种。还可用 50 ~ 55 ℃温水浸烫 10 分钟，再用常温水浸泡 1 ~ 2 天，捞出沥干，拌磷肥和草木灰播种。南苜蓿在 –5 ℃时停止生长。8 月下旬至 9 月上旬，即处暑至白露秋播，有灌溉条件的可在 9 月下旬播种。大棚可在 9 月下旬至 10 月上旬秋播，3 月下旬至 5 月份春播。采用高畦，每 667 平方米播种量 7.5 千克。提倡条播和穴播，行距 15 ~ 17 厘米，穴距 10 厘米。播后盖土厚 1.5 厘米，拍实。出苗后 30 天采嫩梢上市，可连续采收 7 ~ 10 次，散放或扎把上市，也可包装上市。

### （四）收获、贮藏

苜蓿芽苗生长期短，播后 7 ~ 10 天，子叶平展，种子脱落，苗高 3 ~ 4 厘米时，要趁茎叶幼嫩时进行收割。有时，苜蓿种皮不易脱落，清洗较困难，浸种时用石灰水处理，可促使种皮脱落。收割时茬要低留、平齐，以利于下一茬生长整齐；生长后期有的茎易老化，采收时应在枝茎幼嫩处割下。紫苜蓿采收后装入塑料袋，封口放入冰箱可保鲜 5 ~ 7 天。冬季和春季采收的南苜蓿堆放室内可保鲜 3 ~ 5 天。塑料袋包装，在 8 ~ 10 ℃冷柜或冰箱内可放 10 天左右。南苜蓿还可腌渍贮藏：每 1 000 克用盐 100 克，一层苜蓿，一层盐，压实，坛口密封，可贮存 3 ~ 5 个月；放在 20% 的盐水中，可贮存 3 个月左右。

## 九、萝卜芽菜生产技术

萝卜又叫罗服、莱菔，十字花科 2 年生草本植物。萝卜芽是萝卜种子萌发形成的肥嫩幼苗，以子叶和下胚轴供食用，又叫娃娃萝卜芽、娃娃缨萝卜。因其两片子叶像割开的贝壳，所以又有贝壳菜之称。

萝卜芽菜含有芥子油苷，具有辛味及香气，并含有胡萝卜素（维生素 A 原）和维生素 $B_1$、维生素 $B_2$、维生素 C、维生素 E 及铁、磷、钙、钾等，还含有丰富的淀粉分解酶和纤维素，能够促进肠胃蠕动，帮助消化。萝卜苗喜欢温暖湿润的环境条件，对光照的要求不严，发芽阶段不需光。生长的最低温度为 14 ℃，最适温度为 20 ~ 25 ℃，最高温度为 30 ℃。温度过高萝卜芽易腐烂；温度过低，生长缓慢，甚至停止生长。萝卜芽在湿度大的条件下，也易腐烂，尤其在高温季节更是如此。因此，萝卜芽生长的空气相对湿度要控制在 70% 以下。萝卜芽生产周期为 5 ~ 7 天，最多 10 天。如果用育苗盘生产，每盘播种量为 100 克，芽菜产量为 1.6 千克左右。萝卜苗也可席地做畦栽培，或利用细沙、珍珠岩等基质进行营养液栽培。

## （一）品种选择

萝卜芽生产所用品种不限，但最好用绿肥萝卜种子，并注意筛选适宜不同温度生长的品种，以茎白色或淡绿色、叶浓绿或淡绿色、胚轴粗而有光泽的品种为好。其中，以红皮水萝卜籽和樱桃萝卜籽较为经济。日本已实现了萝卜芽菜的工厂化生产，其配套品种为高温期采用福叶 40 日萝卜，中低温期使用大阪4010 萝卜、理想 40 日萝卜等专用品种。不同的萝卜芽苗在品质及外观上也不同，如四樱小萝卜出苗快，辣味小，但茎细而短，产量较低；心里美萝卜芽苗茎粗，茎叶红紫色，辣味大；大红袍萝卜芽苗，茎粗壮，子叶大，红梗绿叶，外观可爱，辣味大，产量高。

## （二）生产方法

露地或温室均可生产。露地生产须有遮阴防雨设施。可用土壤栽培，也可进行无土栽培。家庭阳台、窗台等空闲地，选用塑料盘、木盆、槽装容器均可进行栽培。基质除土壤外，还可用珍珠岩、细沙，以及经过处理的细炉渣等，也可只铺一层吸水纸。

所选种子要求籽粒饱满，生命力要强，种子千粒重要达 15 克以上，48 小时内发芽率达到 80% 以上。种子先在太阳光下晒一晒，再放入 30 ℃水中浸 10分钟，然后用 52 ℃水浸 15 分钟，再在常温水中浸 3 小时。捞出，用纱布包好，在 20 ~ 25 ℃条件下催芽。也可在塑料盘中铺一层吸水纸，用水湿润，然后播一层种子，将 10 盘叠成 1 摞，最上面一层盖湿布，进行遮阴催芽。1 天后露白，当有 50% 种子露白时播种。

土壤要疏松、肥沃，并增施少量氮肥，整平畦面，放一块塑料膜把水浇在膜上，让水浸入畦中，浇透底水，把膜移去，然后播种。每平方米播 80 ~ 120克种子，播后覆细土或细沙，厚 1 ~ 1.5 厘米，盖上草苫或黑色遮阳网。早、晚进行喷水，温度保持在 15 ~ 20 ℃，3 天后出苗。出苗后及时揭去覆盖物，如果阳光较强，宜用黑色遮阳网覆盖。苗高 3 ~ 5 厘米时，浇 0.5% 氮素化肥溶液。以后，干燥时早、晚用细眼喷壶洒水。洒水不宜过多，防止发生猝倒病；也不可过于干旱，否则幼苗老化，品质差。收获前 3 天，芽长 5 厘米时，将覆盖物除去，使其在弱光条件下绿化。这样，萝卜芽苗胚轴直立，颜色纯白，质量好。也可在播种后一次覆土厚 8 ~ 10 厘米，或分次覆土，使幼苗遮阴软化，出土后立即采收，这样萝卜芽苗上绿下白，品质更佳。

萝卜芽露地栽培最好用沙培法，将生产地块铲平，用砖砌宽1米、长不限的苗床，在苗床内铺10厘米厚的干净细沙，用温水将沙床喷透后即可播种。一般每平方米播种量为200克左右，播种后覆2厘米厚的细沙，再覆地膜进行保温保湿催芽。播种4天左右，种芽开始拱土，此时要及时揭掉塑料膜，喷淋温水，使拱起的沙盖散开，帮助幼苗出土。为了使芽体粗细均匀，快速生长，每次喷淋均须用温水，而且喷水不可太多，以防烂芽。幼苗出土后即可见光生长，经2～3天幼苗长至约10厘米高时，是收获的最好时机。这时幼苗叶绿、梗红、根白，全株肥嫩清脆，散发出清香的萝卜气味，品质和风味极佳。

萝卜芽无土基质栽培，多采用立体方式进行栽培。用长60厘米、宽25厘米、深5厘米的塑料苗盘做容器。先在棚室内苗床上铺一层塑料薄膜，防止营养液渗漏，再将蛭石或珍珠岩，或草炭、炉渣等混合基质填入苗盘中，浇透底水，播入种子，每盘播种100～150克。播后再覆一层基质，厚1～2厘米。为了保湿保温，再覆一层地膜，或无纺布，并将几个苗盘叠放在一起，置于20～25℃条件下，保持黑暗和湿润。出苗后将叠盘拿开并除去覆盖物。每天向苗盘喷浇稀营养液（每升水中加尿素或硝酸铵1～2克）。经过6～7天，苗高10厘米左右时见光绿化，再过2～3天，苗高10～15厘米时采收。苗盘液膜水培时，先在苗盘内铺一层塑料薄膜，放入营养液，再置一层或几层尼龙网或遮阳网，种子播种到网上，使营养液面略淹没种子，其上加盖地膜或无纺布，出苗后揭除。在20℃条件下，约经7天即可采收。用育苗盘或大口塑料瓶淋水培养时，先在盘（瓶）底铺吸水纸或布，将浸泡好的种子摊到上面，上盖棉布，每天早晨淋清水1次，苗高10厘米时采收，或带瓶（盘）出售。萝卜芽软化栽培的，播种时覆土或基质，厚10厘米，出土即收获，幼芽黄化，质地更加脆嫩。萝卜芽主要靠种子自身贮存的营养生长，不需大量追肥，可在苗高3～5厘米时喷施1～2次0.3%磷酸二氢钾溶液或氮素化肥溶液。视天气情况浇水，保持土壤湿润。晚春、夏季、早秋时，气温高，蒸发量大，芽菜幼嫩，每天早、晚需浇水；早春、晚秋、冬季，气温较低，蒸发量小，可视苗情，适当喷水，补充缺水即可。温度控制在10～30℃。

（三）采收

萝卜芽菜食用标准不同，采收期也有差异：从播种至采收，食用子叶期芽苗的需4～7天；以2片真叶展开芽苗食用的，需10～17天。一般以苗高10～15厘米，子叶充分展开，真叶刚显出、叶色绿者较好。

采收宜在清晨或傍晚进行。采收时手握满把，向上连根拔起，然后洗净，捆扎包装，即可上市。食用前再切除根部。每千克种子可生产 10 千克芽菜。每次采收后，要将苗盘清洗干净，再进行下茬生产。例如，在夏季高温时节，需将苗盘用 0.1% 高锰酸钾溶液浸泡 1 小时以上，消毒后再用。

## 十、香椿种芽菜生产技术

香椿种芽又叫香椿芽菜、紫（子）芽香椿，是由香椿种子长出的嫩苗。香椿为楝科香椿属落叶乔木，原产于我国，种植利用历史悠久，中心产区在黄河和长江流域之间，尤其以山东、河北、安徽、河南和陕西等省栽培较多。据王德槟等试验，用 60 厘米 × 25 厘米的育苗盘做容器，每盘播 30 克种子，播后 12 ～ 15 天采收，平均收种芽 250 克。香椿芽菜香气浓郁，风味鲜美，质脆多汁无渣，营养丰富。每 100 克香椿芽菜含蛋白质 5.7 克、钙 110 毫克、碳水化合物 7.2 克、磷 120 毫克、维生素 C 40 毫克、铁 3.4 毫克、胡萝卜素 0.93 毫克、抗坏血酸 56 毫克、脂肪 860 毫克、粗纤维 1 500 毫克，还含有丰富的 B 族维生素和维生素 E。香椿芽菜味苦、性寒，有清热解毒、健胃理气功效，还是治疗糖尿病的良药，现代营养学研究发现，香椿具有抗氧化作用，具有很强的抗癌效果。

### （一）生产设施

香椿芽生长的适宜温度为 15 ～ 25 ℃，一般室外平均温度高于 18 ℃时，可在露地生产，但需适当遮阴，避免直射光，同时加强喷水，保持湿度，使芽菜鲜嫩。晚秋、冬季及早春可利用温室、大棚、阳畦等设施生产。棚室的大小按生产规模而定，每立方米空间可生产香椿芽 10 ～ 15 千克。若需每天产出 200 千克香椿芽，应有 15 ～ 20 立方米的生产空间。为了提高保护地的利用率，可采用架式立体栽培。栽培架由角铁、钢筋、竹木等材料制成，共 3 ～ 5 层，每层间距 30 ～ 40 厘米，第一层距地面 10 厘米，宽度依育苗盘的长度而定。为了便于操作，栽培架的高度不宜超过 1.6 米。架上置育苗盘。育苗盘长 60 厘米、宽 25 厘米、高 5 厘米，盘底有孔，以利于排水。最好用轻质塑料制成，以减轻栽培架的承重，并便于移动和采收。栽培基质可用珍珠岩、高温消毒后的草炭土或水洗沙掺些炉渣等，以珍珠岩为最好。珍珠岩重量轻，通透性好，又经过高温烧制，首次使用不需进行消毒。重复使用时，最好用 40% 甲醛 50 倍液消毒。香椿芽生产周期短，基质中保持的水分基本能满足整个生长期间的需要。但幼芽长出基质后，为提高空气湿度，使香椿芽更加鲜嫩，需要安装喷雾设备，以便定时喷雾。

### （二）育苗盘生产香椿芽

香椿种子小，平均千粒重9克，饱满种子约16克。种子寿命短，新鲜种子的发芽率可达98%左右，贮藏半年后降至50%，1年后失去发芽力。生产中应用新种子。香椿种子上的膜质翅是维持其生命力的重要部分，贮藏期间切勿除去，播种前应搓除。

播种前，将种子放入布袋中，轻轻揉搓，除去翅膜，簸净并剔除瘪籽、破损籽、虫蛀及畸形籽。浸种时间根据种子吸水量、吸水速度和温度决定。香椿种子最大吸水量为风干种子重的123.3%，用30～50℃温水浸种，8小时后吸水量达最大吸水量的68.23%～75.11%，12小时后吸水量达81.08%～84.66%，24小时后吸水量达到98%以上。因此，用温水浸种的适宜时间为18～24小时。浸种后，捞出种子，再用0.5%高锰酸钾溶液浸种30分钟，清水淘洗至水清亮时用湿毛巾或麻袋片包好，置20～25℃处催芽。每天早、晚取出种子翻动，使之受热均匀。约经4天，芽长0.1～0.2厘米时播种。

播种时，先将育苗盘洗刷干净，底部垫上或钉上尼龙纱，再铺一层白纸，纸上平摊一层拌湿的珍珠岩，厚2.5厘米。珍珠岩与拌水量的体积比为2∶1。也可用细土和优质农家肥各半混匀，或用70%锯末（或稻壳）和30%细土混匀。基质选定后再加入0.5%三元复合肥。播种前10～15天，每平方米用50%多菌灵可湿性粉剂500倍液消毒。播种后，再覆盖一层珍珠岩，厚1.5厘米。覆盖后，立即喷水，使珍珠岩全部湿润。采用叠盘催芽，8～10盘1摞，覆盖湿麻袋保湿。

播种后温度保持在20～22℃，空气相对湿度保持在80%左右，每隔6小时用20℃清水喷淋1次，每喷2次清水后，喷1次加10毫克/升细胞分裂素和10毫克/升赤霉素的混合水溶液。一般每天倒盘1次，倒盘在喷水后进行。经5～7天，种芽伸出基质，这时种子自身贮藏的营养几乎耗尽，应于芽苗1叶1心期、2叶1心期、3叶1心期分别喷淋1次混合液，补充营养，促进生长。混合液的组成是15毫克/升细胞分裂素+15毫克/升赤霉素+0.2%尿素。其他时间每隔6小时用20℃清水喷淋1次。每喷水2次倒盘1次。从上至下或从下至上进行倒盘。当芽长至3厘米左右，未高出育苗盘时，开始摆盘上架，将盘平摆多层。约经10天，当幼苗高10厘米时，开始进行光照。再过2～3天后，在根、茎、叶尚未木质化，茎、叶呈黄绿色或紫绿色时采收上市。

采收一般在早晨9时左右进行，可将芽苗连根从基质中拔出，洗净，包装上市。就近销售时，最好连盘上市，然后回收苗盘和基质。再进行种植时，培养盘和珍珠岩用高锰酸钾 1 000 倍液，或 0.1% 漂白粉混悬液，浸泡 20 ~ 30 分钟进行消毒，取出沥净水，放置 1 ~ 2 天后再用。

香椿芽也可贮藏保鲜，方法是将未浸水的香椿芽放入食品袋中封藏，置阴凉处可保鲜 7 天；也可将香椿芽用清水洗净，在 0.2% 碳酸氢钠中烫漂 30 秒钟，捞出立即放入 150 毫克 / 升亚硫酸氢钠溶液中冷却，冷却后沥干水分，装入塑料袋中，每袋 0.5 千克，折叠袋口，立即放入冰柜中速冻 24 小时，转入 –18 ℃ 环境条件下，可贮存 1 年。

### （三）育苗盆生产香椿芽

育苗盆生产香椿芽，其场地、生产设备、品种选择等都与育苗盘生产香椿芽相同，只是在生产过程中使用的容器不同。因为育苗盆盛的种子多，堆集的厚度大，因而在生产管理上要求不同。第一，种子催芽容器用缸、罐、盆等均可，但不能用铁器。容器下面应有排水孔，最好是底部有排水孔的木桶。第二，每次催芽的种子厚度不宜超过 10 厘米，一般以催芽种子体长的 10 ~ 15 倍为宜。种层太厚发芽不整齐，而且不便管理；种层太薄则效率低，不经济。第三，在催芽露白前要仔细淘洗翻动种子，使所有种子均能在同等的温度、湿度和压力条件下生长。催芽露白后则应以喷淋为主，不再翻动淘洗种子，而且喷淋必须仔细、均匀。淋水时，还必须将排水孔堵上，在容器上面淋清水，直到淹没种层，一般 5 分钟后再放开排水孔，将水排净，再堵上排水孔，容器上面再盖保湿物。当芽苗长到收获标准时，从芽苗的上层一把一把地仔细拔出来，用清水洗净种壳后包装上市。容器内种芽生长，应在无光条件下进行，这样种芽才会粗壮白嫩。

### （四）应用营养液生产香椿芽

所谓营养液生产香椿芽，是在香椿芽生产过程中加入人工配制的营养液，以满足香椿种子发芽生长的需要。

1. 营养液的配方

在 25 ℃ 温水中加入 1.5% 尿素、0.4% 磷酸二氢钾、0.05% 叶面宝，0.5% 稀土冲施肥及 0.005% 复硝酚钠混合液。

2. 营养液的施用

将选好的种子去翅去杂后，按种子与水 1∶3 的比例用 40 ℃ 水搅拌烫种 5 分钟。再用 25 ℃ 温水继续浸泡 1 昼夜，捞出后放到清水中反复淘洗至水清澈为止。然后将种子放入无菌的瓷盆内，加入配制好的营养液，浸种 5 分钟，打开排水孔将营养液排净，放到 25 ℃条件下进行遮光培养，空气相对湿度保持在 80% 左右。每天早、晚用清水各淘洗 1 次，每次淘洗必须达到水清澈为止。淘洗后用营养液浸泡 5 分钟，随后排净营养液，继续进行恒温、保湿、遮光培养。待香椿芽长至 15 厘米时，收获包装上市销售。

用营养液生长香椿芽菜，夏季 5 ~ 6 天 1 茬，冬季 10 天 1 茬。一般每千克香椿种子可生长香椿芽 8 ~ 10 千克。

### （五）快速培育香椿芽

河南省卢氏县潘河镇香椿科研所，利用"固体矿砂肥"实行快速无土培育香椿子芽，效果很好。方法是在设定的空间立式框架的生产床底部，埋 2 厘米厚的长效固体 5 号矿砂增长肥，该肥有效期为 18 个月，而且能蓄贮适当水分。四周环绕发热磁力线，对种子和水进行快速动态处理，促进种子发芽。香椿子芽生产的全过程，如种子浸泡、淘洗、催芽、换水、促芽生长等都在这个环境中进行。种子和水经超导强力磁化后，在适当的温度（21 ℃）、营养和水分条件下，3 天即可发芽。在香椿芽生产过程中，用多谱光肥仪的特定光谱照射，香椿芽生长迅速粗壮，从浸种到长成香椿芽商品标准仅用 8 天时间，而且产量较常规生产提高 1 倍以上。

### （六）香椿种芽席地生产

将过筛的陈炉渣、细园田土和优质腐熟的粗粪各 1 份均匀混合作床土。每立方米床土用 80 克 50% 多菌灵可湿性粉剂进行土壤消毒，15 天后即可播种。播前做 1 米宽的苗床，铲除 5 厘米厚表土，换上 10 厘米厚经消毒的床土，做栽培畦。将催芽露白的香椿种子，放入干净、底部有排水孔的木盆或陶盆里，厚 3 ~ 5 厘米，温度保持在 20 ~ 22 ℃，空气相对湿度 80%，遮阴培养。每隔 6 小时用 20 ℃清水喷 1 次。喷水量要大，须将种子淹没。种子喷淋后，趁水淹没种子时，将漂浮在上面的种壳清除，然后将水从盆底孔中排出。每天上午随喷水倒缸（或倒盆）1 次，将容器内上、中、下层的种子充分淘洗，均匀混合，有利于长出的芽苗均匀健壮。如此重复操作 2 ~ 3 天，芽长 0.5 厘米时为胚根伸长期，以后再喷淋水时不再倒缸，而且喷水要缓和，不要冲动种子。为了使香椿芽不长须根，可先用 20 ℃清水喷淋种子，至容器底部排水孔开始排水时，堵住排水孔，再用 15 毫克／升无根豆芽素溶液喷淋，使种子全部浸泡半分钟。然后，打开排水孔，排净药液，并及时用 20 ℃清水淋净残留的药液。

播种时将栽培田搂平并浇透水，覆地膜增加地温，待地温为 15 ℃左右时可播种。播种前先撒一层细床土，每平方米播种子 200 克，播后盖 1 厘米厚的细床土，其上覆盖地膜。播后苗床温度保持在 20 ~ 22 ℃及高湿环境，一般 5 ~ 7 天后出苗。香椿种子小，出土能力弱，一般在出土前需人工揭掉土盖，或喷水软化土盖，以助幼苗出土。出苗后即撤掉地膜，支上小拱棚继续保温保湿，温度保持在 23 ℃，湿度以土壤潮湿为度。此后，仍每隔 6 小时淋温水 1 次。芽体长为 1.5 ~ 2 厘米时，用 10 毫克 / 升细胞分裂素 +10 毫克 / 升赤霉素混合液喷淋 1 分钟，芽体长 3.5 ~ 4 厘米时，用 15 毫克 / 升细胞分裂素 +15 毫克 / 升赤霉素 +0.2% 尿素混合液浸泡种子 1.5 分钟。

株高 8 ~ 10 厘米、子叶展平、有真叶 2 ~ 3 片、植株嫩绿时采收。采收前先喷水湿润床土，然后从育苗床的一端清理出 10 厘米深的土沟，露出香椿苗的幼根，再仔细地一把一把地将香椿苗拔出，用清水洗净，包装上市。香椿苗在食品袋内封闭保存，在冷凉处可保鲜 7 ~ 10 天。

### （七）香椿嫩苗生产

香椿嫩苗也称小植体蔬菜，是在利用种子生产幼苗的基础上，继续见光生长而成的嫩苗。

#### 1. 苗盘培育香椿苗

香椿种子催芽露白后装进育苗盘里。育苗盘事前必须清洗消毒，铺一层吸水纸或 4 厘米厚的珍珠岩，将露白的种子普撒一层，每盘播种子 100 克左右。播后盖 1 厘米厚的珍珠岩，铺纸的则不用盖，用同室温的清水喷雾。育苗盘每 10 个摞在一起，盖上湿麻袋或塑料膜等，在温度 22 ℃、空气相对湿度 70% 的黑暗条件下催芽。如果用珍珠岩作基质，则可直接上架摆盘。每隔 6 小时揭开覆盖物，用 20 ℃温水喷淋 1 次。喷淋后倒盘，将摞起的盘上下调换位置，随后盖上保湿物遮阴培育，一般每天倒盘 1 次。3 ~ 4 天后，盘内香椿芽长至 3 ~ 4 厘米，胚根深入基质层，在芽长未超出盘高时，将育苗盘平摆到育苗架上，遮阴培养。上架后仍每隔 6 小时喷淋 1 次温水，直至芽 2 叶 1 心为止。一般 10 天后，种芽下胚轴长 6 ~ 8 厘米、根长 4 ~ 6 厘米，可见光生长培养：开始先见散射光，第二天则可见自然光。见光期仍然照常进行喷淋水管理。见光后的香椿苗即逐渐变绿。一般见光 2 ~ 3 天后，在香椿苗根、茎、叶尚未老化时，将其一把一把地拔起，洗净脱落的种壳和基质，包装上市。每盘产量 1 千克左右。

也可连托盘一起上市。

2.席地培育香椿苗

将过筛的陈炉渣、细园田土和优质腐熟的粗粪各 1 份，均匀混合作床土，按每立方米床土用 80 克 50% 多菌灵可湿性粉剂进行土壤消毒，然后做 1 米宽的高畦。将床土搂平并浇透水，覆地膜，待地温 15 ℃左右时播种。每平方米播种子 200 克，播后盖 1 厘米厚的细床土，其上覆盖地膜。在 20 ~ 22 ℃条件下，一般 5 ~ 7 天出苗。香椿种子小，出土能力弱，一般在出土前需人工揭掉土盖，或喷水软化土盖。出苗后撤掉地膜，支上小拱棚继续保温保湿。经 10 天左右，秧苗 2 ~ 3 叶期、株高 8 ~ 10 厘米、植株幼嫩全绿、在木质化前及时采收。采收前先喷水湿润床土，然后从育苗床的一端清理出 10 厘米深的土沟，露出幼根，再仔细地一把一把地将香椿苗拔出。每拔一排后，将床土清理干净，露出第二排香椿苗幼根，再拔第二排。用清水洗净，包装上市。香椿苗在食品袋内封闭保存，放在冷凉处可保鲜 7 ~ 10 天。

## （八）病害防治

香椿芽菜生产周期短，基本无病害，偶尔会有烂种、烂芽或猝倒病发生。预防烂种的主要方法是精选种子，提高发芽率。催芽期间注意控水防烂，并避免高温高湿，温度不宜过高或过低。喷淋过程中不可冲动种子。对种子及基质、用具等进行彻底消毒灭菌。发现烂种烂芽应连同病部周围的种芽一起淘汰，再用生石灰消毒处理。

香椿芽在低温高湿条件下容易发生猝倒病。防治措施是①增温保温。可用温水喷淋，或用电热线或暖气加温，或增加覆盖物保温。②使用的水应直接从机井中提取，不要用从水道中送来的水。温室中供香椿用的水要单独存放，使用前用 1 毫克 / 升漂白粉消毒。③香椿芽生长期应适当控水，加强通风，特别是连续阴雨天时要注意控水、增温。④适当喷施 0.2% 磷酸二氢钾溶液，或 0.1% 氯化钙溶液，提高秧苗抗病性。⑤个别苗盘发生猝倒病时，应及时剔除病部芽苗，并用铜铵合剂 400 倍液（1 千克硫酸铜 +5.5 千克碳酸氢铵或 5.5 千克碳酸铵，分别碾碎，混匀，装在玻璃瓶里盖严，放置 24 小时）喷洒病部。

为了提高香椿芽菜的品质，生产中要防止强光照、干旱和高温，同时要适时采收，避免纤维化。生产容器严禁用铁制品，否则水里析出的铁锈色容易使芽苗变成暗绿色，降低商品价值。

## 十一、辣椒芽苗生产技术

辣椒嫩梢又叫辣椒芽苗（叶尖）、辣椒尖。吉林省吉林市经济开发区陈师傅于 2004 年冬春季开始种植，在不足 300 平方米的温室内生产甜椒芽苗菜，每年生产 3 批，每批收 3 茬，年收入 22 000 元，扣除成本纯收入 17 000 元。

辣椒芽苗可采用露地或保护地栽培，以日光温室或大棚最佳。栽培架高 2 米、长 0.6 米、宽 0.8 米，层间距 40 厘米。用较薄的塑料膜，熨烫成套在栽培床架上的塑料帐，用塑料箱作苗箱，孔穴盘作育苗盘。选择无限分枝，植株紧凑，叶片肥大，耐热，抗病毒病、疫病、炭疽病较强的品种，辣椒、甜椒均可。种子用 0.1% 高锰酸钾溶液浸泡 10 分钟。也可用 10% 磷酸三钠溶液浸泡 20 分钟，或在高温季节用 2% 氢氧化钠溶液浸泡 15 分钟。取出用清水冲洗干净后，放入育苗盆内，用 54 ~ 55 ℃ 热水边倒边搅动至水温降至 30 ℃ 时，停止搅拌，浸种 4 ~ 8 小时。捞出用温水淘洗几遍，置于通风处摊晾后，用湿毛巾或麻袋片包裹，放入瓦盆，盖薄膜，温度保持在 25 ~ 30 ℃，每天翻动 1 次，并用温水淘洗 1 次。待芽长至 1 毫米时播种育苗，也可用卷筒式催芽，即将毛巾用水投洗并拧干，然后平铺，将种子铺在毛巾上，种子尽量不重叠，将竹筷子置毛巾中央并卷起，卷起后再将竹筷子抽出，最后形成一个毛巾"棒"。置于 25 ~ 30 ℃ 环境中催芽，每隔 4 ~ 6 小时翻动 1 次，并通风换气。春秋季露地栽培，秋冬季及冬春季大棚或温室栽培。栽植密度要大。幼苗长至 15 厘米左右，植株进入旺盛生长前采摘嫩尖上市。采收后叶面喷施 0.5% 尿素溶液，促进生长，也可多次采收。

辣椒叶含有丰富的维生素、蛋白质等营养物质，并有清肝明目的作用，已被人们当作时尚蔬菜。一般应选叶片肥大柔软，叶色油绿、纤维少、耐高温、抗病、生长势强、分枝性好的品种。种子经消毒后浸种，催芽露白后播种。行播或撒播，冬季需覆盖地膜。成株后，适当弱光有利于营养生长，在中午覆盖遮阳网，减少阳光直射，光照强度控制在 10 000 ~ 30 000 勒。及时摘掉花与果，追肥以氮肥为主，少施或不施磷肥、钾肥。当植株长至 5 ~ 6 个分枝、已有大量辣椒叶片时，开始采收。从下向上采收叶色深绿、有光泽的叶片，从叶基部将叶片摘下。分批分次陆续采收，1 次不能采收太多及太嫩的叶片，以免影响生长，降低产量。

## 十二、荞麦芽苗生产技术

荞麦又叫玉麦、三角麦，为蓼科荞麦属 1 年生双子叶草本植物。我国栽培的主要有普通荞麦（又称甜荞）和鞑靼荞麦（又称苦荞）。荞麦营养价值很高，100 克荞麦面粉含蛋白质 10.6 克，高于大米（6.8 克），与小麦面粉（9.9 克）相似。荞麦中的脂肪含量为 2%～3%，脂肪酸中对人体有益的油酸、亚油酸含量很高，占 75%～80%。这两种脂肪酸在人体内起着降低血脂的作用，也是前列腺素的重要组成部分。荞麦中含有芦丁，具有软化血管，降低血脂和胆固醇的功能，是高血压和心血管病患者的保健食品，还有止咳、平喘的功效。荞麦富含多种维生素，每 100 克荞麦面粉含维生素 $B_1$ 0.38 毫克、维生素 $B_2$ 0.22 毫克、烟酸 4.1 毫克，还含有芦丁（维生素 P）。每 100 克甜荞籽粒含总黄酮 90 毫克、芦丁 20 毫克；每 100 克苦荞籽粒含总黄酮 1.43 克、芦丁 1.08 克。叶和花中总黄酮和芦丁的含量更高。芦丁是黄酮类物质，能增加毛细血管的致密度，降低血管的通透性和脆性，有具止血作用。尼泊尔人大量食用荞麦面，也吃荞麦的茎和叶，一些学者调查，当地人很少有人患高血压症，这与荞麦茎叶中含有较多的芦丁有关。苦荞籽粒中含有苦味素，适口性较差，但苦荞中芦丁含量为 1.08%～6.6%，比甜荞中芦丁含量（0.02%～0.789%）多数倍至数十倍，苦味素有清热、解毒、消炎的作用。我国农村有采食荞麦嫩苗的习惯，但有报道说，荞麦不宜久食，脾胃寒者忌食。《食鉴本草》记载"同猪肉同食，落眉发，同白矾食杀人"，值得注意。

荞麦芽的生产材料是种子，荞麦芽属于子芽菜（芽菜），而荞麦苗则属于苗"菜"（小植体菜）。

荞麦根系浅且不发达，并且子叶顶土能力较差，幼苗生长细弱，但荞麦的生长周期短，适应性广，抗逆性强。荞麦芽苗生长的最低温度为 16 ℃，最适温度为 20～25 ℃，最高温度为 35 ℃。对湿度要求不严，较耐旱，土壤相对湿度保持在 60%～70% 即可。荞麦芽苗对光照适应性强，但强光照易造成纤维化，所以生产中应避免强光。冬季、早春和晚秋需利用棚室生产。气温在 20 ℃左右时可以进行露地生产，但需遮阴防雨。室内生产多利用层架式立体栽培，设 3～5 层，层距 50 厘米，架上放苗盘。基质有珍珠岩、蛭石，也可以铺吸水纸。例如，用育苗盘生产荞麦芽苗，每盘播种量为 200 克左右，芽苗产量为 1.6 千克左右，生产周期为 8～10 天。荞麦芽苗也可采用土培法或沙培法生产，每平方米播种量为 800 克左右，产量为 4 千克左右。

## （一）育苗盘生产

### 1.选种催芽

所有荞麦均可生产芽菜，其中以山西苦荞麦种子内含芦丁成分最高，也可用内蒙古荞麦和日本荞麦。荞麦种子种皮坚硬，不易萌发，种植前先晒 1 天，再用 20 ℃清水浸泡 22 ~ 24 小时，漂除瘪籽和杂质后，沥干表面水分，平铺在苗床内催芽：苗盘下铺纸或布，厚 10 厘米，上盖湿麻袋或湿毛巾，在 25 ℃条件下催芽，每隔 8 小时用清水喷淋 1 次，同时翻动（倒盘），约 24 小时，芽长 1 ~ 2 毫米时播种。

2. 上盘上架摆盘培养

苗盘长 60 厘米、宽 25 厘米。在育苗盘内铺 1 ~ 2 层吸水纸，用温水喷湿后播入 120 ~ 150 克露白的种子。每 10 盘 1 摞，最上面盖湿麻袋保湿，置于 25 ~ 32 ℃条件下催芽，每隔 8 小时用温水喷淋 1 次，并上下倒盘。经 3 ~ 4 天，待芽长至 2 ~ 4 厘米，但未高出盘面时，即可摆盘上架，在 25 ℃条件下遮阴培养，每天喷 1 次温水。6 ~ 7 天后，芽长至 6 厘米以上、茎粗 1.5 毫米，这时易出现戴帽长芽现象，应定期喷雾，使空气相对湿度保持在 85% 左右，以促进种壳迅速脱落，子叶尽快展平。

3. 采收

在育苗盘内培养 10 ~ 12 天，种芽下胚轴长至 10 ~ 12 厘米，即可见光栽培。子叶展平、呈绿色，上胚轴紫红色，近根部为白色时采收：将荞麦苗拔起，切除根部，用清水洗净，扎把或装袋上市，也可带托盘上市，每盘收获芽苗 400 ~ 600 克。

## （二）席地生产

1. 选地做苗床

选择平坦地块，用砖砌成苗床，在苗床内铺 10 厘米厚的细沙，用温水浇足底水，盖上塑料膜保温保湿准备播种。

2. 播种育苗

当苗床温度升至 20 ℃左右时揭开塑料膜，趁沙床潮湿时撒播一层种子，再覆盖 1.5 厘米厚的沙土，然后盖上塑料膜保温保湿。播后 1 周左右出苗，揭掉塑料膜，支小拱棚遮阴培养。当苗长至 8 ~ 10 厘米时，进行自然光照栽培。当子叶展平，心叶刚露出，趁植株幼嫩时采收。

3. 采收

将苗床一端的砖搬开，然后将荞麦苗连根拔出，剪掉根部，用清水冲洗干净，扎把或装袋上市。扎把时应将茎、叶分别对齐，扎把后随即呈现出绿叶、紫茎、白根的鲜丽颜色，散发出荞麦的特有味道，很受消费者欢迎。

## 十三、小麦芽苗生产技术

小麦为禾本科，小麦属1~2年生草本植物。小麦在世界上栽培非常广泛，是主要的粮食作物。小麦种子发芽后即为小麦芽。小麦芽含有丰富的麦绿素、酵素、天然维生素、矿物质及氨基酸等成分，能消除长期积累于血液中的毒素，对于哮喘、便秘、糖尿病有很好的辅助疗效。麦芽可以做成香甜的麦芽糖、麦芽饼等食物，也可以作为制作啤酒的重要原料之一。此外，麦绿素中还含有多种天然维生素、矿物质及用于细胞呼吸、脂肪氧化的200多种酶，可防止冠心病、脑出血、肝病，及视力低下等多种疾病的发生，被欧洲人誉为"绿色血液"。生长7天的小麦芽可生嚼或榨汁饮用。目前，我国还未形成对小麦芽饮料的开发，如能适时加以开发，将会有十分广阔的市场。

1. 生产场地

小麦耐寒性较强，对光照要求也不严格，因此旧厂房和日光温室都可满足生长条件。

2. 生产方法

将小麦籽用清水淘洗，漂去杂物，并用清水浸泡24小时。浸透水后放入桶中，上面盖一层湿布，在室温下催芽。每天用清水淘洗2次，出芽后播种：育苗盘底部铺一层吸水纸，略小于盘底，使多余水分从盘底流出。每盘播种约100克（干重）。播种后将苗盘摆放到育苗架上，每天浇清水。播后第七天，芽长至2~3厘米，心叶还未钻出时，立即采收。采收要及时，过早或过晚，都会影响小麦芽的品质。

## 十四、芥菜芽菜生产技术

芥菜芽菜采用苗盘栽培。苗盘底部铺吸水纸，将种子撒入。每天加水，使之勿干。3~5天子叶展开，菜芽转绿后即可采收，切去根部，做汤、凉拌、配菜均可。

## 十五、鸡冠花芽苗菜生产技术

鸡冠花品种多，色泽各异。鸡冠花芽苗菜富含蛋白质、维生素、微量元素，以及人体必需的氨基酸，具有药、菜兼备的多种功能。入药性凉、味甘、无毒，具有凉血、止血、止痢、止白带等多种作用，还可清肝明目、消赤肿、治翳障、降血压、强壮身体等功效。其做菜风味独特，柔滑可口，营养丰富，色泽艳丽，深受消费者欢迎。

第一，选种。选择当年收获的新鲜种子，淘洗干净，漂去瘪籽、杂质，用清水浸泡 20 ~ 24 小时，期间淘洗换水 1 ~ 2 次。沥水后放入桶中或盆中，上面盖一层干净湿布，在 20 ~ 21 ℃条件下催芽，每天用清水冲洗 1 次，待种芽突出种皮时播种。

第二，播种。将催芽后的种子播于育苗盘内，每盘 10 克左右（干种），每 5 ~ 10 盘摞叠一起，上下铺垫保湿盘，3 天后芽长至 1 厘米时上架。

第三，管理。芽苗生长期间，白天温度保持在 17 ~ 21 ℃，夜间温度保持在 12 ℃左右。每天喷淋清水 1 ~ 2 次，并将育苗盘上下、左右互换位置，有利于芽苗生长一致。

第四，采收。当芽长至 10 ~ 15 厘米，即可剪取嫩茎梢和嫩叶，捆成 50 ~ 100 克的小把或整盘出售。

## 十六、南瓜苗生产技术

南瓜为葫芦科 1 年生植物，通常包括南瓜、笋瓜、西葫芦 3 种，一般以果实为食用器官。近年来用其嫩梢、嫩茎、嫩叶和嫩叶柄，以及嫩花茎、花苞作食物的日渐增多，而且南瓜苗还出口日本、东南亚等国家和地区。一般品种的叶均可食用，但有点涩味。据《中国蔬菜》2012 年 12 期报道，湖南省常德市鼎牌种苗有限公司已培育成专吃南瓜茎叶的品种——绿健。该品种的特点是茎叶质地柔软、清爽、绝无涩味；植株从基部开始所产生的子蔓、孙蔓粗壮均匀，茎叶产量特别高，可采收到霜降，最后还可收一批老南瓜。有的菜农种植南瓜苗，每 667 平方米收入 5 万元。南瓜叶的吃法很多，现介绍水煮南瓜叶：先将茎叶从茎口处撕去表层粗纤维，然后按 1 厘米左右切碎，清洗 2 次，放入鸡蛋汤、肉汤或鱼汤内煮熟即可。放入清水中煮熟，味道也挺好，口感柔软、清爽。

## 十七、紫苏芽苗生产技术

紫苏又称赤苏、红紫苏、荏、桂苏、苏、香苏、桂荏、白苏、黑苏、油三苏。紫苏芽是用紫苏种子培育出来的幼苗。紫苏属于 1 年生草本植物，根系发达，茎秆直立，密生茸毛，茎叶紫色或红紫色；叶柄长，叶片绿色或紫色，叶背有细油点可分泌特殊香气。紫苏幼苗和嫩茎叶都可食用，而且有特殊的香味。紫苏一般采用种子直播法进行繁殖，芽苗生产既可在育苗盘内进行，又可席地生产。

### （一）育苗盘生产

紫苏种子脂肪含量较多，发芽时由于呼吸作用会产生大量热量，所以催芽过程中应经常翻动种子，并用清水淘洗。

采用两段式浸种催芽栽培。清选种子，用 0.1% 高锰酸钾溶液浸泡 15 分钟消毒，再用清水漂洗干净，或用 45 ℃热水搅拌烫种 5 ~ 10 分钟，然后在 20 ~ 25 ℃清水中浸泡。待种子充分吸水膨胀捞出，清洗干净催芽，将种子用 3 ~ 4 层干净的湿布包裹，放在干净的非铁质容器里，放置在 22 ℃左右湿润环境条件下催芽，每隔 4 ~ 6 小时用清水淘洗 1 次，7 天左右种子露白。在催芽过程中注意不要积水，否则易烂种。

用育苗盘培育紫苏芽，盘内铺珍珠岩、细炉渣、蛭石或细沙等，将种子播入后覆盖基质，厚度 1 厘米左右。可直接摆盘上架遮阴培养，喷淋水量要少，以保持基质潮湿为度，培养室的气温应在 18 ℃左右，这样培育出的紫苏芽苗粗壮脆嫩，而且产量高。育苗盘紫苏芽生产周期为 10 ~ 15 天。一般在幼苗高 12 厘米左右、子叶展平、真叶 2 叶 1 心时，趁芽苗幼嫩、未纤维化及时采收。用快刀从幼苗的基部割下来，然后按一定重量装盒或装袋上市销售。如果因收获晚植株出现纤维化，应采摘幼嫩部位的芽梢，剩下已纤维化的茎继续培养嫩芽，这样可以进行多次采收。

### （二）席地生产

紫苏芽席地生产，一般采用沙培法。紫苏种子可以干播，也可以浸种催芽后湿播，播后覆细沙 0.5 ~ 1 厘米厚，以保持土壤湿润。紫苏种子因带有特殊香气，易招引鸟儿啄食，应注意防鸟害，可以扣遮阳网，既防鸟害，又能降低光照强度。在气温 20 ℃、床土潮湿的条件下，经 15 天左右，紫苏苗长至 15 厘米、有 3 叶 1 心时，应趁茎叶幼嫩及时采收。在根基部用快刀割下，也可按 5 厘米的苗距间苗，间下的苗切根包装上市，留下的苗摘心，促发腋芽，这样可以多次采收。

## 十八、藜麦苗栽培技术

藜麦，又称藜谷、南美藜、昆诺藜、奎藜等，是藜属一年生自花授粉双子叶植物，基础染色体数目 $x=9$，同源四倍体 $(2n=4x=36)$。藜麦为南美印加原住民的重要传统食物，其主产区主要分布在南美洲安第斯高原，已有 5 000 ~ 7 000 多年的种植历史。藜麦具有耐寒、耐旱、耐瘠薄、耐盐碱等特性，籽粒蛋白质含量高且必需氨基酸组成均衡，不饱和脂肪酸等其他营养成分含量也十分丰富。美国航空航天局（NASA）将藜麦列为宇航员长期从事太空任务的理想食物之一。联合国粮农组织（FAO）推荐藜麦为适宜人类食用的"全营养食品"，并提出将2013年定为"国际藜麦年"，旨在让世界关注藜麦的营养价值，使其在人类健康方面发挥更大作用。藜麦种子为瘦果，外观像小米，有红、白、灰、黑等多种颜色，直径1.50～2.50毫米，千粒质量1.99～5.08克。藜麦果实是食用部分，除了营养价值高以外，更重要的是还具有预防糖尿病、高血压、高血脂等功效。随着人们生活水平的提高，国内"三高"人群日益增多。因此，近年来藜麦开始受到世界各国的广泛关注。目前，藜麦的国际贸易日渐频繁，其价格约上涨了3倍多，由此可见，作为一种新兴的保健型粮食作物，藜麦适应了当今社会对新型粮食作物的要求，发展前景广阔。1987年，藜麦引入中国，由西藏农牧学院和西藏农业科学院开始引种试验研究，并于1992—1994年在西藏小面积试种均获成功。此后由于产量较低、栽培条件受限、粮食加工技术跟不上等原因，藜麦研究在国内陷于沉寂，而这个时期正是国外研究的热点阶段。2011年以来，藜麦开始受到国人关注，山西、甘肃、陕西、青海、四川、吉林等地已有一定规模适应性种植。由于藜麦原产于安第斯高原，对气候条件要求严格且籽粒产量低，因此国内引种受到了很大限制。但藜麦苗的栽培并没有上述限制，全国各地几乎都可以种植生产。国外研究发现，藜麦苗是一种味道鲜美、营养丰富的蔬菜，鲜叶中蛋白质含量在2.79%～4.17%，脂质含量在1.90%～2.30%。在国内大力发展藜麦苗蔬菜，不仅可以弥补藜麦作为谷物引种栽培的不足，还可以开发出新的蔬菜品种，满足人们对不同口味藜麦的需求，具有重要的现实意义。天津农学院藜麦研究团队与天津黑马工贸有限公司合作，总结出一套藜麦苗设施蔬菜栽培技术，每年可以生产苗菜6～8批，受到市场的热烈欢迎。

## （一）藜麦生长特点

### 1.对日照的要求

藜麦属于短日照植物，其光周期与品种有关。如果引种不恰当，会造成藜麦不结果实。但藜麦苗不受此限制，自然光照即可满足苗期生长要求。

### 2.对肥料的响应

就生理特性来讲，藜麦属于耐贫瘠的作物，但藜麦对氮肥敏感，对磷肥需求量也较大，施用氮肥和磷肥可提高产量。

3. 对水分的响应

藜麦苗期对土壤水分要求高，长到 8 ~ 10 片叶以后，耐旱能力才逐渐增强，藜麦苗期虽然喜湿，但田间不能有积水，否则会烂根死苗，因此水分控制一定要适度。

4. 对温度的响应

一般来讲，藜麦喜欢凉爽的高山气候环境，最适温度在 20 ~ 30 ℃，35 ℃以下也能正常生长。如果气温超过 35 ℃，藜麦开花授粉会受到影响，甚至不能结果实。对于藜麦苗的栽培而言，不涉及结果实问题，因此温度上限还有提高潜力。

## （二）栽培技术

1. 品种选择

藜麦苗种植应选择生长势强健、枝叶多、抗病性强的品种。目前，国外品种主要有 "Puno" "Sajama" "Blanca de Junin" "Chewecca" 等，国内品种主要有 "陇藜 1 号" "稼祺 1 号" 以及山西省静乐县自主培育的品种。

2. 整地施肥

地块应选择土壤结构好、土质疏松、保肥保水性强、有机质含量高的肥沃土壤，排水不畅的低洼地段不能选用。种植前土地要翻耕，施用腐熟的有机肥 30 ~ 45 吨，磷酸二铵作底肥每公顷 300 ~ 450 千克。

3. 搭建大棚

为了保障全年能够种植生产，种植地块应搭建设施大棚。冬季夜间棚内气温保持在 15 ℃以上，白天气温保持在 20 ~ 25 ℃。夏季高温季节，大棚侧面可以揭开，保持通风；雨多的季节，大棚顶部塑料布可以起到挡雨的作用，避免土壤湿度过大。

4. 做垄

为了便于灌溉和排水，藜麦种在垄上。垄底部宽 55 厘米，上部宽 50 厘米，高 5 ~ 6 厘米，用锹拍实。垄上部两侧各留 1 厘米左右的边沿，用于保水填土。垄与垄之间间隔 25 厘米。如果所选地块地下虫害严重，则应在做垄时深施 15% 毒辛颗粒（毒死蜱 10%，辛硫磷 5%）每公顷 60 千克，可以有效防治蛴螬、地老虎、蝼蛄等地下害虫。

5. 配制覆盖土

黏土和沙土按 1∶1 混合，过 5 ~ 10 目筛子。

每 100 克土壤加入磷酸二铵 0.2 千克、硫酸钾 0.02 千克，混匀备用。

### 6. 播种栽培

土温 10 ℃以上即可播种栽培，南美藜麦种子采用人工撒播的方式，每 667 平方米，撒播种子 2 000 克。为了避免种子撒播过密，种子中可以掺入粒径 2 毫米左右的砂子。播种完毕，撒上覆盖土，采用喷灌法浇水，每天浇 1 次，水量不必过大，保持湿润即可。

### 7. 苗期管理

气温适宜条件下，播种 5 天左右即可出苗。此时宜减少浇水量，防治烂根。藜麦幼苗非常脆弱，5～6 叶以后才逐渐变得强壮，8～10 叶以后即可采摘出售。苗期不必施肥，尽量不要使用化学农药。如果金龟子、小菜蛾、黏虫等害虫严重必须用药防治时，宜早使用，以控制农药的残留在安全线以内。

### 8. 重茬问题

藜麦是不宜重茬种植的作物，藜麦生长期一般在 90～150 天，第 2 年连续种植会造成低产问题，但藜麦苗生长期多在 40 天左右。一条垄上连续种植 2～3 茬未出现产量明显下降问题。这主要与藜麦苗生长期短、没有秸秆还田等因素有关，为了克服养分缺乏问题，建议连续种植 2～3 茬后，重新做垄施肥。

## （三）藜麦苗食用方法

藜麦苗是鲜嫩可口的"洋蔬菜"，营养极其丰富，但不宜生食，应该焯熟后放冷水浸泡，以便让可能存在的过敏物质充分释放。食用完藜麦苗后，尽量避免强烈日光照射，以防止日光性皮炎的发生。

# 第二节　常见的体芽菜生产新技术

## 一、花椒嫩芽菜生产技术

花椒又叫香椒、秦椒、椒目，是芸香科、花椒属灌木或小乔木，以采集果皮食用为主，是著名的香料植物。花椒原野生于我国的秦岭山脉，海拔 1 000 米以下地区，现分布于全国各地，太行山区、沂蒙山区、秦巴山区、陕北高原南部、川西高原东部以及云贵高原是主要产区。其中，四川汉源、冕宁；陕西凤县、韩城；山东莱芜；河北涉县、武安，以及山西东南部是特产或名产区。过去民间常采花椒嫩枝幼叶食用，俗称花椒脑、花椒蕊。采用传统的栽培方法，只能在春季很短的时间内采集，加之枝条杂乱采摘困难。因此，难于形成大批量商品生产。采用保护地密集囤栽技术进行大面积集约化生产，不但可以大批量商品化生产，而且延长了产品供应的时间。北方保护地生产的花椒脑，芽梢长 6 ~ 10 厘米，有 4 ~ 5 片复叶，叶片绿色或浓绿色，芽梢基部幼枝干上有软皮刺，单芽重 1.5 ~ 2 克。花椒脑可凉拌、腌渍、炸食或作火锅配料涮食。花椒脑富含钾、钙、胡萝卜素和维生素 A 等营养物质，并因含有挥发油和辛辣物质而有特殊的芳香和麻辣味，具有去腥膻、开胃、增进食欲以及温中散寒、去寒痹、行气止痛、明目等功效。清朝乾隆皇帝有一次出巡到了山东孔府，午餐时食欲不振，满桌山珍海味不想吃，恰好这时有人送来一些鲜嫩的绿豆芽，厨师随即炒了一盘"油泼花椒豆芽"献上去。乾隆出于好奇，随手用筷子夹起尝了尝，顿时觉得这道菜清香淡雅，脆爽可口，马上冒出大汗，食后大加称赞。从此，"油泼花椒豆芽"便成为孔府一款开胃名菜。其做法是先将鲜嫩绿豆芽用沸水焯一下，而后用几粒花椒爆锅，再把豆芽下锅炒几下即起锅。

### （一）花椒的生物学特性

花椒株高 3 ~ 7 米，主根不发达，侧根比较强大，吸收根主要分布在10 ~ 40 厘米深的土层内，约占总根量的 70%。奇数羽状复叶，叶轴具窄翅，小叶 3 ~ 11 片，叶卵形或椭圆形，叶面无皮刺，叶内具有透明油腺点。花椒 1 年生苗木生长势弱，生长量小，囤栽后剪去梢部，一般可发出 4 ~ 10 个枝芽。花椒的花小，绿色，属单性花，聚伞状圆锥花序或伞房圆锥花序，少数簇生。雄花有雄蕊 4 ~ 5 枚，雌花雄蕊退化，有分离的心皮 4 ~ 5 室，每室各有胚珠 1 ~ 2个。果实为菁葖果，1 ~ 5 个聚生在一起，无柄、圆形，横径 3.5 ~ 6.5 毫米，果面密布疣状腺点，中间有一条缝合线，成熟果沿缝合线开裂。外果皮红色或紫红色，内果皮淡黄色或黄色。有种子 1 ~ 2 粒，千粒重约 18 克。皮硬骨质，黑色或蓝黑色，有光泽，胚乳富含脂肪。种子种皮坚硬，富含油质，透性差，难发芽。常温条件下贮藏，寿命不超过 1 年。

花椒在年平均温度 8 ~ 16 ℃的地区均可栽培，但以 10 ~ 14 ℃时栽培最适宜。春季日平均温度稳定在 6 ℃以上时，芽开始萌动，10 ℃左右时开始伸展生长。10 厘米地温度达 8 ~ 10 ℃时，即可播种。花椒要求充足的光照，若光照不足，易引起枝条徒长、细弱、不充足，芽苞瘦小。花椒属浅根性树种，为了培育囤栽合格率高的苗木，种植时应选用土层深厚、疏松，保水保肥性强，通气良好，肥力高的沙壤土或中壤土地块。根据囤栽花椒的栽培特点，可将花椒生长期划分为种子层积期、幼苗期、苗木期、休眠及椒脑形成期。种子层积期指从土地封冻前开始进行层积处理至种子萌动、部分种子露芽，在冬季自然低温条件下需120天左右。幼苗期指从胚根显露至苗高7～8厘米，有4～5片真叶展开，在日光温室等保护地条件下需60天左右。苗木期指自幼苗期结束至苗木落叶，在华北地区需150～170天。幼苗出土（露地直播）或定植（育苗移栽）后，于5月中旬开始迅速生长，6月中下旬进入生长最盛时期，8月中旬后生长减缓，直至生长停止，10月下旬枝条已充实、芽苞饱满成熟、叶片陆续脱落。休眠及椒脑形成期指从苗木自然落叶至枝梢上部最大侧芽长至6～8厘米，叶4～5片，在高效节能型温室中及时囤栽，需60～70天。

### （二）花椒类型与品种

我国各地比较著名的花椒品种有大红袍、二红袍（大花椒）、小红袍（小红椒）、白沙椒、枸椒等，其中以大红袍分布最广。该品种树势健旺，喜肥水，要求较肥沃的土壤，但耐旱力和抗寒性较差。因此，入冬前应注意防苗木冻害，及时刨苗和囤栽。近年来从日本引进的无刺花椒品种，枝干无刺，便于椒芽采收，是一种极具推广价值的优良品种。

采集种子应选择树势健壮、结果多、芽梢麻辣味及香味浓郁、食用品质优良的8～15年生成年树作为采种母树，于9月上旬至10月上旬当花椒果实呈紫红色时采摘，并将果实放在通风、干燥的室内阴干，使果皮自行裂开，种子脱出果皮。生产中应注意不要从刚进入结果期的年青树或树势已显衰败的老年树上采种，否则种子空秕率高、发芽率低。采种时间不要过早或过晚，过早，种子尚未完全成熟，发育不充分，发芽率低；过晚，果实开裂，种子易脱落，采种量低。生产上一般在少数果实（5%以下）开裂时采收，采摘后的果实忌在阳光下长时间暴晒，否则发芽率将显著降低。开裂后收集的种子应继续阴干，切勿堆积在一起，以免发生霉烂。

### （三）1年生苗木的培育

#### 1.种子处理

华北地区一般在9月份，当花椒果实呈紫红色，有2%～5%的果实开裂时采收。采后放在通风、干燥、阴凉处，用小木棍轻轻敲打，使种子脱出果皮。市场上用作调料的花椒，种子已经高温和日晒，基本丧失了发芽能力，不能使用。脱出的干燥种子，装入开口的木箱或布袋中，存放在通风、干燥、阳光不能直射的室内，待 11 月中下旬土壤封冻前，进行层积处理。方法是将种子与 8 倍的洁净、过筛的潮润细河沙混合均匀，细河沙的湿度以用手能捏成团，但不出水为度。将与湿沙混匀的种子放在木箱或其他易渗水的容器中，然后在地势高燥、排水良好、背阴避风处挖深 50～80 厘米的土坑，将容器埋入坑中；也可在坑底铺厚约 10 厘米的湿河沙，直接将与湿河沙混匀的种子放入坑中，在距地面 10～20 厘米处再铺盖一层湿河沙，此后随外界气温的下降，分次在上面培土，厚度达 30～40 厘米，入春后地温回升时再逐渐撤去培土层。为加强通气，可在坑的中央埋入 1～2 个秫秸把。在翌年 2 月中下旬至 3 月中下旬，有部分种子开始露芽时即可取出播种。也可将种子装入布袋，然后浸湿并摊成薄层，夜间放入冰箱冷冻室，白天置室温解冻，反复冷热交替处理 20 天左右，到种皮可用手搓下时，用 400 毫克/升赤霉素溶液浸种 24 小时后，放在 30 ℃恒温黑暗条件下催芽 8 天，发芽率近 80% 时播种。

为了使种子脱油，可用 1% 碱水或 1% 洗衣粉溶液浸种，并用木棒反复捣搓去油。溶液中因混有种子油质，黏度较大，可适当加入稀释的洗涤灵，再用清水反复冲洗，直至种皮无油质时捞出晾干。也可采用沸水烫种法处理，即将种子倒入容器中，加入 100 ℃沸水，边加水边搅动，待水温降至 40～50 ℃时，浸泡 10 小时捞出，如此反复进行 2 次即可。

2. 播种

选背风向阳、排灌方便、肥沃疏松的壤土或沙壤土。华北地区通常在 3 月上中旬土壤化冻后趁墒播种，若土壤较干，应提前浇水造墒。播种时按沟距 30 厘米、开深 5 厘米的小沟，将种子撒入沟底，每 667 平方米播种 8～10 千克，播后立即覆土，厚 2～3 厘米，并在畦面覆盖草秸或地膜。经 10～20 天出苗，出苗后撤去覆盖物。苗长至 4～5 厘米高时进行 1 次间苗，去弱留强，疏密留稀，苗距保持在 10～15 厘米，每 667 平方米留苗 2 万株以上。间苗时结合进行拔草和浇水。进入迅速生长期后，6 月上旬至 8 月上旬追施 1～2 次薄肥，每次每 667 平方米施磷酸二铵或三元复合肥 15～25 千克，施肥应与浇水结合进行。入秋后应控制浇水，一般不再追肥，以免苗木后期贪青疯长，降低抗寒性。为了提高苗木的质量，一般在 2 月上中旬采用营养钵在日光温室内进行播种育苗。5 月初定植，定植前 1 周进行低温炼苗。采用育苗移栽播期比大田直播提前 1 个月，出苗后又在良好的条件下生长，可增加苗木的生长日期，而且定植时不散坨、不伤根，定植后缓苗快。

3. 苗木的管理

5 月上旬，当幼苗长有 4～5 片真叶时定植。定植前 2～3 周深翻土地，每

667 平方米施腐熟的堆肥 2 500 ~ 5 000 千克、鸡粪 250 千克、草木灰 60 ~ 100 千克。整平后，按 60 厘米距离开沟，将沟底用平耙荡平。幼苗在定植前 1 ~ 2 天浇 1 次透水，定植时轻轻脱去塑料苗钵，要求不散坨、不伤根，每个畦沟栽 2 行，株距 15 ~ 20 厘米，栽后及时浇定植水。

### （四）日光温室囤栽技术

**1. 苗木准备**

5 月初定植的花椒苗至 11 月份可长至 60 ~ 100 厘米高，茎基部粗 0.5 ~ 1.2 厘米。11 月上中旬，苗木叶片全部脱落，此时即可对苗进行囤栽。起苗前要浇足起苗水，待土壤稍干后再刨挖苗木。囤栽的苗木要求挺直、粗壮、主侧根完整、留有较多须根，苗木刨挖后要尽量减少风吹日晒的时间。为了避免低温冻害，通常采取随起随囤，苗木不再进行露地假植。如果不能做到随起随囤，可在背阴处开沟，将苗木倾斜着码在沟中，埋土假植。

**2. 囤栽方法**

在日光温室内囤栽，多采用南北走向做囤栽床，床面宽 100 ~ 200 厘米，床间留 50 厘米的作业道。囤栽床下挖深 10 ~ 15 厘米，把土堆放在作业道上。囤栽前将植株顶部剪齐，株高 60 厘米以下的，苗木截取成 50 厘米高；株高 60 ~ 70 厘米的，苗木截取成 60 厘米高；株高 70 厘米以上的，苗木截取成 70 厘米高。剪截后的苗木按高矮分别囤栽，一般采用开沟码埋：在畦床上东西向开沟，一沟紧挨一沟码苗、埋根，较矮的苗木栽在畦床南部，较高的栽在畦床北部，随囤放随用土固定，要求棵棵紧挨，排列整齐，埋土至根颈部，用脚轻踩土层。每 667 平方米囤栽 6.5 万 ~ 7.5 万株。

**3. 囤栽后管理**

囤栽后立即浇 1 次大水。为促使植株发芽，在囤栽 10 ~ 15 天之内应逐渐提高室内温度和空气湿度，白天温度保持在 25 ~ 27 ℃、夜间温度保持在 15 ~ 20 ℃，空气相对湿度 80% ~ 90%。每天上午 10 时至下午 3 时向苗木喷水 1 ~ 2 次，经 30 ~ 40 天后发芽，发芽后温度白天保持在 20 ~ 25 ℃、夜间 10 ~ 18 ℃，空气相对湿度降至 80% 左右。为使幼芽迅速生长并保持鲜嫩，每天午前喷 1 次水。整个囤栽期间，一般不施肥，主要依靠苗体贮藏的养分供芽梢生长。一般每株苗木从顶部往下可同时长出 4 ~ 6 个嫩芽，最多可达 10 余个。各芽位同时生长，但以顶芽长势最盛。芽梢有 4 ~ 5 片真叶、长 10 厘米左右时即可采收。采收时可单采大叶片上市，也可采摘芽梢上市，但应留基部 1 ~ 2

片复叶，以便萌发侧芽。此期间采收的叶和枝品质柔嫩、颜色鲜绿、芳香浓郁。采收过早影响产量；采收过迟则影响品质。采收后留下的基部叶腋芽也可抽生出健壮的节梢。采收期可一直延续至 5 月份，每 667 平方米可采收约 900 千克。采后暂时贮藏在低温条件下，可保鲜 7 天。收获后的椒芽及时用泡沫塑料托盘加保鲜膜封装后上市。花椒苗从春节前开始采收，一直可采收到树体储藏的养分耗尽时为止。然后废弃该批苗木，入冬前重新囤栽新培育的 1 年生苗木。若 1 年生苗木货源紧张，需要重复利用苗木时，应在 5 月中旬前，留根颈部基干 10 ~ 15 厘米进行缩剪，从温室囤栽床中挖出，随即于露地栽植。1 米宽畦种 2 行，株距 20 厘米，每 667 平方米栽植 6 500 ~ 7 000 株。采用上述方法，同一批苗木一般可连续使用 3 ~ 4 年，但成活率只能达到 85% 左右。因此，每年将损耗一部分苗木，至第五年时苗木仅剩 1/2 左右。

花椒病害主要有叶锈病和煤污病。叶锈病发病时叶背面出现锈红色不规则环状或散生的孢子堆，严重时扩及全叶。可用 65% 代森锌可湿性粉剂 500 倍液喷施防治；煤污病发病时在叶及枝梢表面出现不规则暗褐色霉斑，后逐渐扩大形成黑褐色霉层，严重时可导致落叶。煤污病常伴有蚜虫和白粉虱危害，因此必须注意防治蚜虫和白粉虱。花椒幼苗期和苗木期主要害虫为蚜虫，可用 40% 乐果乳油 1 000 ~ 1 500 倍液喷施防治。

### （五）花椒芽苗菜工厂化生产

花椒芽苗菜在加温玻璃温室中采用多层培养架生产。培养架分育苗架和绿化架，用 30 毫米 ×30 毫米 ×4 毫米角钢焊接而成。花椒芽苗菜工厂化生产一般要经过种子筛选、冷热交替处理，赤霉素浸种，催芽，播种，育苗，绿化，精选包装等步骤。将精选的种子过筛后，放入 0.3% 漂白粉混悬液中漂洗消毒，装入布袋（20 厘米 ×40 厘米），每袋装种子 2.5 ~ 3 千克，将布袋放入水中浸湿，并摊成薄层，夜间放冰箱冷冻室，白天置室温解冻，经 20 天左右，可除去花椒种子表面油质，将种子倒出，用流水冲洗至水澄清。将种子倒入 400 毫克 / 千克赤霉素溶液中浸泡 24 小时，打破种子休眠，再用清水冲洗干净。然后放入布袋，置温箱内在 30 ℃恒温黑暗处催芽，待胚根露出 3 ~ 5 毫米时放入清水中。培养盘底垫两层湿润的吸水纸，捞出已发芽的种子，均匀摆播于培养盘中，播种量 120 ~ 160 克。将培养盘放在育苗架上，每层 4 盘，每架 48 盘。育苗在弱光条件下进行，一般每隔 6 ~ 8 小时用立体移动喷灌浇 1 次水，在喷灌水中添加营养液培养 48 小时。营养液各元素浓度（毫克 / 升）分别为氮 100、磷 30、钾 150、钙 60、镁 20、铁 2、硼 1、锰 6、钼 0.5。添加量随胚轴的伸长和子叶的展开程度而增加。一般经过 4 ~ 5 天的育苗阶段，可将其移至绿化架进行见光培养。每天浇水 4 ~ 5 次，傍晚浇 1 次营养液。花椒苗在 3 000 ~ 5 000 勒光照条件下培养 3 ~ 4 天，苗高至 13 ~ 15 厘米，叶色翠绿，即可采收。一般每千克种子可生产芽菜 2 ~ 3 千克。

## 二、香椿体芽菜生产技术

香椿体芽菜是香椿的嫩芽梢，是从木质化的香椿植株上采集的可食部分。木质化的香椿植株称为香椿树，是用香椿的幼苗培育出来的。因此，香椿幼苗是生产香椿体芽菜的基础。香椿幼苗繁殖主要有 3 种方法：一是利用种子繁殖幼苗。二是利用香椿树的枝条进行压条繁殖幼苗。三是利用根蘖或根段繁殖幼苗。木质化的香椿苗木主要有 3 种类型：一是将 1 ~ 2 年生苗木经矮化处理后，继续原地培养，可直接采摘椿芽。二是苗木经过矮化处理，冬前打破休眠，然后密植或假植在温室或大棚内继续培养，产生椿芽。三是露地栽培或野生的香椿幼苗，经 3 年以上生长发育成为香椿树，可在每年春季采摘椿芽。

### （一）香椿树采椿芽

一般每年从 4 月份开始可采收至 6 月份。当椿芽长至 8 ~ 10 厘米，趁叶芽肥嫩、味浓、色泽好、尚未木质化时，从嫩芽梢的基部剪下。先采收主干顶端的嫩芽，采完后再采一级分枝上的顶芽，然后再采二级分枝上的顶芽。采取采用摘大留小、摘密留稀、摘老留嫩的原则，最后树上要留 1/10 ~ 1/5 的椿芽不采，以培养树势，保证翌年的产量。香椿树采芽一般每隔 5 ~ 6 天采 1 次，每次采完后都应叶面喷施 0.3% 尿素溶液和 0.2% 磷酸二氢钾溶液，以补充嫩芽梢的营养。椿芽采集后要仔细整理捆把或装盒装袋上市，较密封的包装袋，如塑料袋要适当扎几个孔，这样既可减少水分蒸发，又不影响袋内椿芽的呼吸。如果需存放，应放在阴凉潮湿的环境中，在 0 ~ 5 ℃条件下可存放 10 ~ 15 天。

### （二）香椿芽离体生产

香椿芽离体生产是将香椿树的枝条剪下扦插，利用枝条内储藏的营养长出嫩芽供食用的栽培方式。香椿硬枝的芽在室内温度 5 ~ 22 ℃条件下均可萌发。在恒温 21 ℃和 27 ℃以及室内日平均温度 17.3 ℃和 14.6 ℃ 4 种条件下进行溶液培养，经 35 天，日平均温度 17.3 ℃的产量最高。香椿硬枝插入瓶中，白天室温保持在 18 ~ 20 ℃、夜间 8 ~ 10 ℃，每隔 3 ~ 5 天补充 1 次水分，约 15 天开始发芽。影响香椿嫩芽产量的主要因素是枝段粗度（或单位长度的枝条重量）、培养温度、培养液成分和枝段上的芽数，其影响程度排序为枝条粗度 > 培养温度 > 培养液种类 > 枝条上的芽数，最佳组合为枝段粗 1.4 厘米、培养日平均温度 17.3 ℃、培养液为 0.1% 磷酸二氢钾溶液或自来水、枝段上有 7 个芽。

插枝采芽有液体培养法和基质培养法两种。

1. 液体培养法

（1）插条准备

秋末冬初香椿落叶后，从 1 ~ 2 年生实生苗木上，将未受冻的枝条剪下，或将修剪整枝时从成年树上剪下的枝条，截成小段，段条长 40 ~ 50 厘米，不能短于 25 厘米；茎粗在 1 厘米以上，最好达 1.4 厘米，其上有 7 个芽。每个插条上端距剪口 1.5 厘米处必须有 1 个饱满的顶芽，下侧还应有 1 个较饱满的侧芽。插条剪好后，最好将下端放入 0.005% 赤霉素溶液中浸泡 10 分钟，以打破休眠，再用清水浸泡 3 ~ 4 天，然后扦插。如果在香椿落叶 17 天后剪枝，因其已通过休眠期，插枝可以不用赤霉素处理，直接用清水浸泡后扦插即可。

（2）容器及溶液

液体培养可用罐头瓶、玻璃瓶、浅瓶盘、塑料盆等做容器。大批量生产时可用木箱，箱内衬一层塑料薄膜，防止溶液渗漏。

水培香椿枝条是利用枝条中储存的养分使香椿芽萌动，发芽生叶。为提高香椿芽产量，李锡志连续 2 年进行了在水中添加植物生长调节剂、微肥和其他营养成分的试验，多数为负面作用，只有少数几种有增产作用。用赤霉素处理，对香椿有解除休眠的作用，处理后发芽早、生长快，但叶片薄而黄，产量低。叶面宝和稀土微肥有增产作用，但增产幅度不大。磷酸二氢钾 (0.1%) 溶液和自来水培养的香椿枝条产芽量相近，比 1/2MS 培养基和磷酸二氢钾 (0.1%)+ 尿素 (0.1%) 溶液培养的产量高。1/2MS 培养基和磷酸二氢钾 (0.1%)+ 尿素 (0.1%) 溶液培养的产量分别为磷酸二氢钾溶液的 81.5% 和 65%。这两种溶液适宜细菌繁殖，枝段下切口易腐烂，香椿芽生长不好。

（3）插条培养

插条用赤霉素处理后，马上插入容器中。每个废罐头瓶可插直径 2 ~ 2.5 厘米的插条 4 段。然后，将罐头瓶置于温室、大棚、阳畦等设施内的畦埂、走道、火道下方或两侧，或吊挂 ( 架 ) 在大棚或温室的后墙上，或摆放到有暖气设备的向阳窗台上。白天室温保持在 18 ~ 20 ℃，夜间温度保持在 8 ~ 10 ℃，隔 3 ~ 5 天补充 1 次水分。从插入容器算起，约经 15 天开始发芽，45 ~ 55 天可以采收，每瓶可产鲜香椿芽 9.3 ~ 13.3 克。一般 1 米长的距离内能摆放 10 瓶，从下向上隔 30 厘米放一层。一个长 50 米、宽 7 ~ 8 米、高 1.5 米的温室或大棚，后墙上能挂放 5 层，约 1 500 瓶，连同畦埂和火道旁等处，共放置 2 000 瓶，扣除成本，可增加收入约 2 000 元。大规模生产时，可专设液体培养生产场地：在背风向阳处，做宽 1 ~ 1.2 米、深 20 厘米的低畦，摆放插入枝条的容器，每平方米放插条 400 枝。搭设小拱棚，棚膜四周封严。温度低时可将低畦设在日光温室或塑料大棚内。有寒流时，拱棚上加盖草苫或纸被，还可在棚室内挂红外线灯增温。

2. 基质培养法

（1）插条准备

秋末冬初香椿落叶后，结合修剪整枝，选 1 ~ 2 年生、直径 1.5 厘米以上的枝条，截成 30 ~ 40 厘米长的小段，每段插条最上部距切口 1.5 厘米处应有 1 个顶芽，还应有 1 个较饱满的芽作侧芽。扦插前用 20 ℃的 0.005% 赤霉素溶液浸泡 10 分钟。

（2）栽培床准备

最好采用电热栽培床。床长 7 米、宽 1 米、深 20 厘米。踩平畦面，先铺一层厚 3 厘米的秸秆作隔热层，再铺一层薄膜，膜上垫土，厚 1 ~ 2 厘米，上面铺 1 根长 100 厘米、功率 1 000 瓦的电热线。然后铺床土，厚 15 ~ 20 厘米。床土宜用壤土，壤土保温和保水性良好。

（3）扦插采取密集扦插、多层覆盖的方式。根据插条长短，分组扦插。行距 10 厘米、株距 1 ~ 2 厘米，每平方米插枝段 700 ~ 900 条，插深约 10 厘米，使插条顶部高低一致。扦插后，在插条上覆盖地膜，并搭小拱棚盖薄膜和草苫。

（4）精心管理

生长期间进行遮阴或弱光照管理，床内温度保持在 20 ~ 25 ℃，空气相对湿度 95% 以上，床上经常保持湿润。萌芽后撤除地膜。一枝多芽的选留 1 个壮芽，去掉其余芽。采前 2 ~ 3 天进行自然光照和变温管理，日平均温度保持在 20 ℃，日温差在 10 ~ 12 ℃。扦插后 40 天左右芽长约 20 厘米时采收，每平方米可采收椿芽 2 ~ 2.5 千克。

（三）香椿蛋生产

香椿蛋是指香椿萌芽时，在芽体上套 1 个空蛋壳，待椿芽长满蛋壳变得坚实时采下，剥去蛋壳即为香椿蛋。香椿蛋颜色娇黄，脆嫩多汁，营养丰富，味美可口，深受欢迎。

1. 套具准备

将鸡蛋、鸭蛋或鹅蛋，在较细一端用铁钉扎 1 个直径约 1 厘米的小孔，让蛋液慢慢流出，将空蛋壳的小孔用塑料绳堵严，用拌草的黄泥在蛋壳外薄薄地糊上一层，晒干后抽出堵孔的塑料绳，套在芽体上，也可用扁圆形、扁形、长形或方形等自制的塑料盒。塑料盒最好做成两半的，像合页一样可以扣合。若套具不足，还可用牛皮纸或黑纸，做成小纸袋替代，但生产的香椿蛋形、色、味及坚实度均不如用蛋壳套的好。

2. 枝条采集

香椿蛋可以利用露地栽培，但上市晚，效益低；利用日光温室栽培，虽可在春节期间上市，但栽培材料多为 1 年生苗或平茬苗，营养积累少，很难培育出上等产品。张志录等人用成年大树上的 1 年生枝进行水培生产香椿蛋，效果良好。香椿落叶后有 17 天左右的休眠期，即在 1 ~ 5 ℃低温条件下，需经 15 ~ 20 天才能发芽。为保证水培枝条顶芽能及时萌发，枝条至少应在树体落叶休眠后 17 天采集。采集时，应从树冠内选择生长充实、芽体饱满的 1 年生枝，从枝顶向下截取 1 米左右的枝段。不足 1 米长的，从基部剪下，不带 2 年生枝段。枝条的长度以方便水培为好。在不影响水培的条件下，枝条越长、越粗越好。

3. 水培

在日光温室内架设水槽，宽 1 米、深 50 厘米，长度随温室而定。水槽两侧顺长架立高约 80 厘米的栏杆，在两栏杆上横架略长于 1 米的细横杆，杆间距离 10 厘米。水中加 0.1% 新洁尔灭液消毒后，注入水槽中，水深约 30 厘米。视水质情况，一般每隔 3 ~ 4 天换水 1 次。若水质差，应每天换水 1 次。换水时，要把旧水彻底放净后再加新水。换水最好在傍晚或早晨进行，若能把新水预热到与旧水温度相同时再换更好。

香椿蛋上市前 20 ~ 30 天，将枝条基部插入槽中。为便于枝条吸收水分，在入槽前应将枝条基部两侧切削成长约 7 厘米的楔形，要随切随入槽、随注水。枝条要直立于水槽中，并用绳子固定到横杆上，枝条的株、行距均为 10 厘米。

水培初期，温度保持 25 ℃；芽萌动后，昼温控制在 15 ~ 25 ℃、夜温 10 ℃左右，最低不低于 5 ℃。采收期，白天室温保持在 18 ~ 25 ℃。温度低，椿芽长得慢；温度高，椿芽长得快。因此，可通过调节温度控制采收期。顶芽萌发后，空气相对湿度以 70% 为好。

4. 套芽

香椿露芽前，将蛋壳用黄泥糊好，泥中拌些碎草，涂于蛋壳外，晒干；也可用纸糊 2 ~ 3 层，防止芽满后撑破蛋壳。椿芽萌动时将蛋壳套到芽上并固定好。

### 5. 采收

因香椿芽在蛋壳内生长，从外面看不见芽的生长状况，所以采收时间以不套蛋壳自然生长的芽的采收为标准，或略迟 1 ~ 2 天。一般在香椿顶芽萌发6 ~ 10 天后即可达到商品芽。蛋壳套到芽上后 10 ~ 12 天，芽就能充实蛋壳，应立即采收。采"蛋"宜在早、晚进行，宜遮阴剥壳及时存放。一般每平方米可产"椿蛋"600 ~ 800 克，高的达 2.5 ~ 3 千克。

## 三、枸杞头日光温室栽培

枸杞俗称甜甜芽、甜菜头、野辣椒、枸杞头、枸杞子、狗芽菜，中医称地骨皮、天精，为茄科枸杞属多年生灌木，在蔬菜上多作 2 年栽培。枸杞原产于我国，遍布南北各地，多生长在山坡野地、田边路旁。枸杞全株皆可利用，自古作药材和野生蔬菜，近年来开发出枸杞茶、枸杞可乐、速溶枸杞等系列产品。据明代著名药学家李时珍《本草纲目》记载："春采枸杞叶，名天精草；夏采花，名长生草；秋采子，名枸杞子；冬采根，名地骨皮。"枸杞嫩叶亦称枸杞头，俗名"天精草"和"明睛叶"，枸杞叶含有较多的蛋白质、粗纤维、各种矿物质、维生素，尤以胡萝卜素含量多，每 100 克鲜茎叶中含 3.9 毫克。胡萝卜素是维生素 A 的前体，动物体能把胡萝卜素转化成维生素 A，维生素 A 的重要作用之一是预防和治疗夜盲病。夜盲病患者开始表现为对黑暗适应缓慢，随之很快全夜盲，注射维生素 A 后，很快就可痊愈。眼干燥症为另一种维生素 A 缺乏症，眼结膜外部干燥，角膜发炎，眼睛溃烂，可使视力衰退，是一种常见的婴儿和儿童营养不良症。常吃枸杞嫩梢芽，可以大量获取胡萝卜素，保证人体正常的维生素 A 的持有量，可有效地预防、治疗夜盲症和眼干燥症，因而枸杞嫩叶又称"明睛叶"。枸杞子为枸杞成熟的果实，别名西枸杞、白刺、山枸杞、白圪针等，有降低血糖、抗脂肪肝的作用，并能抗动脉硬化，常吃有明目、养肾、祛热之功效，是一种优质的保健蔬菜。在南方地区，枸杞以秋冬季露地栽培为主，采收期从 10 月份连续至翌年 4 月份，夏季为越夏休眠期。北方地区冬季寒冷，夏季炎热，不适合露地栽培。

### （一）生物学性状

枸杞株高一般 60 ~ 70 厘米，高的达 1.5 ~ 2 米。水平根发达，直根弱，枝条柔软，常弯曲下垂。小枝淡黄灰色，茎节具有针刺，节间短。叶互生或簇生于短枝上，有披针形、长披针形或卵形等。叶柄短，叶色淡绿或绿色，叶肉肥厚或柔薄。2～8朵花簇生于叶腋，完全花。浆果，卵形，成熟时色红艳丽，味甘甜。种子小，扁平，黄白色或黄褐色。枸杞适应性较强，耐寒，喜冷凉，适宜生长温度白天20～25℃、夜间10℃左右，白天在35℃以上高温、10℃以下低温时生长不良，有时会落叶。枸杞喜光照，尤其采后茎部重萌腋芽时，要求较多的光照。根系发达，吸收力强，耐旱耐寒，但不耐涝，抗风雨，要求土壤湿润、肥沃、疏松。

### （二）类型和品种

枸杞有4个栽培种，即大叶、细叶、无果枸杞芽和宁杞菜1号。宁夏枸杞主要以果实和根皮作药用；无果枸杞芽是宁夏杞芽食品科技有限公司用野生植物的根苗与枸杞枝条嫁接培育的新品种，不开花、不结果，绝大部分营养都囤积在芽中。宁杞菜1号是宁夏枸杞研究所2002年培育的新品种，主要用作菜用。植株丛生，每丛5～20个枝条，枝长50～100厘米。叶单生，叶肉质地厚，叶长6.1～6.9厘米、宽1.5～2.2厘米。根系密集，有效土层内分布半径60～120厘米。分蘖力较强，在宁夏大田4月上旬开始萌生，4月中下旬开始抽枝，10月中旬落叶休眠。主要作蔬菜栽培，多采摘幼梢、嫩茎叶供食，被称为枸杞头。北方保护地生产的枸杞产品，芽梢长不超过15厘米，有嫩叶6～10片。叶片肥大，全缘无缺刻，卵状披针形至卵圆形，淡绿色或绿色，单叶重5～6克。

### （三）栽培方式

采收果实的枸杞一般定植当年开花结果，能持续50年以上。作蔬菜栽培的叶用枸杞通常不开花结籽，每年用插条繁殖，作1年生绿叶菜栽培。华南地区冬季温和，可在8～9月份扦插，11月份至翌年4月份分次采收。4月份以后气温较高，不利于枝叶生长，可适时留种。长江流域和华北地区冬季寒冷，多于3月份扦插，直接扦插于大田，或先集中扦插，发根后再移植，5～6月份收获，7月份气候炎热，停止采收。为促进嫩叶提早上市，冬春季利用保护地栽培更好。

### （四）育苗移栽和田间管理

#### 1.育苗

选择富含有机质的肥沃土壤，每667平方米施腐熟厩肥2 000～3 000千克，深翻耙平后做畦。插条选自当年春季留种植株，宜用中下部半木质化的粗壮枝条，截成长 13 ~ 15 厘米的插条，上部不用。每个插条留 3 ~ 5 个芽，下部削成 45° 角的斜面，上部平削，然后用 50 ~ 100 毫克 / 千克 ABT 1 号生根粉液浸泡插条下部 1 ~ 2 小时。扦插时腋芽向上，斜插入土，深 5 ~ 7 厘米，留少许露出土面。插后浇 1 次透水，搭小棚用稻草或塑料薄膜覆盖保墒。若扦插时间较晚，夜间温度较低，可在拱棚上覆盖农膜保温，白天适当通风。有条件时也可采用 72 孔穴盘扦插。室温保持在 20 ~ 25 ℃，基质相对湿度保持在 85%，插后 10 天开始发出新根、新芽，20 天左右可发生 6 ~ 7 条新根、2 ~ 3 条新梢。生根发新梢后，选留 3 ~ 5 条健壮新梢，多余的疏去。

2.定植及田间管理

地整平后做高畦，畦宽 1.3 米，按株距 12 ~ 20 厘米定植。插条发生新根、新梢后即可追肥，每隔 10 ~ 15 天 1 次，以人粪尿为好，初期浓度较稀，以 10% ~ 20% 为宜。生长盛期要施足施浓，促进枝叶生长。天气干旱时，要注意灌水，及时中耕除草，防治病虫害。扦插后 50 ~ 60 天，株高 20 ~ 30 厘米即可开始收获，先采收生长最旺的枝条，留下其余的幼枝继续生长，以后分次分批采收。第一次采收将距地面 25 ~ 30 厘米处的嫩梢剪下，梢长 20 厘米左右，扎成小把出售。一般每隔 20 天采收 1 次，7 ~ 8 月份高温季节停止采收。每次采收后进行追肥浇水并中耕除草。每 667 平方米可收获嫩茎叶 3 500 ~ 5 000 千克。食用方法是将枸杞头用清水洗净，在沸水中杀青 2 ~ 4 分钟，再用冷水降温保护色泽，然后制作冷菜、热菜、饺子馅、包子馅或调羹做汤等均可。

## （五）宁杞菜 1 号温棚生产

"宁杞菜 1 号"设施栽培对温棚的要求不高，简单的日光温室即可。一般选择有效利用面积为 400 ~ 667 平方米的温棚较为适宜。温棚冬天只需草苫保温，不需要另置增温设施。

1.育苗

3 月初采集采穗圃里 1 年生种条，下端剪成斜口，每 50 根捆成 1 捆，用细绳扎住。如不能及时上床催根，必须放在湿沙中贮藏。用 50 毫克 / 升吲哚丁酸和 50 毫克 / 升萘乙酸混合溶液，把枸杞插条基部 3 ~ 4 厘米放入混合溶液中，浸泡 12 小时，当插条髓心出水后，放置电热苗床上催根。方法是先在苗床下端铺上 10 厘米厚的麦壳隔热，接着铺一层聚乙烯薄膜保温，在薄膜上铺一层厚 5 厘米的黄土，主要用于平整和压实床面。然后在黄土上按 5 厘米的间距布电热丝，在电热丝上铺厚 5 厘米的细沙保湿保温。电热苗床准备好后，用喷壶把苗床浇透,同时将温度调到 26 ~ 28 ℃,让苗床升温。当温度升至 26 ~ 28 ℃时,把泡好的插条依次摆好,注意每捆插条之间保持 2 ~ 3 厘米的间距。摆完后,在插捆与插条之间撒上细沙,保持插条顶端 3 ~ 4 厘米裸露在外面。最后用喷壶在插条上浇水,以便进一步使细沙填充插条与插条之间的空隙。

催根期间苗床周围环境温度保持在 0 ℃以下,防止插条上部由于温度过高而长芽,消耗枝条养分。苗床温度应一直控制在 26 ~ 28 ℃,苗床相对湿度保持在 70% ~ 75%,每隔 2 ~ 3 天给苗床浇 1 次水,约 14 天后插条基部会形成愈伤组织,发生细小乳根时,随即扦插定植。

2. 定植及田间管理

定植前结合整地每 667 平方米施腐熟有机肥 4 500 ~ 5 500 千克,使肥料与园土充分混合,整平地面,浇透水。用 75% 辛硫磷乳油,以 1∶300 拌成毒土,每 667 平方米用 40 ~ 50 千克撒于土壤,可防治地下害虫。用小型旋耕机,耕深 25 厘米左右,使肥土混合均匀。接着按行距 25 厘米起垄,做成垄底宽 25 厘米、上宽 20 厘米、高 10 厘米、南北延长的畦。在垄上按株距 10 厘米进行扦插定植。扦插时先用直径 2 厘米的枝条在垄中间插出 3 ~ 4 厘米深的小穴,然后每穴插 3 ~ 4 根插条,深 8 ~ 10 厘米,插完后用手按实,并用喷壶浇透水,使插条与土壤充分接触不留空隙。

棚温白天控制在 28 ~ 32 ℃,空气相对湿度保持在 70% 左右。1 周后,幼苗即可长出新芽,3 周后幼苗新梢生长长度可达到 15 ~ 20 厘米。这一时期幼苗根系较少,不宜进行采菜。当幼苗新生枝条长度达到 20 厘米以上时进行摘心,促使幼苗根系大量生长,产生分蘖。幼苗生长 40 天后,即可采菜。生长期间,每隔 15 天浇 1 次水,每隔 2 个月追 1 次肥,每次每 667 平方米追以氮肥为主的化肥 100 ~ 150 千克。每年平茬后,每 667 平方米施腐熟有机肥 5 000 ~ 5 500 千克。

3. 温棚管理

春秋季节揭开棚膜口进行通风降温,保证白天温度在 28 ~ 32 ℃。夏季由于温度很高,必须在温棚外面覆盖遮阳网,既可控制温度,又可防止枸杞菜生长过快,以保证产品的质量。

普通温棚进入 11 月上旬,必须进行早、晚拉苫和放苫,以保证枸杞菜的正常生长。早拉苫的时间一般为 8 时 30 分,晚放苫时间一般为下午 5 时 30 分。确保白天温度保持在 25 ℃左右,夜间温度保持在 10 ℃以上。

4. 剪枝及管理

温棚栽培枸杞芽菜每年可采摘 40 茬以上,随着枸杞树体的生长,基部枝条粗,木质化程度也加重,对枸杞菜的产量会造成一定的影响。一般每年 7 月份进行 1 次剪枝，方法是从基部平茬，留主干枝 3 ~ 5 条，每条枝留 4 ~ 5 个叶节。与此同时，每 667 平方米在行间开浅沟施腐熟有机肥 500 ~ 1 000 千克，随即浇 1 次大水，4 ~ 5 天后再浇 1 次水，浇水后中耕。此后，逐渐加强通风，直至撤去薄膜。平茬后 7 天左右长出新梢，20 天即可进行采收。

### （六）温室水培枸杞芽营养液配方优选

宁夏大学农学院高艳明等人应用四元二次通用旋转组合设计，采用 DFT 无土栽培，在二代节能日光温室内研究了营养液配方中的硝态氮、磷、钾、钙 4 种营养元素浓度对枸杞芽生长的影响，得到了两者之间的回归方程。结果表明，水培营养液中，氮、磷、钾、钙 4 种元素对其产量影响的顺序为氮 > 钾 > 磷 > 钙。

4 种营养元素浓度对枸杞芽菜生长的影响为典型的抛物线形，即在一定范围内随营养元素浓度的提高，枸杞芽产量增加；而过高的浓度则造成枸杞芽菜减产。单施 4 种营养元素浓度分别达到氮 7.5 摩尔 / 升、磷 0.52 摩尔 / 升、钾 3.45 摩尔 / 升、钙 2.3 摩尔 / 升，枸杞芽菜单株最大产量分别可达到 53.41、52.23、53.01、52.23 克。

供试条件下氮与磷对枸杞芽产生正交互效应。

营养元素配合作用下，营养液 4 个因子硝态氮、磷、钾、钙的浓度分别为 9、0.5、3、2 摩尔 / 升时，枸杞芽单株产量达到最高为 51.96 克。由于配制营养液的原水中已有 2 摩尔 / 升的钙。因此，其硝态氮、磷、钾、钙 4 种元素在营养液中的最佳配方应调整为 9、0.5、3、4 摩尔 / 升。经过田间试验校验证明，基于试验结果的最优组合（硝态氮、磷、钾、钙的浓度分别为 9、0.5、3、4 摩尔 / 升），不但显著促进枸杞芽菜的生长发育，而且显著增加枸杞芽菜产量，且改善产品品质。

## 四、芽球菊苣生产技术

菊苣又称欧洲菊苣、苞菜、日本苦白菜、荷兰苦白菜、苣荬菜、法国苦苣、水贡、吉康菜、野生苦苣等，为菊科菊苣属 2 年生或多年生草本植物，多以嫩叶、叶球或软化后的芽球供食用，宜生食、凉拌，也可作火锅配菜或炒食。菊苣原产地中海沿岸、中亚和北非，早在古罗马和希腊时期已有栽培，近代在欧美有较多栽培。荷兰等国多以软化后的芽球上市，极受欢迎。近年来，我国随着一些西洋蔬菜的引入，芽球菊苣试种已获得成功。芽球菊苣是利用其肉质根积累的营养，经软化栽培结出的芽球，呈乳黄色，长 10 ~ 15 厘米，中间最粗处 4 ~ 6 厘米，单重 50 ~ 100 克，外观似白菜心，是一种优质高档的稀特体芽蔬菜。芽球菊苣营养丰富，含有蛋白质、还原糖及钾、钠、钙、镁、铜、维生素 C、铁、β-胡萝卜素、锌、硒、锰等多种营养元素。此外，还含有马栗树皮素、野莴苣苷、山莴苣苦素，还有菊糖、咖啡酸和奎宁酸所形成的苷——绿原酸和苦味质等物质，入口清香脆嫩，略带苦味，有清肝利胆功效。芽球菊苣外观洁白或鹅黄，主要用于生食，切忌高温煮、炒。味道甘苦，脆嫩爽口，风味独特，具有营养保健、清洁无污染、食用安全等特点。可剥叶或整株蘸酱，或作鲜美的沙拉菜，外叶可爆炒。植株的幼嫩叶也可炒食，欧美人还把根佐以鲜酱或蒜泥，口味独特鲜美；也可作火锅配料，或经烤炒磨碎加工成咖啡代用品或添加剂。

## （一）生物学性状

菊苣以宿根越冬，具有发达的直根系。用于软化栽培的芽球菊苣，主根膨大成圆锥形，全部入土，外皮灰白色、光滑、两侧着生两列须根，主根受损后易产生歧根。叶片在营养生长阶段丛生于短茎上，一般呈长倒披针形，有板叶和花叶之分，叶色绿至深绿色，有些品种叶基部和背面叶脉伴有紫红色晕斑，叶面多被茸毛。菊苣通过温光周期后，由顶芽抽生花茎，高 1.5 米。主花枝叶腋抽生侧花枝，各叶节均能簇生小花。花序头状，花冠舌状，青蓝色。雄蕊蓝色、聚药。瘦果，果面有棱，顶端截形。

芽球菊苣为半耐寒性蔬菜。种子在 5～30℃条件下均可发芽，发芽适温为 18～20℃，25～30℃条件下 4 天出苗，5～15℃条件下 7～8 天出苗。叶生长期适温为 15～19℃，叶球形成期适温为 10～15℃，软化栽培适温为 11～17℃。温度过低生长缓慢，温度过高芽球松散、纤维化，品质下降。幼苗期对温度的适应范围较广（12～25℃），温度过高（40℃）时，幼苗茎部受灼伤而倒苗。冬季气温 -5～-3℃时，叶色仍为深绿色，根在 -3～-2℃甚至遇短期，-7～-6℃的低温时不致冻死。室内软化栽培不需要光照，要求黑暗条件，若有光照，芽球变绿，产生纤维，影响品质。菊苣怕涝，需高垄栽培。喜排水良好、土层深厚、富含有机质的沙壤土和壤土，土壤要疏松，土壤中有石块、瓦砾时，易形成杈根。田间栽培每 667 平方米需纯氮 7.3 千克、有效磷 4.7 千克、钾 16.6 千克，生长期对氮、磷、钾吸收的比例为 2.1∶1∶3.6。生长期内任何时间缺氮都会抑制叶片的分化，使叶数减少；苗期缺磷，叶数少，植株小，产量低；缺钾主要影响叶重，尤其在结球期缺钾，会使叶球显著减产。

## （二）类型与品种

菊苣品种较多，有菜用品种、饲用品种和花卉观赏用品种。采用栽培有叶用型、叶球型、根用型品种，还有需软化结球类型和非软化型的散叶类型。需软化结球类型是耐寒的散叶菊苣，其叶苦味过浓，且质硬不堪食用，经栽培获得直根，秋季挖出直根，经贮藏后进行软化栽培，获得黄白色小叶球方可食用。非软化型的散叶类型是半耐寒的叶用菊苣，叶色有红、绿之分，尤其是红菊苣，天寒时，叶片呈红葡萄酒色，食用时取叶丛的心部，从而使沙拉的色彩更加艳丽，并因其叶基部略有苦味，从而提高了沙拉的档次。用于软化栽培的芽球菊苣一般多选用软化后芽球为乳白色或乳黄色的品种，也可选用红色的品种。软化栽培品种有荷兰的科拉德、特利劳夫，英国的艾切利尼莎，日本的沃姆、白河，我国的中囤1号等品种。

## （三）囤栽菊苣肉质根的培养

菊苣应选择地势高燥、排灌良好、土壤疏松、富含有机质、土层深厚的沙壤土或壤土地种植。地整平后起垄，垄距50～60厘米、高15～20厘米，播单行或双行，一般进行直播。若育苗移栽，必须采用纸筒或塑料钵育苗，3～4叶展开前定植，否则会因移植伤根而引起肉质根分杈、畸形。为避免未熟抽薹，通常进行秋季栽培，华北地区多在7月下旬至8月上旬播种。适当早播，生长期长，肉质直根膨大充分，根型大，养分多，软化栽培后形成的芽球商品质量高。但播种过早，莲座叶叶片数多，短缩茎长，囤栽时易长出侧芽，影响主芽球生长；播种过迟，则生长期不足，肉质直根细小，将大幅度降低囤栽用直根的合格率。

选择上一年采收的新种子，进行条播或穴播，每667平方米播种150～250克。垄宽40～50厘米的，单行；垄宽65厘米的，双行。在垄背上划0.6～1厘米的浅沟，把种子撒入沟内，覆土，踩实。采用穴播可节约用种，但在开穴时必须按规定的定苗株距进行，挖穴切勿太深，一般1～1.5厘米即可，每穴播种子4～5粒，覆土，踩实。播完后应立即浇水。菊苣苗2～3片真叶时间苗，5～6片真叶时定苗，行距40～50厘米，株距20～27厘米，每667平方米留苗6 000～8 000株。间苗或定苗后均需中耕除草和及时浇水。夏秋季栽培的菊苣播种时，正值高温多雨季节，应注意排水防涝，可连续浇水，以降低地温，保持土壤湿润。此后至肉质根迅速膨大前，应视雨量多少等情况适当浇水，前半段以土壤见干见湿为度，后半段则以控水为主，尽量避免因莲座叶疯长而影响肉质根及时进入迅速膨大期。进入肉质直根迅速膨大期后，应加强水分管理，增加浇水量和浇水次数，直至肉质直根充分膨大。华北地区在10月底或11月初停止浇水。

菊苣定苗以后簇生叶很快呈莲座状，植株进入叶生长盛期，应进行1次追肥，方法是在行间开深沟，每667平方米施腐熟饼肥150～200千克或腐熟有机肥1000～1500千克，施肥后浇1次大水，水后进行深中耕。此后控制浇水，进行蹲苗，直到肉质直根进入迅速膨大期为止。一般在11月上中旬，外界最低气温降至-2℃前，收获肉质直根。收刨时可在垄的一侧挖土，将肉质根刨出留叶柄3～4厘米长，切去叶丛。收获后可就地将根堆成小堆，用切下的叶片覆盖，以免肉质根失水和霜冻。

选择背阴、高燥地块，挖宽1～1.2米、深1.2～1.5米、东西延长的土窖，并将挖出的土堆放在窖的南沿，以利遮阴，使窖内温度更趋稳定，窖口用蒲席覆盖。华北地区在11月中下旬土壤上冻前，把肉质根整齐地码放窖内，20～30厘米为一层，码一层盖一层5～10厘米厚的土，一般码2～3层。根据天气变化，逐渐加厚覆土或加盖蒲席。最严寒时可盖双层席，入春后再逐渐撤席、撤土，窖温保持在0～2℃、空气相对湿度在90%，一般可贮藏至翌年4月份。贮藏期间应保证肉质根不严重失水、不腐烂、不受冻、不长芽。在贮藏期内，可根据生产和市场需要，随时取出囤栽。为了延长芽球菊苣的生产供应期，可在3月上中旬后，将肉质直根用保鲜袋分装，放入纸箱后再置于0～1℃的冷库中继续存放。也可收获后在冷库贮存，入库前将肉质根体温降至4℃以下，然后装入编织袋、塑料袋或筐等容器，随即叠摞在冷库中，温度保持在-2～0℃（长期贮存）或0～2℃（短期贮存），空气相对湿度保持在90%～95%。贮藏1周后检查1次，此后每月检查1次，如发现有腐烂、脱水、冒芽等异常情况，应酌情进行"倒袋"或"倒筐"，贮藏期可长达1年。

### （四）芽球菊苣栽培管理

芽球菊苣软化栽培也叫囤栽，是利用菊苣肉质根根茎部分的芽，在遮阴条件下培育出乳白色叶球，称芽球。芽球是由叶片层层抱合而成，形状很像小型炮弹，色泽鲜艳，呈鹅黄色或白色，有的品种呈暗紫色。

1. 箱式立体无土软化栽培

据张德纯等（2000）报道，采用无窗式保温、隔热厂房进行菊苣箱（槽）式立体无土软化栽培已获得成功，对实现软化菊苣的集约化生产、提高生产效率、加速产业化进程开辟了新的途径。

（1）生产场地

采用无窗式保温、隔热厂房，坐西朝东，面积 20 平方米左右。砖瓦房，三七墙，内壁衬垫厚 5 厘米的聚丙烯发泡板材。房（吊顶）高 2.5 米，周墙无窗户，仅在南、北墙分别设 30 厘米 × 30 厘米自然通风百叶窗。在东墙设强制通风口，安装一台 60.96 厘米排风扇，门户内外设挡光门帘。室内温度保持在 5 ~ 20 ℃（最佳为 8 ~ 14 ℃），严寒冬季用水暖加温，炎热夏季采用人工空中喷雾、低温水循环、强制通风、空调等降温措施。室内作业时采用绿色光照明。软化栽培期间室内空气相对湿度保持在 85% ~ 95%。

为提高生产场地利用率，采用多层栽培架。栽培架由 50 毫米 × 50 毫米角钢制成，长 180 厘米、宽 60 厘米、高 100 厘米，共分 4 层，每层可放置栽培箱 4 个。要求放置平稳，横梁保持水平，角钢表面涂刷防锈漆。栽培箱（槽）选用轻便、不渗水、便于清洗、易于焊接的工业塑料制品，长 60 厘米、宽 40 厘米、高 20 厘米。箱底中部设有用于水循环的溢水管，由管径为 20 毫米的塑料管穿插入人工开挖的底孔，交接处用塑料膜密封粘接防漏。上端管口离箱底高 9 厘米，以保持栽培箱（槽）有 9 厘米深的水层。下端管长 5 ~ 7 厘米，以便使循环水能依次从上一层箱（槽）溢入下一层箱（槽）。

为了使囤栽时菊苣肉质根之间保持适当间隔距离，避免芽球因郁闭而引发病害，应采用特制扶持网片。网片由防锈铁丝编织，可悬挂在栽培箱内，扶持肉质根不倾倒。网片有 40 毫米、50 毫米、60 毫米见方 3 种规格，以适应不同粗细肉质根分级后使用。水循环系统包括进水管、分水管、分水管出口、箱（槽）溢水管、回水槽池、消毒过滤装置以及水泵等 7 部分组成。水循环系统内的管道均采用 20 毫米塑料管，各个栽培架采取并联循环。为便于作业也可以 1 个或多个栽培架组成水循环单元，每单元配备 1 个大小相应的水泵。

（2）软化栽培（囤栽）

①肉质直根囤栽前处理

从窖（库）内取出肉质直根，洗净，用利刀斜向由根头部莲座叶柄基部向上，从不同方向削切 3 ~ 4 刀，使残留莲座叶柄呈金字塔状。然后，在根头部以下留 13 厘米长，将尾根切去，并在背阴通风处摊晾 4 ~ 8 小时，待切削伤口稍愈合后囤栽。

②栽插

将肉质直根按根头部直径小于 30 毫米、30 ~ 40 毫米、大于 40 毫米分成 3 级，分别插入挂有不同规格扶持网片的栽培箱（槽），每箱 70 ~ 150 根。栽插时注意不要使肉质根歪斜，务必使根头部保持在一个水平面上，以促进芽球整齐生长。囤栽应按批分期进行，一般于11月底开始第一期栽插，产品可在元旦前后供应市场。

③栽插后的管理

肉质直根全部栽插完毕后，即向箱（槽）内注水，直到回水槽池满时为止。同时，检查每一栽培箱（槽）水位是否达到预定的9厘米深度，整个水循环系统是否畅通。此后，每天应定时启动水泵进行水循环1~2次，每次30~60分钟，直到芽球采收时止。菊苣芽球形成期，要求温度稍低，在14℃以上时，温度越高生长速度越快，当温度升高至20~25℃时，自栽插至芽球商品成熟只需15~20天，但芽球松散、不紧实且产量低。菊苣芽球具有较强耐寒性，当温度降至0~1℃时也不致受到寒害，但生长缓慢。温度在5~10℃时，自栽插至芽球商品成熟需60天以上。芽球菊苣囤栽最适温度应为8~14℃，在此温度条件下，芽球商品成熟期为30~35天，芽球紧实，质量好，产量高。只有在黑暗条件下，芽球菊苣才能形成乳黄色产品。因此，自菊苣栽插冒芽至芽球采收期间，均应严格进行零光照管理，注意门户、排风扇口的严密遮阴，如需要敞开门户大通风应在夜晚进行。在较高的空气湿度条件下形成的菊苣芽球，品质脆嫩；而在空气比较干燥时，不仅芽球口感变劣，还生长缓慢。但若空气湿度长期处于饱和状态，尤其在生长后期，又易引起芽球的腐烂。因此，管理上需随时采取地面泼水或强制排风、开启门户大通风等措施进行调节，空气相对湿度控制在90%左右。近年来，国外为了减少培土和退土所需的劳动消耗，开始采用不培土软化技术。不培土软化首先需选择适宜的品种，目前国外使用较多的是200M系列的杂交种。此外，需用质地较好的基质，如泥炭等，将肉质根栽培在基质中，并装设喷雾装置，保持湿度，然后在遮阴条件下即可成功地进行软化。

（3）采收及采收后处理

一般芽球呈乳黄色，长10~15厘米时即可采收。采收应及时进行，采收时切割位置切勿过高，否则易使外叶脱落。一般每箱产芽球25千克左右，折合每平方米产量104千克左右。采收后及时剥去有斑痕、破折、烂损的外叶，然后以小包装上市。

2.民间传统软化栽培

菊苣民间传统软化栽培的场所主要有土窖、塑料大棚和日光温室。也可用高塑料桶、木箱等器具盛装，置于室内或利用山洞或地窖，甚至露地进行。先在日光温室或小暖窖内，挖深0.5米、宽1.2米、长5米左右的栽培池，备好黑色塑料膜、麻袋片或草苫、竹竿、水管等。然后，将菊苣根按粗细分成不同等级。囤栽时间应根据计划上市时间向前推35~40天，如元旦上市，应在11月

20日入池。囤栽有水培和土培两种方法。土培法设施简单，操作容易，长出的菊苣头比较坚实，但生长期较长，环境因素不易控制。缺点是生产的芽球菊苣不洁净，外观较差，净菜率低；水培法需要一定的设施，操作也比较复杂，但环境条件容易整体控制，生产出的产品洁净美观，更适合于大规模机械化生产。

（1）水培法

水培法在温室、房间、厂房均可进行。栽培池或容器一般深40厘米，在进行水培前将肉质根清洗干净，除去根头残留叶柄，切去部分肉质根尖，使根长保持在15～20厘米。伤口蘸一些70%硫菌灵可湿性粉剂800～1 000倍液消毒。码根时按大、小分开码，不要太紧。上面搭小棚，扣黑膜盖严，不透一点光。加水深度一定要在根的1/3～1/2以上，最好用干净的流动水，温度一般控制在15～18℃，每隔2小时1次，间断供液。经20～30天，芽球长至15～16厘米、粗6～8厘米，嫩黄色，洁净紧实，单球重120～150克时即可收获。收后用塑料袋包装，每4～6个芽球装1袋，密封后再装箱，或用黑色或深蓝色塑料薄膜包装好，直接送市场销售。也可放入冷库，在1～5℃条件下可存放10～15天。

（2）土培法

土培法是在大棚或日光温室内进行软化培育。先挖深约20厘米的沟作软化床，将晾晒好的肉质根放入沟中，彼此排紧并竖直，然后培上细土，成高垄状，培成的土垄应高出地平面约20厘米。垄表盖草，草上压波状铁皮或波状石棉瓦之类重物，使软化后形成的芽球紧实。也可按南北方向或东西方向挖沟，沟宽1～1.5米、深40～50厘米，沟底整平，铺电热线。电热线间距10厘米，每10平方米铺600瓦功率电热线。铺好后，线上覆土5厘米厚。将整理后的菊苣肉质根，一个挨一个互相靠紧码在沟中，根与根之间保留2～3厘米距离，用湿沙土将根间间隙填满。上覆3～5厘米厚的细土，然后浇水，使细土和水相互渗透到根株间，然后再覆上15～20厘米厚的细土。以后不再浇水，以防湿度过大。最后在其上面覆盖黑地膜，在温度较低时，加盖草苫或调节电热线的温度，使其达12～20℃，20～25天就可以收获。如果温度过低，生长期可延长至30～40天。

大棚内软化时，在棚内挖深40厘米、宽70～100厘米的深沟，将肉质根残留的叶柄用利刀削成金字塔状，不损伤顶芽生长点，削除肉质根主芽点周围的叶茎和小芽点，只保留一个主芽点。开沟码埋，一条沟一条沟码埋，肉质根之间相距2～3厘米，埋土深浅以露出根头生长点为度，做到顶部平齐。栽完后，浇透水。浇水时水管应伸到池子底面，防止水流冲倒根。浇水后，栽培床面如果不平，应再撒些细土补平，必须保证土层厚度。然后在栽培床上面架上竹竿，覆盖黑色塑料膜，要密封不透光线，膜上再盖草苫。为调节湿度，早晨天亮前盖膜，天黑后揭膜，以降低床内湿度。据龙启炎等人试验，不同材料覆盖对芽球产量有一定影响：用锯木屑覆盖芽球，球径、球长、小区产量分别为6.3厘米、15.4厘米、3.9千克；仅用黑膜覆盖芽球，球径、球长、小区产量分别为6厘米、15.1厘米、3.1千克；用土覆盖，其球径、球长、小区产量分别为5.4厘米、13.8厘米、2.7千克。可见用锯木屑覆盖效果最好。

　　囤栽后对软化菊苣有直接影响的是地温，10～15厘米地温应保持在8～15℃，温度太高，叶球徒长，结球松散，产量低，具苦味，不脆，应揭开草苫降温；太低时，芽球生长慢，应增加覆盖物保温。冬季大棚和日光温室中土壤水分散失少，一般不需要浇水。土壤湿度过高，易引起芽球腐烂；过低，芽球生长不良。如果土壤偏干，可浇水1～2次，但每次浇水量要控制好，不可使根冠部上面的土壤积水。棚或室内的空气相对湿度宜保持在85%～90%。空气湿度过低，芽球生长缓慢；过高易腐烂，可通过地面喷水或夜间通风加以调节。棚或室等软化场所，要保持绝对黑暗，否则芽球见光变绿，球叶散开，品质变劣。应经常注意检查，如发现芽球有拱土迹象时，要及时覆土。中囤1号品种芽球形成最适温度为8～14℃，在此温度条件下，从肉质根囤栽到芽球商品成熟需30～35天。此外，为避免池、床内空气湿度过大引起残留叶柄或芽球外叶腐烂，尤其在覆盖初期及芽球形成后期，应在夜间将黑色地膜揭开进行通风，至第二天早晨日出揭席前再进行覆盖。囤栽前对囤栽床及其周围进行消毒，每667平方米可用22%敌敌畏烟剂500克和30%百菌清烟剂250克，于夜间密闭棚室熏烟，12小时后通风换气。

　　3. 采收及采后处理

　　从囤栽肉质根到芽球达成商品成熟需要的时间，即软化栽培期的长短，取决于软化栽培时的温度。温度为8～14℃时，需30～35天；15～20℃时，需20～25天；21～25℃时，需15～20天；5～10℃时，需60多天。当有黄色芽梢略伸出覆盖物，芽球呈乳黄色，肉厚紧密，芽球长12～15厘米、径粗6厘米，单球重约100克时即可采收。采收时，从沟的一端逐次挖开泥土，用小刀将叶球从根头处割下，切割部位不可过高，以免球叶脱落。生产中应适时采收，若采收过晚，芽球外叶开张，品质下降；采收过早，产量降低。芽球采收后宜及时进行整修，剥去有斑痕、破折或烂损的外叶，然后用塑料袋或塑料盒包装上市。也可用保鲜膜包装，在温度为0℃、空气相对湿度为90%以上的冷库中贮藏。主芽球采收后，还可继续培养肉质根，不定期地陆续采收小的侧芽，称为芽球菊苣仔。侧芽的生长时间比主芽长，侧芽数量多、细长，一般每株肉质根可形成10 ~ 12个侧芽。据周丽丽等人试验证明：结球菊苣采后以0 ℃贮藏为佳，可较好地降低呼吸强度，保持维生素C含量，腐烂损耗也最少，辅以地膜打孔包装或保鲜膜包装，红菊苣可贮藏1个月以上，绿菊苣可贮藏50天左右。

### （五）贮藏方法

春季栽培的菊苣产量较低，肉质根也小，一般播种后90 ~ 100天，菊苣长至25 ~ 28片叶，肉质根直径达3厘米以上时，选晴天上午采收。采收后在肉质根上保留3厘米长的叶柄，切去其余叶片，以利于贮放。秋季栽培的菊苣收获后，一般不需要低温处理，可以直接进行温室软化栽培。收获后切掉叶片，晾晒1天，以减少肉质根含水量。一般秋季栽培，当冬季最低温度降至 –2 ℃以前挖出肉质根，挖收时，注意勿使根部受损伤。除去抽薹株，连叶带根，叶朝外，根朝里，就地码成直径为1米左右的馒头状小堆，以防肉质根受冻和失水。晾晒2 ~ 3天后，去除黄叶、老叶，留2 ~ 3厘米的叶柄，剪去上部叶片。然后，挑选根长18 ~ 20厘米、茎粗3 ~ 5厘米的肉质根做软化栽培用。休眠期短的品种，可直接进行软化栽培；休眠期较长的品种，可将入选肉质根整齐码放在土窖或冷库中。如果库藏，应将盛肉质根的容器用硫黄或甲醛熏蒸，对入贮的肉质根用50%多菌灵悬浮剂800倍液喷雾，晾干后装箱或装袋。贮藏期温度保持 –1 ~ 2 ℃，空气相对湿度保持95% ~ 98%，氧含量保持2% ~ 3%，二氧化碳含量保持5% ~ 6%。贮藏初期每隔3天掀开薄膜通风1次，15天以后，每隔7 ~ 10天通气1次。贮藏1个月左右应翻堆检查1次。检查时，应轻拿轻放，避免碰伤。准备软化栽培时，将其取出即可。也可挖沟贮藏，贮藏沟应在背阴处，东西向，沟宽1.2米、深1米。在沟底码40厘米厚的肉质根，上面覆盖一层细土，再码40厘米肉质根。沿沟向每隔2米竖立一草把，沟顶部先用麻袋片或破草苫盖上。或气温下降后先盖一层黄土，气温降至0 ℃时，加盖草苫。注意经常检查贮藏沟内的温度，使温度控制在0 ~ 2 ℃。在0 ~ 5 ℃条件下，可贮存3 ~ 5个月。温度不宜太高，以保证菊苣肉质根不腐烂、不抽干、不生芽为原则。软化栽培前取出，经7 ~ 10天打破休眠后，进行软化栽培。有些品种，如日本的"沃姆"和"白河"，没有明显的休眠期，可以挖起后立即进行软化栽培。

### 五、胡萝卜芽球生产技术

利用胡萝卜肉质根培育的菜芽，称胡萝卜芽球。

## （一）品种选择

胡萝卜芽球生产以黄皮胡萝卜的产量最高，其次为红皮胡萝卜，紫皮胡萝卜的产量最低。生产中要选择心柱粗、短缩茎粗大的胡萝卜肉质根，这样的根丛生叶多，侧芽多，培育出的芽球也较多。选择的母株，应经过冬贮，要求无冻害，无病虫害，根系完好。

## （二）设备消毒处理

生产用的木盆、塑料盆或育苗床均要经过消毒处理，也可用无菌的细沙代作床土。每立方米床土可用 80% 代森锌可湿性粉剂 80 克拌匀，密封 3 天再晾晒 2 天，待无药味时装盆或铺到苗床；也可每立方米床土用 40% 甲醛 50 倍液 30 千克喷洒，均匀混合，然后堆好拍实，密封 5 天再晾晒 10 天，待无药味时装盆或上苗床。

## （三）芽球培育

将消毒的床土装盆或上苗床，厚度应超过胡萝卜的根长，一般 30 厘米。随后将胡萝卜斜栽或垂直栽植，胡萝卜根的顶部与土表平齐。株、行距为 8 厘米×10 厘米。每个育苗盆内可栽 5 株。胡萝卜顶部再培 3 厘米厚的沙，喷透水后及时覆盖塑料膜，温度应保持在 20 ℃左右。经 4 ~ 5 天即可长出菜芽，这时可揭开塑料膜支起小拱棚进行遮阴培养。如果顶芽生长太快，可切掉顶芽的生长点，促进侧芽生长。这样，胡萝卜肉质根的顶部可长出一丛绿色芽球。当芽球长至 3 厘米时，趁其叶未展开时覆盖 3 厘米厚的细沙，将芽球埋在细沙内。芽球变成黄绿色，并再长出 3 厘米高的绿球，趁芽球未展开时再覆 3 厘米厚的细沙。一般覆 3 次细沙后不再覆沙，使其见光生长，再长出 3 ~ 4 厘米高的绿体菜芽时采收。

## （四）采收

将多次覆盖的细沙扒开，露出胡萝卜茎的基部。从茎基部将整个菜芽掰下来即可。也可将胡萝卜从细沙中整体挖出，再掰下菜芽。收获的胡萝卜芽球产品为基部黄绿色，顶部绿色，中间波浪式，有粗有细，高 12 ~ 15 厘米的一束芽菜。为保持芽球鲜嫩，应及时包装上市。如果需要保存，可在 1 ~ 5 ℃条件下保湿贮存 1 周左右。如果在育苗盆或其他容器内生产，可连容器一起上市。

### （五）注意事项

在整个生产过程中，水分不可太大，否则易烂根。每次培沙的时机必须适当，趁芽球未展开时覆盖细沙，覆沙后立即喷水。收获要及时，采收太早产量低，采收太晚易纤维化而降低品质。

## 六、佛手瓜梢（龙须菜）生产技术

佛手瓜为葫芦科佛手瓜属多年生攀缘草本植物，但在温带多作 1 年生栽培。原产于墨西哥及中美洲。我国主要分布在台湾和华南、西南各地，20 世纪 80 年代后开始在山东、河北、辽宁等北方地区种植。过去人们主要是食用果实，近年来广东、广西、福建、云南、台湾等地大量种植采食幼梢。据报道，台湾现有约 530 公顷佛手瓜，其中 500 公顷左右以采食幼梢为主要目的。佛手瓜梢又称龙须菜，矿物质和水解氨基酸含量丰富，每 100 克鲜菜含总氨基酸 1 852.02 毫克。龙须菜可凉拌、炒食或涮食，口感清脆，色泽鲜艳。佛手瓜植株在高温炎夏季节，生长繁茂，又很少有病虫害，因此龙须菜既是一种极好的 8～9 月份蔬菜淡季的补淡菜，又是一种受欢迎的清洁、无污染、食用安全的放心菜。

佛手瓜为须根系，在热带 2 年生以上植株能长成肥大的块根，块根富含淀粉，也可食用。茎蔓生，主茎长度可达 10 米以上，分枝性极强，蔓长 15～20 厘米时，便可发生分枝，分枝多，可不断产生新梢。叶掌状，叶芽有卷须。花单性，雌雄异花同株，浅绿色至浅黄色。果实拳头状，具有 5 条纵沟，果面绿色或绿白色，有瘤状突起，肉厚、淡绿色至白色，质致密，单果重 300 克左右。果内仅 1 枚种子，扁平卵圆状，果皮为肉质膜状，不易与果肉分离，多以整瓜贮藏越冬留种。佛手瓜喜温、耐热、不耐寒、怕霜冻，生长适温 20～25 ℃，10 ℃以下生长缓慢，35 ℃以上生长抑制。秋季短日照条件下开花结果。较耐旱，基地应选在空气湿度较大，背风向阳处，对土壤要求不严。生产上多采用长势健旺，茎蔓较粗，分枝性较强，果面绿色的品种，以种子繁殖，整瓜播种。华北地区一般于 2 月中旬至 3 月初进行保护地大钵（18 厘米 ×18 厘米，或 20 厘米 ×20 厘米塑料苗钵，或泥瓦盆）育苗，5 月初定植露地。也可分株繁殖，清明前后，室外温度 25 ℃时，最好在阴雨天定植。在半年或 1 年生植株上拔取带根的枝条，摘除部分枝叶，只留 2～3 片幼叶和 2～3 个节位栽植。也可杆插繁殖，选截 15 厘米长的老茎，用 ABT 生根粉蘸根后打插，地表留 1～2 个腋芽，搭小棚保温 25 ℃，遮光培养，7～10 天后生根发芽，苗高 30 厘米时摘心，促使侧蔓腋芽生长。依此反复摘心。从第三级侧蔓起，边采收边促芽生长。在摘心的同时，将长 30 厘米以上的蔓从茎部留 10 厘米剪割，将割下的 20 厘米长的嫩芽，捆把上市。佛手瓜常与其他蔬菜套种，平棚架栽，架高 1.5 ~ 2 米，行距 6 ~ 7 米，株距 3 ~ 4 米；匍匐栽培，1.5 米宽畦种 2 行，株距 60 ~ 65 厘米；也可在 5 月上中旬套种在温室南端，株距 1.5 ~ 3 米，每间 1 ~ 2 株，揭膜后以温室骨架为棚架。7 月下旬至 8 月初开始采收幼梢，截取长 15 ~ 20 厘米的梢端，捆把上市。佛手瓜梢采收高峰期产量比平常高出 1 倍以上，但需保鲜贮藏。方法是采收后用打孔的塑料薄膜袋，每袋装 0.25 千克，在 28 ℃条件下货架上可放 1 ~ 2 天不变质。若经预冷，用冷藏车放 1 周后进入市场，货架期有 1 天时间。因此，生产中长距离运输可采用冷藏车。

## 七、甘薯嫩茎梢生产技术

甘薯又称红薯、白薯、番薯、红苕，为旋花科甘薯属 1 年生或多年生蔓性草质藤本植物。原产于南美洲，分布很广，北纬 40° 以南地区均有种植。我国华东、华北及西南各地为主要产区。近年台湾、广东等地流行以甘薯梢作蔬菜上市，已培育出具有绿、红、黄不同茎叶色的专用品种。甘薯嫩茎梢产品质地细腻，口感柔滑，富含 B 族维生素和钾、钙等矿物质元素。营养分析表明，一个成年人每天进食 100 克甘薯嫩梢，可满足生命活动所需 1/4 的维生素 $B_2$、1/2 的维生素 C 和铁、2 倍的维生素 A；而且甘薯较抗热，很少发生病虫害。甘薯品种间嫩梢产量、食味及营养成分含量都有较大差异。徐州甘薯研究中心根据嫩梢柔嫩度、粗纤维、适口性、颜色、产量和薯块产量等标准，从 1 400 余份品种资源材料中筛选出 4 个嫩梢菜用型品种。

菜用甘薯专用品种地下块根较小，茎蔓生，为黄色、红色或绿色，分枝性强，茎节易发生不定根。单叶，掌状，心脏形或戟形，全缘，浅裂或深裂，黄色、红色或绿色，互生。两性花，花冠合生为筒状，红、浅红或白色。由单生花聚合成聚伞花序。葫果，有种子 1 ~ 4 粒，卵圆形，黑色。嫩梢柔嫩，适口性好，色泽鲜艳，无茸毛，腋芽再生力强，植株生长旺盛，嫩梢和薯块都有较高产量。喜温暖环境，耐热，不耐霜冻，生长适温 15 ~ 30 ℃，茎叶在 25 ~ 30 ℃时生长较快。要求充足的光照，较耐旱，耐贫瘠，对土壤要求不严，但以肥沃、排水良好的沙壤土种植为好。

生产上多采用块根育苗，杆插繁殖。华北地区种苗可在温室中密集囤栽越冬，翌年 5 月份移栽露地，行距 30 ~ 40 厘米，株距 20 ~ 25 厘米。杆插育苗以 7—8 月份雨季进行为好，截取成熟茎蔓，剪成 15 ~ 20 厘米长的杆插条，成活后移植露地。一般在夏秋季 6—9 月份，蔓叶封垄，栽后 1 个月开始采收

6 ～ 15 厘米长的嫩梢上市，之后每 2 周可采收 1 次。嫩梢采摘后还可收获小薯块用于下茬育苗。薯块兼用种植，栽培后 50 天开始采摘嫩梢，以后每隔 20 天采摘 1 次，每 667 平方米可收嫩梢 500 千克左右，收获薯块 2 000 千克左右。甘薯嫩梢的食用方法简单，即将嫩梢洗净用沸水烫 1 ～ 2 分钟，控干水后切碎，或凉拌或清炒，或汆汤或做饺子馅。凉拌或清炒时加入蒜末，食味更佳。

## 八、守宫木芽梢生产技术

守宫木又名泰国枸杞、越南菜、树仔菜、树枸杞、天绿香，为大戟科守宫木属多年生常绿灌木，分布于越南至印度、印度尼西亚、菲律宾等热带地区。我国主要分布于四川、云南等地，近年广东、深圳、香港、台湾、北京等地开始人工栽培。守宫木以嫩芽、幼梢供食，可煲汤、炒食，口感爽脆，富含维生素 C 和锌，并含有多种微量元素。在台湾，它作为一种减肥蔬菜而受到消费者青睐。但据报道，守宫木中含有一种罂粟碱，超量食用不利于人体健康，因此不能每天连续大量食用。

守宫木根系发达，株高 1 ～ 1.5 米，在日光充足的温室中栽培，高达 3 米多。茎光滑无毛，小枝和幼梢绿色，略有棱角，易生不定根。单叶，披针形，绿色，光滑无毛，两列，互生。花单性，雌雄同株，无花瓣，数朵簇生于叶腋。花器暗红色。蒴果，扁球形，淡黄色，种子三棱形。其适应性强，耐高温，自然生长于冬季无霜冻期、年平均温度 21 ～ 24 ℃、空气湿度大、年降水量在 1 000 毫米的地区。在高温干旱环境中，虽可生长，但叶质变薄，且易老化。在 40 ℃时仍能正常生长，温度低于 10 ℃时生长停滞。它耐湿，又较耐旱，根部不耐渍水。它对土壤适应性广，较耐干旱和贫瘠，适宜中性或微酸性土壤。pH 值在 5.5 ～ 8 范围内均能生长。其对光照要求不严格，较耐阴。它可采用播种育苗或扦插育苗，生产上多采用扦插育苗，一般春季扦插育苗。华南地区可周年栽培，华北地区可进行温室越冬栽培。扦插最好用 ABT 生根粉浸泡。扦插后 15 ～ 25 天生根。定植行距 45 厘米左右，株距 30 ～ 40 厘米。保护地栽培可适当密植。定植后 1 个月左右，可采收长约 20 厘米的芽梢上市。采收后，促使抽生侧芽，并控制在 1 米以内，也可盆栽，在日光温室内进行立体生产。在 10 ～ 18 ℃条件下冷藏保存。守宫木的嫩茎烹饪后，色绿青翠，爽滑脆嫩，野味浓香，口感独特。民间认为，常食能养颜保健，并有清热去湿，清肝明目，帮助消化等功能。可汤食，可炒食，也可白灼食，如清炒天绿香、香菇扒天绿香、守宫木炒粉丝虾米、干贝扒守宫木、上汤天绿香、熜火锅树仔菜等。

## 九、龙牙楤木芽梢生产技术

龙牙楤木又名刺嫩芽、辽东楤木，为五加科楤木属多年生落叶乔木。它主要分布在朝鲜，俄罗斯的西伯利亚，日本以及我国辽宁、吉林、黑龙江等地。以嫩芽、幼梢供食，可凉拌、炒食，具有特殊香味，味美可口，营养价值高，尤其是天冬氨酸、谷氨酸等含量高于蕨菜及主要粮食谷物，可谓山野菜之珍品。

龙牙楤木高 1.6 ~ 6 米，小枝淡黄色，有稀疏细刺。羽状复叶，叶长 40 ~ 80 厘米，叶轴有刺。小叶卵形至卵状椭圆形，先端渐尖。其基部圆形至心脏形，叶缘疏生稀齿，绿色或灰绿色（背面）。由伞形花序聚生为圆锥花序；花白色或淡黄绿色。果球形、黑色。东北地区在塑料大棚或温室中生产，最适宜温度为 10 ~ 35 ℃。它宜选择光照良好，土层深厚，地势高燥，排水良好的地块作育苗和栽培场圃。

人工栽培多采用扦插繁殖。一般截取树势健旺，生枝力强，细刺较少，芽梢鲜艳的 1 年生枝条，4 月份扦插，翌年春土地化冻后定植，每 667 平方米栽 27 ~ 34 株，第三年后可酌情剪取插条用于繁殖和生产。种插条长 15 厘米、茎粗 4 毫米以上。扦插行距 50 ~ 60 厘米，株距 20 厘米；生产用插条，可在春天顶芽收获后，侧芽萌发前截取，并留约 15 厘米高基干。此后，每年留 1 年生枝基部 1 ~ 2 个芽。翌年春天，4 月下旬至 5 月下旬，芽梢长至 10 ~ 12 厘米、叶片未展开时即可采收。温室生产可在 10 月底至翌年 3 月上旬直接扦插。

## 十、土人参尖生产技术

土人参又名假人参、台湾野参、土洋参，为马齿苋科土人参属 1 年生草本植物。原产于热带美洲、印度、东南亚等地。我国主要分布于长江流域以南各地，近年来北京等地也开始种植。土人参以嫩梢供食，可凉拌、炒食、做汤，也可涮食作火锅配菜。质地细嫩，口感柔滑，营养丰富，尤其富含铁和钙，具有补中益气、润肺生津、滋补强壮之功效。

土人参根肥大，肉质，似人参，褐黄色。株高 30 ~ 60 厘米，直立或平卧。叶倒卵形或卵状披针形，较厚，全缘，深绿色，互生。圆锥花序，顶生或侧生，多呈二歧分枝。花小，浅红色，两性。蒴果，近球形。种子小，扁圆球形至肾形，黑色，有光泽，千粒重 0.25 ~ 0.3 克。

土人参喜温暖湿润的气候。生长适温 25 ~ 30 ℃，耐热，不耐寒，保护地栽培最低气温降至 10 ℃以下时生长滞缓。对光照敏感，喜光，在半阴凉条件下栽培品质较好。较耐干旱，对土壤要求不高，但以富含有机质，排水良好的沙壤土种植为好。生产上多采用种子繁殖，但也可扦插或分根繁殖。华北地区种子繁殖于2—3月份进行保护地播种，每平方米播种量0.5克，4月中旬终霜后定植，行距20～25厘米。也可于4月份进行露地直播，平畦开浅沟条播，行距30厘米，定苗后株距10～20厘米。扦插繁殖可截取长8～10厘米茎段扦插，15～20天成活后定植。它也可用15～20厘米长的茎段直接扦插于大田。播种或定植后，当植株超过高20厘米时，采收嫩梢上市。

## 十一、蕹菜芽生产技术

蕹菜又叫空心菜、藤藤菜，喜高温多湿，不耐寒冷，不耐弱光。宜选大叶，短秆尖叶菜及白秆黑叶菜品种，如南昌空心菜、泰国藤菜等，用育苗盘进行全年栽培。蕹菜种子的种皮坚硬，千粒重32～37克，要选择种皮颜色深、粒大的当年的产新种子。先进行淘洗，除去浮籽及杂质，再进行浸种。夏天浸泡6～10小时；冬天浸泡12小时，或用55℃热水浸种25分钟，再用清水浸泡20小时。捞出，用清水淘洗干净，放25～27℃条件下催芽，每隔6～8小时用清水淘洗1次，露白后即可播种。育苗盘长60厘米、宽25厘米，将消过毒洗净的育苗盘底铺一层吸水纸，用水淋湿，将露白的种子播入盘中，播后将苗盘6～8个叠放整齐，上盖湿麻袋，置于20～25℃环境中，每天喷水2～3次，2～3天即可发芽。发芽后，当苗高长至2～3厘米时摆盘上架，经10～12天后，苗高8～10厘米时见光培养。当芽苗绿色或浓绿色，下胚轴青白色，苗高10～12厘米，子叶呈"V"形，充分肥大，无烂根，无杂菌时采收包装上市。产量为种子重量的5～6倍。蕹菜芽含有丰富的蛋白质、维生素B2、氨基酸和钙、铁等，炒食、凉拌，均甚可口。

## 十二、白菜芽球生产技术

白菜的菜芽也称白菜芽球，是利用白菜作为母株，经过处理后定植到苗床或育苗盘中培养出来的。

### （一）品种选择

白菜芽球生产宜选择外叶多，抱球不紧，而且中心柱较粗的品种，也可选择散叶型品种。因为这样的品种内外两层叶片之间空隙较大，有利于潜伏芽的发育。母株根系必须保留几厘米，须根要多，无冻害，无病虫害。这样的母株经过冬眠和春化阶段，定植后潜伏的腋芽很快转入生长发育期，并能生长成芽球。

### （二）母株定植前的处理

母株在定植前1周要"切菜"，方法是在母株近根部留5厘米的菜帮，向叶梢方向斜削3刀，使留下的植株呈塔形，高10厘米左右。在散射光下晾晒1~2天，促进伤口愈合。

### （三）营养土装盆或做育苗床

选择富含有机质、肥沃的园田土，过筛后做床土，装入育苗盆，或在育苗床内铺20厘米厚，作栽培母株之用。

### （四）母株定植及管理

将母株根茎全部栽入床土中，株间行距20厘米×20厘米。盆栽时，每盆3~4株，稍镇压后浇温水。根以上的三角塔形，全部用干净潮湿的细沙盖严，菜顶再盖5厘米厚的潮湿细沙堆，然后盖上塑料膜，地温保持20℃，并保持土壤潮湿。

当菜芽拱土时揭掉塑料膜，支小拱棚保温保湿。顶芽拱出沙堆时，及时从基部采下，促使侧枝和下部的腋芽提早发育。

### （五）采收

采收一般分三批进行：第一批是当顶芽拱土时，采收顶芽球；第二批是多数侧芽拱出沙堆后，见光栽培，当侧芽长至2~3厘米时采收；第三批是采收最后一茬，剩余侧芽长至2~3厘米时采收。

### （六）注意问题

在白菜芽球生产中应注意下列问题。①切菜时，应注意保护生长点和腋芽，可在菜帮上12~13厘米处横向切断，找准顶芽位置后再切3刀，使其呈塔形。②栽根后必须用温水浇透，菜帮部分盖的细沙必须潮湿，但水分不可太大，以防腐烂。③在芽球充分长大，未散开时适时采收。

## 十三、落葵嫩茎叶生产技术

选红梗落葵或青梗落葵、广叶落葵和白花落葵等品种。选择肥沃的土壤，每 667 平方米施腐熟有机肥 2 000 千克，深翻后做 1 米宽的畦，浇足底水，覆盖地膜。采用新种子，清水淘洗干净后播种。

出苗后选粗壮无病的主枝或侧枝，截成 15 厘米左右的插条，每条插条上留 3 个节，顶芽上留 1 厘米平切，底芽第三节下留 0.5 厘米向下 30° 角斜切。用 ABT 1 号生根粉蘸一下，按 45° 角直接插入苗床。插后顶端覆盖细沙土 2 厘米厚，镇压后浇透水，支小拱棚遮阴培养。温度保持 28 ℃，7 ~ 10 天扎根发芽后逐渐降温，增加光照。生长期间温度保持 22 ~ 23 ℃，空气相对湿度保持 80%，每天浇水 1 ~ 2 次。幼苗 6 叶期追肥 1 次，以后每采收 1 次，追肥 1 次，每次每 667 平方米随水追施尿素 10 千克、三元复合肥 10 千克。落葵分枝性强，茎叶生长快，要不断摘叶、摘心，促进新芽生长。采收时只留基部的 3 节，以促进腋芽生长，每隔 7 ~ 10 天采收 1 次。

## 十四、双维藤菜苗栽培法

双维藤菜苗就是人们利用空心菜种子，在室内用无土栽培方式生产出的一种芽苗蔬菜。空心菜性喜高温潮湿，生长最适宜的温度为 25 ℃左右，在自然条件下，10 ℃以下生长停滞，不耐寒冷，不耐弱光。

### （一）品种选择

目前，农家大面积用于生产空心菜的优良品种有吉安大叶空心菜、短杆空心菜和泰国尖叶空心菜，以及江苏省沿海一带栽培的白秆黑叶空心菜等。用上述良种的种子生产芽苗菜产量高，质量好，但应选用当年生产的新鲜种子，保证发芽率在 90% 以上。

### （二）浸种

空心菜种子壳厚，为提高发芽率，需预先浸种，浸种前将种子浸入水中，把浮在水面上的杂物和不饱满的种子除去，再浸种 24 小时，然后捞出种子，沥干水分后即可进行播种。

## （三）催芽播种

空心菜种子可采用二段式催芽法，方法基本与香椿种子的二段式催芽法相似，但催芽技术指标不同。当芽苗长至 0.5 ~ 1.0 厘米时及时出盘，进入生长期间的管理。

## （四）生长期间管理

双维藤菜苗对光照要求一般，生产上安排在强光区或中光区。栽培车间白天温度控制在 20 ~ 25 ℃，最高不超过 35 ℃，夜晚不低于 18 ℃。通风和水分的管理与香椿芽基本相同。经过 10 ~ 12 天的栽培即可形成商品双维藤菜苗。

## （五）采收

双维藤菜苗的采收标准是芽苗绿色或浓浸色，下胚轴青白色，植株幼嫩，苗高 10 ~ 15 厘米，生长整齐一致，子叶呈"V"字形，充分肥大，无烂根、无杂菌。在正常的管理水平下，一般每盘可采芽苗 1.2 ~ 1.5 千克，即 1 千克种子可生产出 16 ~ 18 千克的双维藤菜苗，采收方法是拨起装盒上市。

# 十五、花生芽苗菜种植技术

花生芽是一种食疗兼备的食品，不但能够生吃，并且营养还特别丰富，能量、卵白质和粗脂肪含量居种种蔬菜之首，并富含维生素、钾、钙、铁、锌等矿物质，以及人体所需的多种氨基酸和微量元素，具有很高的种植前景。

## （一）种植准备

1. 种类

选定小粒花生种类，要用颗粒饱满、大小一致、无毁伤、抽芽势强、抽芽率高的当年产的新种。

2. 园地

花生芽生产对温度、湿度条件要求较严酷，一般不需要光照，但要求空气新鲜流畅，可采用空闲的客厅或废旧空闲房等。冬季栽培要用温室或塑料大棚等能加温的场所。

3. 容器

各种规格的泡沫箱均可，一般选定长 60 厘米、宽 40 厘米、高 25 厘米的箱，要求箱底平整，有排水通气孔。

## （二）播种技巧

**1.选种**

选用当年新种子，最好是小粒白皮花生种类，要选用种粒饱满、大小一致、完整无损、抽芽率95%以上的种子。

**2.浸种**

选好的种子用净水浸泡12～24小时，使种子充分吸水伸展。而后将种子捞出用净水冲洗2～3遍，再行催芽。

**3.催芽**

催芽应在苗盘中进行，将浸泡好的种子播在苗盘内，而后把苗盘摞起来进行叠盘催芽，温度以22～25℃为宜。

**4.播种**

栽培容器冲洗消毒洁净，将已抽芽的种子摆在盘内即可，每个苗盘播量500克左右，但要单层摆放、不可以聚积。

## （三）种植经管

**1.剔种**

花生播种2～3天后，当种芽长1厘米时，将不出芽的种仁剔除。

**2.温度**

花生芽生长温度以18～25℃为宜，夏日要多喷水降温，冬季要增强保温。

**3.浇水**

每日淋水3～4次，以洁净的井水为宜，淋水量以芽苗一切淋湿、基质湿透为度。

**4.光照**

栽培时代室内应保持黯淡，不行见光，不然会使花生芽变绿，影响外观和口感。

**5.采收**

在平常栽培情况中，从播种到采收夏、秋季需7～8天，冬、春季8～10天。

# 第三章　有机活体微型芽苗菜栽培新技术

## 第一节　软化型栽培

各种豆类（黄豆、绿豆、豌豆、蚕豆等）种子萌发后长出数厘米长的幼芽，以鲜嫩的幼芽（下胚轴或胚根和未展开的子叶）供食，称之为豆芽苗菜。由于在黑暗环境下培育，因此幼芽呈乳白色或乳黄色，属于典型的软化型产品。豆芽苗菜适宜在春秋季进行生产，但若能配合加温或降温措施也可做到四季生产，周年供应。

豆芽苗菜营养丰富，称为"保健食品""无污染蔬菜"等。豆芽苗菜的主要食用部位是白嫩的下胚轴和浅黄色的肥厚子叶，胚根部分较纤细，纤维素含量较多。

### 一、豆芽苗菜的营养价值

#### （一）蛋白质含量高

豆类是营养价值很高的食品，全世界豆类产量约为谷物产量的10%，而提供的蛋白质数量却占人类获得蛋白质总量的12%。豆类种子发芽后，部分碳水化合物与脂肪首先被利用，以供应植物体生长发育的需要。由于萌发过程中的物质变化，使豆芽苗菜较其原种子更富于营养，如黄豆芽较黄豆更富含蛋白质与矿物质。

蛋白质转化成氨基酸才能被人体吸收利用，而豆类种子中往往受"限制性"氨基酸的影响，使氨基酸的利用率受到限制。当豆类发芽后，氨基酸的利用率即有较大程度的提高。

### （二）碳水化合物易被人体吸收

豆类种子在萌发过程中，碳水化合物水解为易被人体吸收的单糖，同时能使产生肠胃胀气的棉子糖、蜜三糖等低聚糖类的含量降低，故碳水化合物的转化有利于人体的健康。

### （三）脂肪类物质有利于人体吸收

种子所含的脂肪类物质，在萌发过程中，通过一系列变化过程，转化为利于人体吸收的糖类。

### （四）维生素与其他

黄豆不含维生素 C，而黄豆芽则含 13 毫克（100 克鲜重）的维生素 C。维生素 C 具有抑制恶性肿瘤细胞侵袭的能力，能促进新陈代谢，防止血管硬化，增加抵抗传染病的能力。黄豆芽中含有大豆皂苷，可以降低血脂，有抑制高血压、动脉硬化和心脏病发生的作用。磷脂在身体中转化为乙酰胆碱，可以促进大脑的发育，改善人的智力，防止老年性痴呆症的发生。黄豆芽中还含有丰富的维生素 E，可以起到防衰老的作用。

### （五）胰蛋白酶有利于蛋白质消化

豆类中都含有一定量的胰蛋白酶抑制物，该抑制物与胰蛋白酶相结合使其失活，妨碍食物中蛋白质的消化、吸收和利用，为了生产更多药酶，胰脏就要超负荷工作，其结果常常引起胰腺肿大。而豆芽苗菜中胰蛋白酶抑制物消失，故食用豆芽苗菜消除了上述弊病。

### （六）大豆种子富含植酸等天然螯合物

植酸不但使大豆自身所含铁的利用率降低，而且可降低与之共食的膳食中其他来源的非血红素铁的利用率，而豆芽苗菜中植酸的含量显著下降。

总之，从种子到豆芽苗菜的发育过程中，由于生命活动的加强，新陈代谢逐渐旺盛，原有的贮藏物——降解，新的物质开始合成，这些营养物质的变化更有利于人体的吸收和利用。

## 二、豆芽生长过程中的物质转变

豆类种子贮有无机和有机两类物质。无机物含量少，主要是水和无机盐；有机物主要是碳水化合物、蛋白质、脂肪。但各种豆类种子所贮藏物质含量不同（表3-1）。

表3-1　大豆、绿豆、蚕豆种子主要贮藏物质成分比较

单位：克/100克

| 品　　种 | 碳水化合物 | 蛋白质 | 脂　　肪 |
|---|---|---|---|
| 大豆 | 25.3 | 36.3 | 18.4 |
| 绿豆 | 61.8 | 22.9 | 1.2 |
| 蚕豆 | 48.6 | 28.2 | 0.8 |

由表3-1可见，大豆种子含脂肪、蛋白质多，含碳水化合物较少，而绿豆、蚕豆含碳水化合物多，含脂肪少。豆类种子在适宜环境条件下发芽后，种子内贮藏物质发生了变化，大豆种子中的脂肪在脂肪酶作用下，把脂肪（即甘油三酯）降解成脂肪酸和甘油，再转变成糖。绿豆和蚕豆发芽后，种子贮藏的碳水化合物在淀粉酶作用下转变成糖，还原糖开始增加，多糖则相对减少，约有一半脂肪和2/3的淀粉消失，其中一部分养分消耗于胚轴的生长。其间有大量维生素C（抗坏血酸）形成。据比斯科（Beeskow，1944）研究表明，绿豆发芽后维生素C开始增加，含量最高的时间是在发芽的第二天，以后逐渐减少。如果在豆种子发芽后50小时采收，那么维生素C含量最高，但此时下胚轴未充分生长，产量低。因此，要到下胚轴充分长成而真叶尚未伸出前采收为宜。另外，在豆芽生长过程中蛋白质的组成和质量变化不大，无新的氨基酸合成，只是谷氨酸稍有下降，天门冬氨酸有所增加，植酸含量和胰蛋白酶抑制剂活性在豆芽生产过程显著降低。在豆种子中存在妨碍人体吸收的凝血素和不能被人体吸收的棉子糖、鼠李糖、毛类花糖三种寡糖在豆芽生长中消失。豆芽苗菜生长过程中各种物质的主要变化如下。

## （一）吸水萌发

一般豆类种子发芽时所吸收的水分为自身重量的一倍以上，如黄豆种子发芽时所吸收的水分为自身的 120% ~ 140%，豌豆种子为 180%。随着种子吸胀，酶的活性增强，将不溶性高分子营养物质转化为可溶性简单物质，胚部细胞新陈代谢趋于旺盛，细胞迅速分裂和伸长，胚根突破种皮而伸出。

## （二）蛋白质的变化

种子吸水萌发时，蛋白酶活性突然升高，使贮藏蛋白进行水解，如大豆蛋白酶的活性首先在子叶中提高，然后下胚轴缓慢增加，蛋白酶活性变化的顺序与贮藏蛋白的动态和供应相符合。随着贮藏蛋白的降解，生成游离氨基酸和酰胺。就氨基酸的总量而言，大豆种子发芽 96 小时后，每 100 克蛋白增加 2.5 克，发芽 120 小时后增加 3.3 克。

## （三）糖类的变化

当种子萌发时，淀粉通常为淀粉酶分解，生成葡萄糖。此外，还可在磷酸的参与下，为磷酸化酶分解成葡糖 -1- 磷酸（GIP）。

豆类种子中含有棉子糖、水苏糖和毛蕊花糖等低聚糖类，由于人体内缺少 a- 半乳糖苷酶，因而这类低聚糖难以被人体吸收，不能直接作为人体的营养成分，但在发芽过程中，这类不能被人体直接利用的低聚糖类迅速减少，还原糖含量增加，其液相色谱分析结果如表 3-2 所示。

表3-2 大豆种子萌发过程中糖类含量的变化

单位：毫克 / 粒

| 发芽时间 / 小时 | 几种低聚糖总量 | 蔗　糖 | 葡萄糖 | 果　糖 |
|---|---|---|---|---|
| 0 | 5.91 | 11.32 | 0.68 | 0.06 |
| 24 | 1.96 | 12.14 | 1.04 | 0.49 |
| 48 | 0.11 | 6.56 | 2.05 | 1.59 |
| 72 | - | 2.57 | 2.90 | 1.83 |

### （四）脂肪的变化

脂肪作为贮藏物质存在于种子中，是一种良好的能源，每克脂肪在完全氧化时产生9.3千卡热量（氧化每克碳水化合物只产生4.1千卡热量）。种子萌发时，脂肪被酶分解成甘油和脂肪酸，最后生成能够被人体吸收利用的糖类。

绿豆种子中各种脂肪酸所占比例为棕榈酸（C16∶0）约占27%；硬脂酸（C18∶0）约占5%；油酸（C18∶1）约占3%；亚油酸（C18∶2）约占45%，亚麻酸约占20%。在萌发过程中，各种脂肪酸含量均下降，但其比例却发生了较大的变化。例如，萌发72小时后，棕榈酸所占比例为55%；硬脂酸、油酸各约占8%；亚油酸约占11%；亚麻酸变化不大，为19%。

### （五）植酸含量的变化

大豆发芽过程中植酸酶活性上升，植酸下降，有利于铁的生物利用。发芽第3天植酸酶活性由76.6微克/克增至122.3微克/克。促铁吸收氨基酸由541.2毫克/100克增至1 795.8毫克/100克，发芽的大豆中植酸的含量显著低于未发芽的种子。未发芽的大豆种子植酸含量为212.0毫克/100克，而萌发72小时下降为80.6毫克/100克（蒸馏水浸泡）。

### （六）豆类种子发芽过程中维生素的变化

豆芽在生长过程中，维生素发生了一系列变化。以100克黄豆种子发芽后得到700克豆芽计算，所含烟酸为5.6毫克，是黄豆种子的2.6倍；所含维生素B，为0.77毫克，是黄豆种子的3倍。豇豆种子维生素C、烟酸、硫胺素含量（毫克/100克）分别为0、3.75、0.87，而萌发72小时分别为20.98、13.70、0.43，萌发96小时分别为23.35、12.70、0.52。

## 三、对培育条件的要求

豆芽苗菜是利用豆类种子贮藏的营养物质，在适宜的水分、温度、空气和黑暗的环境条件下培育而成。

### （一）充足的水分

水分是豆类种子发芽过程中最主要的环境条件，其过程开始时首先由豆种吸水，种皮膨胀，接着吸水增多，呼吸增强，豆种内原生质水合程度增加，逐渐由凝胶状态变为溶胶状态，酶的活性增强，使种子内贮藏的复杂有机物质分解成简单的可溶性化合物，以供豆芽萌发生长的需要。

豆类种子蛋白质含量高，而蛋白质具有很强的亲水特性，因此豆类种子吸水量多，吸水速度快，豆种子发芽时所吸取水分为本身重量的一倍以上，如大豆种子为本身重量的 120% ~ 140%。一般豆芽产品含水量达 75% ~ 95%，每千克黄豆种子培育成黄豆芽吸水量约 4 ~ 5 升，绿豆芽约 8 升。在豆芽苗菜培育过程中，需进行定时淋水，供给充足水分，以满足豆芽生长的需要。同时，淋水具有调节豆芽苗菜温度和气体环境以及排污等作用，但种子发芽后水分过多或浸泡于水中会导致缺氧，影响豆芽生长，甚至窒息而死亡。

### （二）适宜的温度

黄豆、绿豆属于喜温作物。它们要求较高的温度，蚕豆则喜温和环境条件。适宜的温度是培育优质高产高效豆芽苗菜的重要条件。培育豆芽苗菜时的温度高低与豆芽苗菜品质以及所需培育天数密切相关。豆种子发芽最适宜温度为 25 ℃，豆芽生长最适宜温度为 21 ~ 27 ℃。若温度过低，豆芽生长缓慢，需要天数长，产量较低；若温度过高，豆芽生长迅速，天数少，但豆芽胚轴细长，纤维多，品质差。为了满足豆芽苗菜生长所需的适宜温度，主要采用加温和定时淋水等方法进行控制和调节。

### （三）空气

豆种子吸水后，同时吸收空气中的氧气，开始了正常的生命活动。在其过程中，由于种子内部的呼吸作用而放出二氧化碳和热量：$C_6H_{12}O_6 + 6O_2 \rightarrow 6CO_2 + 6H_2O + 674$ 卡。由此可见，氧气的多少在豆芽生育中起看重要作用。充足的氧气会使豆芽苗菜呼吸加快，生长细弱，纤维多，品质下降。培育优质豆芽苗菜最适宜的空气成分为氧气 10%、二氧化碳 10%、氮 80%，即比一般空气成分要有较多二氧化碳和较少的氧气，以降低呼吸作用，减少养分消耗，培育出胚轴粗壮、纤维少、质脆鲜嫩的优质豆芽苗菜产品。对气体控制与调节，主要采用浇水和增减覆盖物等方法。

### （四）光照

优质豆芽苗菜要求质脆洁白、子叶乳黄，不允许豆芽变绿。因此，豆芽苗菜培育必须采取避光措施，以创造有利产品软化的零光照环境条件。

## 四、场地的选择与设备

豆芽苗菜培育场地的选择，必须按照无公害生产标准对环境条件的要求，考虑当地气候和地理位置及生产规模等综合因素，确定与建造培育豆芽苗菜的场所。

### （一）要有充足洁净的水源和良好的排水设施

因为豆芽生长过程中需要充足的水分供应，并要求频繁地定时浇水，用水量较大，故培育场地水源要充足。培育优质无公害豆芽苗菜的水要求洁净，达到国家生活饮用水标准，即国家地下水质量标准Ⅲ类或地表水环境质量标准Ⅲ类的要求。水质量指标（毫克/升）：亚硝酸盐（以N计）≤0.02，汞≤0.001，砷≤0.05，铅≤0.05，铬（六价）≤0.05，镉≤0.01，氯化物≤250，氰化物≤0.05，氟化物≤1.0等。生产上一般用井水或自来水，井水受外界气候变化影响少，冬暖夏凉，适宜豆芽生长，条件允许时可直接在培育场所挖井。为了有利于豆芽苗菜培育场地排水和清洁消毒，需建有一定坡降的水泥地面和排水沟。

### （二）培育场应具备遮光设施

由于豆芽苗菜生长过程在黑暗环境下进行，因此培育场所必须避免太阳光直射，必须具备遮光设施。

### （三）配备调温、通风设备

为保证温度适宜，在冬春季要配备加温设施，在夏秋季节要有通风降温等设备。

### （四）培育场应交通便利

因豆芽苗菜鲜嫩、不宜贮运，故培育场地应选择交通便利、离销售地较近的地方。

### （五）选用适宜的容器

培育豆芽苗菜选用的容器，主要根据培育豆芽数量的多少而定，不能过大，也不能过小，过大则浇水不易均匀，温度易升高，不利于豆芽生长。反之，容器太小，不易保温，生产效率也低。据调查杭州等地豆芽培育场，每投放黄豆、绿豆干种子 1 千克，需用容器体积分别为 0.026 ~ 0.027 立方米或 0.032 ~ 0.036 立方米。培育豆芽可以选用的容器主要有

1. 水泥池和地槽

上海、浙江等地豆芽苗菜培育场多采用水泥池，水泥池长宽各为 100 厘米、高 70 厘米，池底一侧设有排水孔，长 7 ~ 8 厘米、宽 5 ~ 6 厘米，用瓦片或塑料网纱堵塞排水孔，以调节排水量和防止豆芽外流。此规格水泥池，可一次投放黄豆种 25 千克或绿豆种 20 千克。如果培育豆芽数量较大，可参照以上规格加大水泥池的长度，但每个水泥池最大容积，以不超过绿豆种 50 千克的投放量为度。我国西北各地，在夏季培育豆芽时，在沙质土壤按地槽或地沟，一般长 200 厘米、宽 50 厘米、深 40 厘米，每次可投放黄豆种 13 千克、绿豆种 10 千克。

2. 方形或圆形木桶

木桶底部一侧设一个排水孔，孔长、宽均为 4 ~ 5 厘米。方形木桶长与宽各为 65 厘米、高为 75 厘米，一次可投放绿豆种 10 千克或黄豆种 12.5 千克。目前，生产上多采用方形木桶作培育容器，方形容器有利于排列整齐、紧凑，节省培育场地。圆形木桶高和直径均为 70 厘米，一次可投放绿豆种 7.5 千克或黄豆种 10 千克。

3. 陶土缸

上口直径和高分别为 80 厘米和 60 厘米，缸底一侧设一个排水孔，直径为 4 ~ 5 厘米，一次可投放绿豆种 7.5 千克或黄豆种 10 千克左右。

4. 袋生育芽罐

河北等地用油苫围成高 80 厘米和直径 65 厘米的圆桶，用竹片和铁丝加固支撑而做成内罐；用砖建 80 厘米见方的空槽，把内罐装入空槽内，油苫内罐和槽壁之间用保温物填匀填实；内罐中装一只高 100 厘米、直径 65 厘米的塑料袋；在塑料袋底一侧向外装一根塑料排水管，长约 30 厘米、直径 3 ~ 4 厘米，排水管内口缚一块塑料纱布即建成袋生育芽罐，一次可投放绿豆种 5 ~ 6 千克。

5. 其他容器

其他容器有塑料桶、柳条筐、苇帘围的圆桶等。

培育豆芽所需其他设备和用具还有贮水池或贮水缸、覆盖物（草包或蒲包、棉毯）、竹淘萝、筛篮、竹篮、塑料盆、金属盆等。

## 五、豆芽苗菜的培育技术

### （一）绿豆芽的培育技术

绿豆芽是由绿豆〔Vigna radiata（L.）Wilczek〕种子培育而成，营养丰富，含有各种维生素和氨基酸，每100克鲜芽苗菜含维生素C 30～40毫克，为人们所喜食。优质绿豆芽产品芽身挺直、无弯曲、洁白、无病斑、无豆壳。绿豆芽较耐热、不耐寒，因此我国大部分地区都在5～9月温暖季节培育绿豆芽，但若采取加温措施，则低温季节也能进行生产，故一般均能做到周年供应。绿豆芽生长过程可分为四个时期：

第一个时期：胚根生长期。种子吸胀萌动后，胚根伸出种皮，芽体长为种子长度的1/2。

第二个时期：下胚轴生长期。幼芽长为种子长度的2～2.5倍。

第三个时期：胚根伸长期。

第四个时期：胚轴、胚根同时生长期。

1.生产场地的选择

不同的季节和温度，选择不同的场地和容器（设备），主要有以下几种：

（1）花盆生产法

在庭院离开屋檐的向阳处摆放花盆，量按需要而定。用瓦片堵好底部漏水孔，下铺干净河沙4～5厘米，均匀播下浸泡好的豆种，上盖4～5厘米厚河沙，气温在18℃以上，6～7天就可生产出绿色豆芽。一般情况下用当地产的大粒绿豆，每千克干豆种可获绿色豆芽4.5千克以上，如用褐色舒兰豆可得绿色豆芽7～9千克。

（2）木箱生产法

用薄木板钉成高25～30厘米，长宽适宜的小木箱，下铺净河沙4～5厘米，播种量、播种方法同（1），豆粒上盖河沙4～6厘米即可。

（3）地面沙池生产法

在庭院堂屋前离开屋檐的向阳地面上，用砖立起围成面积大小适宜的栽培池，池内铺4～5厘米干净河沙，然后均匀撒上浸泡好的豆种，再盖4～6厘米河沙即可。

（4）平房顶、阳台边生产法

在设有楼梯的平房顶上或楼房的阳台上筑一定面积的池子，按方法（3）进行生产即可。

（5）单斜面温棚生产法

在月平均气温降至 15 ℃以下的冬春低温季节，可在庭院里或住宅附近空旷处建造单斜面的塑料温棚生产绿色豆芽。温棚建好后，棚内筑成 1 ~ 1.2 米宽的南北向栽培畦，两畦间留 0.2 ~ 0.3 米宽、10 ~ 12 厘米高的畦复。播种前畦底先铺 2 ~ 3 厘米厚的湿润净河沙或细土，然后进行播种生产。温棚在夏秋季撤掉塑料布换上遮阳网仍可进行生产。

2. 品种选择

供培育绿豆芽的品种类型有明绿豆、毛绿豆和黑绿豆等。明绿豆种子色绿，有光泽，有蜡质层覆盖，豆芽色白，脆嫩，口味好；毛绿豆种子无光泽，有毛层，耐热，出芽快，品质好，产量高；黑绿豆种子种皮硬，怕热，出芽慢，质脆硬。绿豆种按籽粒大小又可分为大粒型、中粒型和小粒型 3 种。绿豆种籽粒大小与豆芽产量呈负相关，与豆芽胚轴粗呈正相关，豆种籽粒小，豆芽产量高，籽粒大，豆芽胚轴粗壮，生产上一般多选用中型和小型籽粒品种。据试验，以褐皮舒兰豆为最好，豆皮薄，发芽快且整齐，适应性强，病害少，产量高，芽瓣绿亮，芽茎白嫩，品质好。高阳小绿豆 (DO317) 为培育绿豆芽优良品种之一，该品种为河北省高阳县农家品种，种子绿色，有光泽，百粒重 3.5 克左右，豆芽色白，清香脆嫩，高产。在培育豆芽前，要进行绿豆种子发芽试验和种子纯度测定，以便准确地计算实际用种量。要挑选籽粒饱满、形状周整、色泽鲜艳的种子，剔除"硬实"、瘪豆、嫩豆、破碎及虫蛀的种子，忌用发芽势弱的陈旧种子。

3. 培育容器和用具消毒

绿豆芽生长期短，生长期间不允许施用农药防治病虫害，主要应创建一个豆芽生长的洁净环境，防止发生病虫危害。因此，在培育豆芽苗菜前，首先要对培育容器和操作用具进行消毒处理。其消毒方法有用 0.1% 漂白粉或 4% 石灰水清洗消毒，并用清水冲洗干净，用开水烫洗。把洗净的容器及覆盖物在太阳光下曝晒。若用低毒、低残留杀菌剂喷雾消毒，则在喷雾后半小时用清水冲洗，直到无药味为止。

4. 豆种处理

（1）漂洗豆种

把绿豆种子倒入塑料盆或陶瓷盆中，清水冲洗，搓去豆种的泥土和杂质，捞出浮在水面上的瘪豆、嫩豆。

（2）烫豆

将漂洗的绿豆种，用铁筛或竹筛把豆种沥干，然后进行烫豆消毒。绿豆种置于 55 ℃的热水中，不断地搅拌。保持恒温 15 分钟，然后让水温降到 30 ℃浸泡。也可以把豆种放入 90 ~ 100 ℃水中，热水量可与豆种重量相等，不停地搅拌 3 分钟，然后加凉水调到 40 ℃左右浸泡。烫豆可以杀死黏附在豆种皮表面的病菌，同时可以提高发芽势，促使豆芽生长健壮。

（3）浸豆

种子经烫豆消毒后，即进入浸豆。浸豆的水量必须超过豆体一倍以上，水温宜控制在 27 ~ 30 ℃，每小时兜底翻动一次，保证上下豆种浸透与膨胀均匀，一般浸豆时间为 6 ~ 8 小时。当豆粒已吸水膨胀表面无皱纹，极小部分豆粒种皮开始破裂时，就可结束浸豆，并用清水冲洗干净。浸豆所需时间长短与水温和种皮厚度密切相关，水温较低或豆粒种皮厚，浸豆时间要长，反之则短。例如，黑绿豆种子种皮厚，需浸豆时间长。为了加快豆种吸水速度，缩短浸豆时间，也可用 40 ~ 45 ℃温水浸豆，浸豆时间可缩短到 3 ~ 4 小时。

5. 催芽和置入培育容器

把经浸泡清洗的豆种放入竹淘箩内，装豆数量为竹淘箩容积的 30% ~ 40%，或把豆种装入纱布袋里，再放入培育容器中，用草包或湿布覆盖，温度控制在 25 ~ 30 ℃，每隔 2 ~ 3 小时上下翻动和淋水一次。为防止豆芽腐烂病等的危害，促使绿豆芽脱壳，提高豆芽品质，当豆粒有 80% 以上胚根露出时，将豆种放入盛有 3.5% ~ 4.0% 石灰水的缸中浸泡 1 分钟，随即用清水漂清。然后把发芽豆种轻轻平铺于培育容器中，厚度 10 ~ 12 厘米左右，然后浇水，盖好覆盖物。

6. 精细培育管理

合理浇水是培育优质、高产绿豆芽的关键。浇水不仅供应豆芽生长所需要的水分，排除绿豆芽生长过程中新陈代谢所产生的废物，更对温度起到调节作用。因绿豆芽生长适温为 21 ~ 27 ℃，而豆芽生长过程中由于呼吸作用放出大量的热，可使温度迅速升高并超过适温。例如，黑绿豆在发芽第二天，培育容器内最高温度达到 32 ℃，但浇水后可使温度降低 6 ~ 7 ℃。因此，科学地掌握浇水的间隔时间（每天浇水次数）、水温和浇水量对保证满足豆芽生长所需要的温度关系密切。每天浇水间隔时间，主要根据气温高低而定，一般夏季每隔 3 ~ 4 小时浇一次，冬季每隔 6 ~ 8 小时浇一次。浇水方法宜采用淋浇，不能冲倒豆芽，要淋透、淋匀，淋水应以容器中排出水的温度与未浇入水的温度达到一致时为度，所用水的水温以 21 ~ 26 ℃为好，当低于 20 ℃，需要加入热水调到 20 ℃以上再进行浇水。每次浇完水，立即用覆盖物盖严，一是防止光线进入，影响豆芽品质，二是及时保温保湿，三是减少豆芽呼吸作用所放出二氧化碳的向外逸散，以增加二氧化碳浓度，利于促进豆芽生长粗壮、洁白、脆嫩，并提高维生素 C 的含量。另外，每次浇水后要及时关闭电灯、门窗或通风口并做好遮阴避光工作。严寒冬季还要注意培育场所的防寒保温，不让寒风吹入，并应根据室内温度情况生炉加温。高温夏季，则应注意加强通风，并增加浇水次数，以利于降温。

当绿豆芽长到 1.5 ~ 2.0 厘米时 ( 称为扎根阶段 )，要特别注意防止温度的剧烈变化。温度过高，易发生烂根；温度过低，则生长速度慢，不利于扎根，也易发病。所以此阶段更要精细管理，严格避免豆芽受热或受凉。

7. 采收

从浸豆到绿豆芽采收所需时间，主要取决于培育容器中温度高低和市场所需求的豆芽长度而定，一般为 5 ~ 7 天，当下胚轴长到 8 ~ 10 厘米，子叶未展开时，即可采收。采收前 2 ~ 3 天，豆芽上的覆盖物阴天要全部揭掉，晴天可在早晚揭掉，让豆芽接受适度阳光，以增加叶绿素和豆瓣的光亮度。生产自食者可分期分批采收，作为商品性生产要随采收随出售，防止脱水萎蔫。一般情况下每千克干豆种可产豆芽 4.5 千克以上，投入产出比为 1：2.7；如用褐皮小粒豆每千克干豆种可得绿色豆芽 7 ~ 9 千克，投入产出比为 1：3.50。采收方法为从培育容器中轻轻拔出，放入盛有清水的大缸或水池中，漂洗去种皮，注意不要折断下胚轴，包装好后，即可供应市场。

8. 使用调节剂

使用无根素和增粗剂可抑制无根数量和长度，可明显提高豆芽的质量和产量，具体使用方法有

（1）浸种法

用 2 毫升装的无根素和增粗剂各 1 支（瓶），加水 10 千克，浸泡豆种 5 ~ 6 小时再转入清水浸泡至所需时间即可。所配药液可重复使用。

（2）喷雾法

可在豆芽刚露出沙面后，结合喷水，按 600 ~ 800 倍浓度，喷撒调节剂（每 10 千克干豆种兑无根素和增粗剂各 1 支），2 ~ 3 天后再喷洒一次。

## （二）黄豆芽的培育技术

黄豆芽是由大豆［Clycine max（L.）Merrill］种子培育而成，具有很高的营养价值，其蛋白质和矿物质含量均高于绿豆芽。优质黄豆芽产品芽身挺直、胚轴粗、质脆、鲜嫩。培育黄豆芽适宜温度为 21 ~ 23 ℃，若在高温季节培育黄豆芽则需要良好的降温设备，并应选用耐热性强的品种，如浙江梅青、常州牛皮黄等

品种。为了便于黄豆芽的培育管理，生产上一般均避开高温季节，如上海、杭州等地培育黄豆芽时间主要是在 10 月至翌年 4 月。黄豆芽培育技术要点如下。

### 1. 豆种选择

黄豆品种甚多，按种皮颜色有白黄、淡黄、黄、浓黄和蜡黄等类型。按籽粒大小可分为大粒种、中粒种和小粒种。用大粒种培育黄豆芽，胚轴粗壮、产量较低、品质较佳；小粒种则发芽率高，下胚轴较细，产量高；用中粒种培育的黄豆芽介于两者之间。因黄豆种子种皮薄，含蛋白质、油分丰富，吸湿能力强，若在高温、高湿条件下贮藏易发生霉烂，且发芽率低、发芽势弱。因此，若不在当年使用，则必须把黄豆种子贮藏于通风条件好，温度在 0 ~ 14 ℃，空气相对湿度在 65% ~ 75% 之间的仓库。在培育黄豆芽前，需进行种子发芽率、发芽势及纯度的测定，为计算实际用种量和培育管理提供依据。为了培育优质高产的黄豆芽，应选用新收获的、色泽黄亮、籽粒鲜艳饱满、发芽率高和发芽势强的优质豆种，一般宜采用小粒品种。

### 2. 豆种处理

（1）筛选与漂洗

把过秤的豆种用铁筛或竹筛进行筛选，去掉泥沙杂质和破碎或未成熟的种子，然后把豆种倒入塑料盆和陶瓷盆中，放入清水，搓洗种子，去掉泥土，捞出浮在水面的瘪豆、嫩豆及杂质。

（2）浸豆

黄豆的种皮薄而柔软，蛋白质含量高。豆种浸水后，种皮易皱缩，吸收速度比绿豆芽快。其吸水量为本身重量的 82%，在 25 ℃水中浸泡 3 小时，吸收水量即达到干种子重量的 68.7%，黄豆芽的浸豆时间不宜过长，只要种子吸水基本达到饱和发胖、豆嘴明显突出即可，否则会影响发芽率和发芽势。浸豆时间长短与水温密切相关，一般在 25 ℃水中浸豆 2 ~ 4 小时，在 20 ℃以下水中 6 ~ 8 小时即可。

### 3. 催芽和置入培育容器

把经过浸豆的种子冲洗净，捞起沥干，直接平铺于已经消毒的豆芽培育容器中，随即用覆盖物盖严。每个容器投放黄豆种数量较绿豆种数量增加 25% 左右。也可将种子用透气性较好的布袋或纱布袋包好，放入豆芽培育容器中催芽，温度控制在 25 ℃左右，每隔 3 ~ 4 小时冲洗和翻动一次，当长出小芽 3 ~ 4 毫米时，再轻轻平铺于容器中，然后盖好覆盖物。

### 4. 培育管理

黄豆芽培育管理技术与绿豆芽基本相同。在豆芽培育室内，要做好遮光，防止光线射入。因黄豆芽耐热性较弱，所以对浇水要求严格。每天淋水次数与温度密切相关，当室温在 21 ～ 23 ℃时，每天淋水 6 次；室温在 25 ～ 28 ℃时，每天淋水 8 次。在寒冷天气，水温低于 20 ℃时，需加热水调节，或用温水冲淋。冲淋要均匀，要淋透，要一直淋到容器排水口水温与进水口水温相近时止。每次冲淋水排干后，要立即堵好排水孔，用覆盖物盖严。另外，当黄豆芽长到 1.5 厘米时，要特别注意防止受冷、受热或缺水，否则会引起伤芽，发生红根、腐烂和脱水。

5. 采收

当黄豆芽下胚轴长到 10 厘米左右，真叶尚未伸出时，即可采收供应市场。在良好的培育管理条件下，培育豆芽所需时间与温度密切相关，当室温为 10 ～ 15 ℃、21 ～ 23 ℃、28 ～ 35 ℃时，培育黄豆芽所需时间分别为 10 天、6 天、4.5 天。采收时要自上而下，轻轻将豆芽拔起，并放入水池或水缸漂洗，去掉种皮（豆壳）和未发芽及腐烂的豆粒，然后捞起沥干，包装上市。

## （三）蚕豆芽的培育技术

蚕豆芽是由蚕豆（Vicia faba L.）种子培育而成。优质蚕豆芽产品，芽长不超过 2.5 厘米，无"红眼"（红斑），芽脚（芽基部）不软，无烂豆粒，壳内（种皮内）无积水。

蚕豆芽培育技术要点如下。

1. 豆种选择

蚕豆品种多，产地广。蚕豆按种皮颜色可分为青绿、绿色、灰白、乳白、紫色、肉红、褐色等类型。按形状和大小又可分为大粒种（百粒重 120 克以上，粒型多为阔薄型）、中粒种（百粒重为 70 ～ 120 克，粒型多为中薄型和中厚型）、小粒种（百粒重在 70 克以下，粒型多为窄厚型）。培育蚕豆芽的豆种，一是要选择小粒型或中粒型、绿色或白色、皮薄、发芽快、出芽率高、市场适销的品种。二是要选择籽粒饱满、芽嘴突出、发芽势强、产品口感与风味好的品种。生产上多采用上海金山区和浙江嘉兴等地的地方品种"红光青"和浙江上虞"田鸡青"等品种，这些品种粒小、青绿、饱满、皮薄、出芽快、产量高、口味香糯、质酥，也是培育优质蚕豆芽的首选品种。此外，还有云南、四川的白皮豆品种，因其皮薄、出芽率高、口味糯，也颇受消费者青睐。

2. 挑选与漂洗

首先进行选种，拣出虫蛀、破碎及烂豆。若种子有多种颜色，则应将其分成单色。然后把豆种放入水中漂洗，搓洗种子，洗净泥土，捞出瘪种子和杂质。

### 3. 浸豆

经漂洗的蚕豆种子，泡于水中，水要高出豆面 2 厘米以上。当蚕豆种子有 70% ~ 80% 浸胖、种皮无皱纹、切开断面无白心、少数露出芽头时，即应结束浸豆。浸豆时间在室温 20 ~ 30 ℃时，一般约需 48 小时。冬季宜适当延长，夏季可酌情缩短。浸豆过程中，每日需上下翻动和换水 3 ~ 4 次。

### 4. 培育出芽

把经过浸豆处理的豆种沥干，放入培育容器中。当有 50% ~ 60% 豆种露芽时，取出用清水浸泡 1 ~ 2 小时，使已露芽豆种受抑，未充分胀透的豆种加速吸水，然后捞出沥干，重新置入培育容器，经 12 ~ 14 小时后，芽已基本出齐，此时再淋一次透水，排干水后，盖覆盖物，此后每隔 6 ~ 8 小时冲淋水一次。约经 24 小时，芽长即可到达 2.5 厘米的收获标准。

### 5. 采收

蚕豆芽生产周期在温度 20 ~ 30 ℃时约为 4.5 天，在 7 ~ 15 ℃时为 6 ~ 7 天。为了防止蚕豆芽过长，影响豆芽品质，必须及时采收，将蚕豆芽从培育容器中捞出，置入清水中浸泡 4 ~ 8 小时后及时出售。一般每千克蚕豆干种子可生产豆芽约 2.2 千克。

## （四）盒式黑豆芽苗菜无公害栽培技术

用发泡塑料盒生产黑豆芽苗菜，栽培设施简单容易制作。该生产技术具有周期短、投资小、效益高等优点，盒式黑豆芽苗菜高产高效栽培技术如下。

### 1. 生产场地选择

生产黑豆芽苗菜的场地，既可选择温室大棚，又可选择闲置的房屋、阳台。只要能满足芽苗菜生产的温度、湿度、光照要求，并有充足的洁净水源即可。

### 2. 生产设施准备

为了有效地利用场地空间，既可采用架式栽培，又可将苗盒直接放在地面上。苗盒多采用发泡塑料盒，规格为 56 厘米 ×40 厘米 ×16 厘米。苗盒底部四周打 4 个小孔，以便沥出盒内多余的水分。一般用吸水性和通透性好的纸张作为栽培基质。大面积栽培还应装有微喷设施，小规模生产多采用喷雾器或高压小喷壶喷水保湿。

### 3. 高效栽培技术

（1）精选种子

生产黑豆芽苗菜所用的种子应严格精选，剔除虫蛀、破残、瘪粒及其他杂质，以提高种子的出芽率和整齐度，防止栽培中出现种粒或芽苗霉烂等不良现象。

（2）浸种

浸种前应充分晾晒种子，先用洁净清水淘洗2遍，然后用20～30℃的温水浸泡6～12小时。冬天温度低，浸种时间应适当延长，夏天则短些。浸种水量应为种子体积的2～3倍（吸水量为种子总量的1倍）。

（3）催芽

浸种结束后，轻轻搓洗种皮表面的黏液，然后捞出沥干水分，均匀撒播到提前铺好湿润吸水纸的发泡塑料盒内，每盒约撒播干种500克。播后每6个苗盒整齐地叠在一起，最上面扣一空盒遮阴，置于栽培架或地面上催芽。催芽过程中温度须保持在25～30℃，每天要上下移动调换一次位置。同时，喷水保湿，喷水量不宜过大，以盒内无积水为宜，一般每天喷水2～3次，每叠苗盒之间保持一定距离，以利通风透气，确保出芽均匀健壮。

（4）出芽后管理

当黑豆芽苗菜长到2～3厘米高时，为避免因高温、高湿和通风透气不良而发生烂种、烂芽，应及时将苗盒散开摆放。一是光照管理。黑豆芽苗菜对光照要求不是很严格，为使黑豆芽苗菜由黑暗、高温、高湿的催芽条件平稳过渡到栽培环境，苗盒在移入生产栽培室前应先放置在空气温、湿度相对稳定和弱光的条件下适应一天，然后让芽苗在散射光下生长，切勿让阳光直射，以免芽苗过早形成纤维而使品质下降。二是温度及通风管理。黑豆芽苗菜在9～30℃均能正常生长，不同的生理阶段对温度的要求又有所不同。裸盒催芽阶段要求温度为25～28℃，出盒后所需的温度则为18～25℃。冬季棚室应采取加热保温措施，而天气转暖的早春或气温下降的初冬，应注意除去或增加保温设施。炎热夏季要加盖遮阳网降温，增加通风量，以保持栽培环境空气新鲜，减少种苗霉烂。三是湿度管理。由于芽苗本身鲜嫩多汁，必须保证有充足的水分，浇水时要小水勤浇，每天喷水2～3次，喷水量不宜过大，以苗盒内基质湿润而不积水为宜，棚室内地面也要喷水保湿，室内空气相对湿度保持在85%左右。阴、雨、雪天气温低时要少喷水，而晴天高温干旱时要多喷，以满足芽苗对水分的需求。四是合理防病。黑豆芽苗菜很少发生病害，但催芽期易发生种子霉烂，生长期易发生烂根倒苗。为保证产品达到绿色无公害食品标准，及时防治病害，芽苗生长过程中应严格清洗苗盒等器具，可用0.1%的高锰酸钾溶液对苗盒及棚室喷雾消毒灭菌，一旦发生烂苗应及早剔除。

### 4. 适时采收

播种后 6 ~ 15 天，待黑豆芽苗菜子叶充分展开，胚轴长 12 ~ 15 厘米时即可采收或带盒出售。

## 六、无根豆芽的培育与豆芽机的应用

### （一）无根豆芽及其培育

无根豆芽是在豆芽培育过程中，用植物生长调节剂处理，抑制豆芽胚根生长，促进胚轴生长与增粗而形成的。无根豆芽根短、无须根，胚轴粗而洁白，感观和商品性好。在食用时，不需要摘根，可提高食用率 10%，从而提高了豆芽的品质。无根豆芽培育方法在我国已广泛应用。关于无根豆芽培育的机理和应用技术，在国内外有较多的研究。据 Ahmad 和 Mohamed（1988）研究表明：在豆芽生产中，用一些能产生乙烯的物质，如乙烯利、对氯苯氧基乙酸（P-CPAA）等生长调节剂，在浸泡绿豆种子后的第 24 ~ 60 小时处理，可使豆芽下胚轴膨大增粗，胚根长度减少。其机理是乙烯抑制胚轴及根部细胞伸长，促使细胞呈辐射状膨大。乙烯可以改变细胞壁中微纤丝纵向沉积的方向，而使其横向沉积加强。还有人认为，植物的根、茎和芽等不同器官对植物生长调节剂浓度反应不同，一般根比较敏感，需要浓度较低，而促进芽和茎生长的浓度较高。因此，在培育豆芽过程中，选用促进豆芽下胚轴与芽生长适宜的植物生长调节剂浓度处理，就可抑制豆芽胚根的生长，减少子叶中养分消耗，把更多养分供给豆芽下胚轴生长。20 世纪 80 年代初，我国对培育无根豆芽专用植物生长调节剂进行了开发研究，如南京市蔬菜研究所、南京电化厂研制的 NE-109 和浙江工学院黄岩精细化工厂制造、浙江农业大学监制的芽豆素等无根豆芽专用制剂，均由全国食品添加剂标准化技术委员会讨论通过，经中华人民共和国卫计委审定颁布为食品添加剂，使用范围为豆芽，其残留量低于 1 毫克 / 升。严禁使用非法制剂以及有毒或高残留化学药品生产无根豆芽，以确保无根豆芽为无公害产品。

### （二）无根豆芽专用生长调节剂使用方法

### 1. 乙烯

乙烯为气体，经新陈代谢最终成为二氧化碳，无残留，产品安全。可通过燃烧煤油炉等方法获得乙烯，把含有35%的乙烯空气通到培育豆芽的容器中，改变容器中空气成分比例，提高二氧化碳浓度到10%，降低氧气浓度到10%，可培育出胚根短、下胚轴粗、质脆的优质豆芽。

### 2.NE-109

NE-109为白色粉剂，易溶于水，性质稳定。培育无根黄豆芽专用制剂有Ⅰ号粉剂和Ⅱ号粉剂两种。当豆芽长1.8～2.0厘米时，用Ⅰ号粉剂配成溶液浸泡1分钟。当豆芽长约5厘米时，用Ⅱ粉剂配成溶液浸泡2分钟，每次浸泡处理后要排干溶液，经2～5小时后淋水。培育无根绿豆芽用NE-109专用粉剂，在培育过程中处理两次，分别在芽长1.8厘米和4厘米时，用专用粉剂配成溶液浸泡1分钟，然后排干，经2～5小时后淋水。在使用NE-109制剂时要注意，当温度超过25℃，豆芽生长发生异常时，需先淋水降低温度并降低NE-109剂的使用浓度。

### 3. 芽豆素

芽豆素为白色粉末，易溶于水。培育无根黄豆芽的专用芽豆素有C-1型和C-2型，培育无根绿豆芽的专用芽豆素有D-1型、D-2型。培育无根黄豆芽处理方法是，当黄豆芽长到0.5厘米或芽长4厘米时，分别用C-1型和C-2型芽豆素，配成溶液浸泡或淋浇5～15分钟，经3～4小时后淋水。培育无根绿豆芽的处理方法是，当绿豆芽长到0.5厘米和芽长4厘米时，分别用D-1型和D-2型芽豆素，配成溶液浸泡或淋浇5～15分钟，经3～4小时后淋水。

### 4. A、B 粉剂

A为白色粉剂，B为浅黄色粉剂。A粉剂需用温水，加入1%稀盐酸数滴，使其溶解。B粉剂用清水，加入酒精少许，使其溶解。随即将A、B液混合，再加水配成所需浓度溶液。然后把经过挑选和漂洗的豆种，放入A、B粉剂混合溶液中浸豆，每隔2～3小时翻动一次，使豆种吸收溶液均匀。浸豆结束后即进入正常的培育管理。

总之，为了提高无根豆芽制剂使用效果，保证食用安全，必须严格按照产品说明书使用，准确配制溶液浓度，掌握好规定处理时间，并精心做好豆芽培育管理工作。

### （三）豆芽机及其应用

豆芽机是一种可自动控制小环境温度、水分、气体的豆芽苗菜培育装置。用豆芽机培育豆芽与我国传统手工操作培育豆芽相比，具有生产周期短（可比传统生产缩短 1 ~ 2 天以上 )，不受外界气温变化限制，可四季生产、周年供应；便于清洗消毒，减少病烂危害，利于提高豆芽产量与品质；操作简便，可节水、节省劳动力、降低生产成本等优点。日本于 20 世纪 60 年代初，研制成豆芽苗菜培育机，到 20 世纪 80 年代已有生产能力达 100 吨的工厂化培育豆芽苗菜的成套设备，可连续完成从投料到成品自动包装的整个工序。我国自 20 世纪 80 年代以来，随着机器制造工业和电力工业的发展，陆续研制出多种型号豆芽机应用于生产，已成为我国豆芽苗菜生产中一项新技术，具有较好发展应用前景。

1. 豆芽机类型与结构

我国的豆芽按其生产方式可分为水浸式和喷淋式两种，按产品产出量可分为单机式和装置式两类；按照日产量大小可分为家用、小型、中型、大型和机器育秧场等五大类型。目前生产上使用中、小型豆芽机较多，其日产量在 10 ~ 300 千克之间。主要豆芽机型号有 FH-1 型自动快速发芽机、DY-60 型自动豆芽机、ZYJ-200 型自控豆芽生长机、YJ 型自控豆芽机、ZYD 豆芽快速培育机等。豆芽机按其性能特点又可分为普通型、超高低温自动报警型、全功能温度数值自动显示报警型等。目前，北京、河北、江苏等地均有豆芽机生产，如北京诚达机电设备有限公司生产的 ZYD 系列 2000 新款全功能型控温、控湿自动淋水豆芽机，主要技术参数为生产周期 2 ~ 3 天，每次生产豆芽数量 150 千克以上；每千克干种豆可出豆芽 10 ~ 15 千克；电源电压为交流 220 伏、50 赫兹；在室温 20 ℃时，每生产周期耗电量小于 4 度，耗水量小于 0.3 吨。

豆芽机主要由育芽箱、温度和淋水自动控制装置、气体控制装置及排水管装置等部件构成。制作育芽箱的材料，要选用具有较好的强度、不易腐蚀、便于清洗的不锈钢板、防锈铝合金板、聚乙烯塑料板等。育芽箱的底部略带圆弧形，有多个直径为 2.5 ~ 4 毫米的排水孔，以利于排水。育芽箱大小以培育豆芽 10 ~ 30 千克为度。温度自动控制装置由加热器和热感应器构成，通过热感器接通或切断电源来调节育芽箱温度，一般调节温度范围为 18 ~ 35 ℃，培育豆芽最适温度为 21 ~ 27 ℃。淋水自动控制装置由水箱、淋水管、定时水控制系统等构成，豆芽培育期间每隔 2 ~ 4 小时淋水一次，淋水均匀，每次淋水持续时间 2 ~ 4 分钟。气体控制装置，中小型豆芽机一般没有专设控制装置，主要采用密闭豆芽机箱门隔绝外界空气进入箱内来提高箱内二氧化碳的浓度，减少氧气的含量；大型豆芽机一般装配自动供气系统，可自动控制二氧化碳或乙烯等气体含量。排水装置由排水管和排水孔构成，要求排水畅通，不积水。

2. 使用豆芽机培育豆芽的技术要求

使用豆芽机培育豆芽与传统方法培育豆芽对豆种选择、筛选、漂洗和浸种等环节的操作要求基本相同。此外，还应注意做好下列工作：仔细做好育芽箱清洗与消毒，把经浸种处理的豆种放入豆芽机箱内。在豆芽机开机前，首先，按规定标准要求，向水箱内加入洁净的自来水。检查电源是否接通地线，以确保安全。其次，调整各个旋钮，使控温、淋水、排水装置达到培育豆芽所要求的技术指标，并且能正常运转工作。最后，关紧箱门，开机培育豆芽。在豆芽培育阶段，要加强管理，应及时检查各自动控制系统工作是否正常。当发现自控系统失灵、淋水管堵塞、排水不畅时，必须及时排除故障。在豆芽成熟后采收，放入盛水容器中漂洗，除去种皮，即可出售。同时，做好豆芽机检查维修工作。

## 七、豆芽苗菜生产中应注意的问题

### （一）防烂和消毒

传统豆芽苗菜培育过程中最常见的病害有红根、腐烂等。对豆芽苗菜的病害应采取以防为主的策略，调节和控制好水分、温度、气体等栽培环境，严格进行种子处理和防烂消毒工作。首先，要培育好环境，减少由于培育环境不良而引起病害，并提高豆芽苗菜本身的抗性。其次，要严格筛选种子，剔去瘪粒、破粒、霉烂或已发过芽的种子。再次，要认真对种子和发芽容器等做好消毒工作，将种子浸种后，用 0.1% 漂白粉溶液浸泡，搅拌 10 分钟或用 3% 石灰水（无杂质）浸泡，搅拌 5 分钟，再将种子捞出，用清水冲洗干净。发芽容器等生产用具可用石灰水浸泡 1 小时，然后用清水冲洗干净。覆盖物等可用开水煮烫或在日光下曝晒。最后，要保证喷淋用水的清洁，一般不要用池塘、河流作水源。此外，当连续发生严重烂种烂芽时，必须对生产场地实施全面、彻底的消毒。用硫黄粉等进行熏蒸，密闭房室，经 12 小时后打开门窗或通风口通风。进行消毒时需停止生产或将芽苗暂时移往他处。

### （二）鲜豆芽的限气包装

鲜豆芽为高呼吸强度蔬菜，温度对其呼吸强度的影响极大。10 ℃下约为 1 毫摩尔氧气/千克·小时，温度每上升 16.5 ℃，呼吸强度增长 10 倍。另外，鲜豆芽初期带菌数高，大约为 7～10 个/克菌体，且易发生芽体发黑且毒臭。试验表明：豆芽最佳贮藏温度为 8 ℃，氧气 25%，二氧化碳 15%，膜透性为 50 000 毫升氧气/平方米·天·大气压。据报道，贮藏于空气状态保鲜期为 2.5 天，采取适宜的限气包装可达 5 天。

# 第二节　半软化型栽培

绿瓣豆芽苗菜是 20 世纪 90 年代由山东寿光菜农开发的新产品，采用大豆 [ Gly ℃ ine max（L.）Merrill ] 种子进行沙培，采收前在弱光下绿化，其产品类似传统豆芽苗菜，但子叶（豆瓣）浅绿色，下胚轴较长、乳白色，属半软化型产品。在保护设施中可进行周年生产供应。

## 一、栽培环境条件的要求与场地的选择

绿瓣豆芽苗菜要求栽培场所温度白天能保持 20 ~ 30 ℃，夜晚 14 ~ 18 ℃，光照在生长前中期保持黑暗，后期要求 200 ~ 1 000 勒的弱光，此外还要求栽培基质湿润，空气相对湿度经常保持在 80% 以上，且具有良好的通风换气条件。通常多选择日光温室、塑料大棚或闲置房室作为生产场地。

## 二、绿瓣豆芽苗菜的栽培技术

### （一）品种选择与种子播前处理

生产上普遍采用大豆中发芽快而整齐、抗病抗烂、产品质优、产量较高的褐色或黑色籽粒品种，如舒兰红豆、赶牛料黑豆等。播前进行选种，剔去瘪粒、霉粒、虫蛀、破损或发过芽的种子，然后用 20 ~ 30 ℃清水浸种 18 ~ 24 小时，至种子不皱皮时捞出，稍晾待播。

### （二）畦床准备与播种

在温室大棚内做南北向畦床，宽 1.45 ~ 1.8 米（含畦埂 25 ~ 30 厘米），深 10 厘米。严寒季节可用砖坯砌埂，做成高畦，以提高地温。畦床不施肥，将床面整平压实，铺厚约 2 厘米过筛细河沙，镂平后平铺一层种子（以种子不重叠为度），播种量 4 千克 / 平方米左右。然后，覆盖厚约 2.5 厘米的过筛细河沙，随即浇（喷淋）一次透水。

### （三）播种后管理

**1.湿度管理**

大豆发芽最适温度为 20～25 ℃，播种后棚室内气温白天应保持在 24～28 ℃，夜间 18～20 ℃，超过 30 ℃时应及时进行通风，严寒季节要注意防寒保温。

**2.湿度调节**

棚室或池、箱（盆）内，相对湿度要保持在 85% 左右。湿度调节的方法，一是在畦（盆、箱）上加盖塑料薄膜等覆盖物进行保湿；二是在棚室内增设水池或水缸，通过水分蒸发增加湿度；三是当畦（箱）内土表干燥时，及时喷洒清水，每次每平方米喷水 4～6 千克。

**3.光照条件**

绿瓣豆芽苗菜要求黑暗和弱光条件，播种后可根据棚室内光照强度在床面平盖或支矮拱架覆盖塑料编织袋、麻袋片或黑布，后期盖白布或双层遮阳网等。当播后 2～4 天种子已"定橛"拱土，河沙表面出现裂缝时，及时将覆盖的河沙起走，使豆芽子叶微露，操作时要防止碰伤豆瓣，待盖沙基本起完后，芽瓣开始显露时用喷雾器（去掉旋转片）盛清水冲净芽瓣上的余沙，再盖上覆盖物。此后每 2～4 天浇（喷淋）一次水，经常保持畦床湿润，直至收获。

**4.防治病害**

对烂根、烂瓣等病害，要以防为主。一是要严格消毒，对畦土、容器和河沙可用 800～1 000 倍多菌灵进行喷雾消毒；二是沙源充足的地方，每生产一次后更换新河沙；三是切忌畦内喷水过多造成缺氧烂根；四是要精选种子；五是发现个别烂根、烂瓣要及时连同沙（土）一起清除干净，防止蔓延。

**5.防鼠害**

庭院生产绿色黄豆芽，刚出土的嫩芽瓣易遭老鼠啃食。因此，待芽刚出土后要立即覆盖一层较厚的塑料布并压严四周，2～3 天后豆芽高 5～7 厘米时再把塑料布撤掉。

### （四）采收

在正常条件下，播种后一般经过 6～12 天（冬季 10～12 天，春秋季 8～9 天，夏季 6～7 天），当豆芽高 15～20 厘米，子叶微张开，真叶未露时应及时收获。采收时可用花铲或特制铁铲轻轻将豆芽兜底铲起，抖净沙子后捆把上市。

一般应在傍晚时收获，次日早晨出售。每千克大豆约可采收产品 8 ～ 9 千克。收获后将床底残留河沙起净，修整畦床，晾晒数天后便可再次播种。

### （五）无根剂的使用

无根豆芽生长调节剂必须选购由国家审定颁布允许作为食品添加剂使用的种类，一般应在豆芽长到高约 2 厘米时，按其所要求浓度随浇水（喷淋）施入畦床。

# 第三节　绿化型栽培

绿化型种芽苗菜多指于 20 世纪 80 年代后发展起来的采用苗盘纸床立体无土栽培，在适宜光照（忌强光）条件下，用植物种子培育而成的新型芽苗产品，如豌豆苗、萝卜芽、荞麦芽、黑豆芽、向日葵芽、种芽香椿等。它们中的多数以子叶微张或平展的芽苗供食，少数已具有真叶；子叶和真叶肥大，深绿色，下胚轴浅绿色或伴有红晕，属典型的绿化型产品。在保护设施中可周年进行生产。

## 一、对栽培环境条件的要求与场地的选择

绿化型种芽苗菜要求生产场地必须符合无公害蔬菜生产标准，能满足多种芽苗菜的需求：催芽期温度要求催芽室能经常保持 20 ～ 25 ℃；芽苗生长期要求栽培室温度在 16 ～ 30 ℃范围内，白天不低于 20 ℃，夜晚 16 ～ 18 ℃；要求生产场地能忌避强光，除催芽期保持黑暗外，芽苗生长中后期应保持光照强度在 2 000 ～ 40 000 勒范围内。此外，还要求具有良好的通风条件，并具有喷雾和喷淋条件以及符合国家生活饮用水水质标准的水源条件。为了延长产品的供应期，做到周年供应，北方地区以采用温室或高效节能日光温室为好，有利于进行冬季生产、节约能源、降低成本；南方地区以采用轻工业用厂房或空闲房舍等房室生产为好，有利于降温或加温。为了能较好地调控温度，生产场地必须具有日光，能利用水暖、炉火、小锅炉等加温设施，以及利用逆反通风（夜晚放风、白天封闭）、强制通风、空中喷雾、水帘、空调等降温设施。以温室或日光温室作为生产场地者，在夏秋强光季节应具有遮光设施。以房室为生产场地者一般要求坐北朝南、东西延长，南北进深（宽）不超过 20 米（四周采光）或 8 米（南面单向采光），四周采光者其所设窗户面积需占周墙的 30% 以上；

在冬季弱光季节，室内呈生产状态时近南窗采光区光照强度应高于5 000勒（此区域称强光区），近北窗采光区应高于2 000勒（中光区），房屋中部远窗区应高于200勒（弱光区）。

为保证供水，生产场地最好有自来水、贮水罐或备用水箱等水源装置，同时应设置好排水系统。此外，还要对生产场地做好综合规划，考虑种子贮放室、播种作业区、苗盘清洗区、产品处理区、种子催芽室，以及栽培室的合理布局。

## 二、栽培设施

### （一）栽培架与产品集装架

栽培架主要用于立体栽培。栽培架的设计必须有利于充分利用空间，提高生产场地利用率；有利于采光和芽苗生长整齐；有利于进行日常管理。一般栽培架的规格为架高160～210厘米，每架4～5层，层间距50厘米，架长150厘米，宽60厘米，每层能放置6个苗盘（架的长宽要与栽培容器配套），每架共计24～36个苗盘。制作多采用30毫米×30毫米×4毫米角钢，也可采用（40～45）毫米×（55～60）毫米的红松方木或铝合金等材料。连接和固定方法可采用焊接、钉铆或组装。制作时要求架高、层间距适当，整体结构合理、牢固不变形，每层相应横档高度一致，能使苗盘水平摆放。以日光温室作为生产场地者，由于栽培架必须南北向放置，因此需根据温室空间大小，将南端一架相应改为阶梯状。

产品集装架主要用于产品运送。产品集装架的设计必须以提高整盘活体销售效率、保证产品质量为前提。集装架的结构与栽培架基本相同，但层间距缩小为22～23厘米。此外，集装架的形状与大小应与密封防尘汽车、人力三轮车或自行车等运输工具相配套。

### （二）栽培容器

进行绿化型种芽苗菜立体无土栽培的容器，不但要求结实牢固、耐用、不变形，而且要求可装容各种常用基质，能适度地保持水分，具有良好的通气状况。此外，还应自身重量轻，以减少栽培架的负荷。生产上多选用市售的蔬菜塑料育苗盘，其规格为长60厘米、宽25厘米、高3～5厘米；底部密布透气孔眼，外底左右各具有多道斜向"拉筋"，可免苗盘扭翘变形。一般不选用平底（无"拉筋"）、大孔眼蔬菜塑料育苗盘。

### （三）栽培基质

适于绿化型种芽苗菜立体无土栽培的基质必须具有洁净、无毒、质轻、吸水持水能力较强，透气性好，pH适当，使用后其残留物易于处理等性状和特点。目前，生产上使用的适宜栽培基质有纸张（新闻纸、纸巾纸、包装纸等）、白棉布、无纺布、泡沫塑料片、珍珠岩等。以纸张作栽培基质其取材方便、成本低廉、易于作业、残留物容易处理，主要用于种粒较大的豌豆、黑豆、向日葵、马牙豆（香草豌豆）以及荞麦、萝卜等种芽苗菜栽培，是当前生产上使用最为广泛、用量最大的基质；以白棉布作栽培基质，其吸水持水能力较强，便于带根采收，但成本较高，虽可重复使用，但也带来了处理残根、清洁消毒等麻烦，故一般仅限于产值较高，种子籽粒小且需带根收获的种类使用；使用无纺布，其效果类似于白棉布，但只能一次性使用，成本较高；采用泡沫塑料片栽培基质（0.3 ~ 0.5厘米厚），其吸水、持水和通气性能优于纸张和白棉布，但成本也偏高，一般只用于苜蓿等种子极细小的种类；以珍珠岩作为栽培基质（在纸床上再铺垫厚约1.5厘米的珍珠岩），其性能最优，尤其适用于种子发芽期较长的香椿等种芽苗菜的生产，近年已较普遍使用。珍珠岩为火山硅酸岩在1 200 ℃高温下烧制、膨化而成的白色颗粒状物质，粒径为1.5 ~ 6毫米（宜选中小粒径作基质），pH7 ~ 7.2，孔隙度约97%，容重为0.193 ~ 0.064克/立方厘米，空气容量为20.4% ~ 57.7%，吸水量为156 ~ 250克/100克，可利用水4.2% ~ 42.9%，且清洁、无味、无毒，残留物可改良黏重土壤。因用量较少、成本较低为生产者所喜用，但选购时应注意氧化钠含量不得超过5%，否则不宜作为栽培基质。

### （四）浸种与苗盘清洗容器

浸种与苗盘清洗容器的设置要和生产规模相配套，其总容纳量（一次浸种量和清洗量）应与最大生产量（每日播种量，即一个"批次"）相适应，并留有超过30%的余地，以便应付临时性生产量的增加。此外，还要考虑便于作业，有利于提高工作效率。容器可采用陶、瓷、木、塑料、水泥和砖以及不锈钢等质料，但忌用铁器，否则浸种时与其接触的豌豆等种子表面易呈黑褐色，常与栽培期间发生烂种时种子褐变相混淆。目前，生产上所选用的容器，除盆、桶、缸、浴缸外，多采用砖砌的水泥池。一般由单层砖（12厘米厚）砌成，抹水泥防渗漏，宽不超过2米，深约1米，长度则以浸种量和苗盘清洗量大小而定。不管采用何种容器，应在底部设置可随意开关的出水口，口内装一个可防止种子流出的篦子，以减轻作业时多次换水的劳动强度。

### （五）喷淋器械

由于绿化型种芽苗菜采用苗盘纸床、立体无土等特殊的栽培方式，尤其是纸床基质，其吸水、持水能力有限，加之从种子萌发到芽苗形成需持续保持床面湿润，因此必须均匀、少量、多次进行浇水；另外，种子在根扎入苗床前（尤其是小粒种子），易被水流冲跑，影响种子的均匀分布，使芽苗不能整齐生长，为此生产上需采用喷雾或喷淋，以少量勤喷（淋）的办法进行浇水。为了在浇水时能达到雾喷或细淋的要求，生产上多根据芽苗菜的不同种类（种子大小）、不同生长阶段（芽苗大小）和不同季节（蒸发量大小）分别选用喷雾器和喷枪（如工农 -16型背负式喷雾器、丰收 -3型踏板或手压式喷雾器等）、市售淋浴喷头或自制喷水壶细孔加密喷头（接在自来水管引出的皮管上）等浇水。有条件者也可安装微喷装置。

### （六）运输工具

由于种芽苗菜栽培用种量大，产品形成周期短，而且进行四季生产、整盘活体销售，一般都每天播种，每天上市，因此其生产资料和产品的运输量远比一般蔬菜生产要大。所以，在配置运输工具时，首先，应考虑配备足够的运力（与每天生产量相应）；其次，由于运送产品路程远近不同，为降低成本可考虑配备不同种类运辑工具，以便与客户网络及其距离相配套；最后，中远程运输（1小时以上）或冬夏季运输，应配备相应的防寒保温设施或制冷装置，以使运输途中产品不受损害。生产上多采用密封防尘汽车（带致冷机）、人力平板三轮车（冬季加防寒外罩）、自行车等运输工具，进行远近分工、合理搭配送运。

## 三、主要种芽苗菜栽培技术

芽苗菜为新兴蔬菜，适用于绿化型种芽苗菜栽培的种类和品种仍在不断的开拓之中。但不论是蔬菜作物、经济作物、药用植物还是野生植物，要开发成为种芽苗菜，则必须符合种子发芽快，芽苗产品形成周期短，可食部分比例高，产品食用安全、外形美观、营养丰富、风味独特，具有一定保健功能，以及便于采收、易于进行采后处理等条件。根据资料，目前已知具有生产开发利用价值的种芽苗菜有 30 余种，但已进行批量生产或大面积栽培的只有豌豆苗、马牙豆（香草豌豆）苗、萝卜芽、荞麦芽、向日葵芽、黑豆芽、苜蓿芽、种芽香椿等不到 10 种。上述各种绿化型种芽苗菜的栽培技术大致相同，但由于香椿等种子发芽很慢，需分两次进行催芽，并采用珍珠岩作为基质，栽培技术上略有不同，因此又可分为一段催芽（适用于发芽较快的种类）和二段催芽（适用于发芽期较长的种类）两种栽培管理模式。

### （一）豌豆苗、萝卜芽、荞麦芽等栽培技术

豌豆苗、萝卜芽、荞麦芽分别由豌豆（Pisum sativum L.）、萝卜（Raphanus sativus L.）和荞麦 Fagopyrum esculentum L.）种子培育而成。

1. 品种与种子的选择

适于种芽苗菜生产的品种和种子应选择种子籽粒饱满较大，芽苗生长速度快，下胚轴或茎秆较粗壮，抗种苗霉烂、抗病、耐热或耐寒，生物产量高，产品可食部分比例大，纤维形成慢，品质柔嫩，货架期较长者。要求种子发芽率不低于 95%，纯度达到 95% ~ 97%，净度在 97% 以上；价格便宜、货源充足、供应稳定且无任何污染。

豌豆多采用抗逆性较强、较抗种苗霉烂的粮用豌豆和香草豌豆品种，如山西的青豌豆、灰豌豆，河北、内蒙古、宁夏的褐豌豆、麻豌豆以及马牙豆等，一般不用菜用豌豆品种。现介绍几种适用品种：①豌豆苗（Pea shoot）。近年来由美国引进，植株半蔓生，分枝多，叶片宽厚，深绿色。其分枝力强，嫩梢纤维少，品质优，可连续采收 100 ~ 120 天。播种期 9 月至翌年 2 月，条播，行距 24 ~ 30 厘米。采摘托叶未张开的嫩梢做菜。②无须豆尖 1 号。由四川省农科院育成，植株半蔓生，属硬荚型，茎叶肥大，复叶无卷须，纤维含量少，品质佳。③台中 11 号。由台湾引进，属软荚型。植株蔓生，侧蔓多，叶深绿色。9 月至 11 月播种。④上海豌豆苗。上海地区主栽品种，蔓性，节间短，分枝多，嫩叶茂盛，匍匐生长。春播生长期 60 ~ 65 天，秋播 45 ~ 50 天。嫩梢质地柔嫩，味甜清香，品质佳。

萝卜应选用种子籽粒饱满较大、抗病性强的秋冬萝卜品种，如陕西的国光萝卜、河北的石家庄白萝卜、北京的大红袍萝卜以及由日本引进的贝割大根等，忌用四季萝卜（小萝卜）品种。最好选用表皮绿色，适宜不同温度生长，茎白

色或淡绿色，叶色浓绿或淡绿色，胚轴粗而有光泽，采种量大，发芽率高的品种，如大青萝卜、中秋红、干理想等。种子应籽粒饱满，生命力强，千粒重达15克以上，48小时内发芽率应达80%以上。日本已实现了萝卜芽苗菜的工厂化生产，其配套品种是高温期为福叶40日，中低温期为大坂4010和理想40日。

荞麦可采用陕西、内蒙古荞麦，以及种子籽粒较大的日本荞麦。向日葵宜选用籽粒较小的油葵（油用品种）。黑豆可选用赶牛料黑豆等。

此外，在选择豌豆等豆类种子时，应注意"硬实种子"（俗称"铁籽"）的比例不得超过3%，否则不但影响生产，而且将加大种子成本。

2. 种子的清选与浸种

种子的质量对种芽苗菜生长整齐度、产量及商品合格率影响极大，因此必须采用优质种子，并在播种前进行种子清选，剔去虫蛀、破残、畸形、腐霉、已发过芽的以及特小粒或瘪粒、未成熟种子，以提高发芽率、发芽势及抗霉烂能力。一般豌豆、向日葵、黑豆等大粒种子可进行机械或人工筛选和挑拣；豌豆种子寿命一般为2～3年，发芽率低下的陈年种子不能用于豌豆苗生产；萝卜、苜蓿等中小粒种子可采用风选或人工簸选；荞麦则应提前1～2天进行晒种，并进行风选、簸选和盐水选种，剔去不饱满、成熟度较差的种子。清选后的种子即可进行浸种。先用清水将种子淘洗2～3遍，淘洗干净后用20～30℃的温水浸泡种子，水量应超过浸泡种子的最大吸水量。浸种时间冬季可稍长，夏季稍短，通常在种子达到最大吸水量95%左右时结束浸种。浸种期间应根据当时气温的高低酌情换清水1～2次。结束浸种后再淘洗种子2～3遍，并轻轻揉搓、冲洗，漂去附着在种子上的黏液，注意切勿损坏种皮，然后捞出种子，沥水待播。

3. 播种与叠盘催芽

播种和叠盘催芽的质量与种芽苗菜栽培过程中种苗霉烂、芽苗生长整齐度以及产品质量和商品率关系密切。播种前首先要对苗盘进行清洗和消毒，在清洗容器中浸泡苗盘，洗刷干净后置入消毒池，在0.2%漂白粉溶液或3%石灰水中浸泡5～60分钟（视种苗霉烂情况酌定），捞出后用清水冲去残留消毒液。然后在苗盘上铺一层基质纸张（大小应与盘底相应），随即进行播种。通常采用撒播，要求严格执行播种量标准，保持盘间一致，撒种均匀，随播种剔出不正常种子，播种后不要磕碰苗盘。豌豆、萝卜、荞麦、向日葵、黑豆等采取一段式催芽模式，即浸种后立即播种，播完后在催芽室将苗盘叠摞在一起，并置于栽培架上，每6盘为一摞，其上下各覆垫一个"保湿盘"（苗盘铺1～2层已湿透的基质纸，不播种）。也可置于平整的地面，但摞盘高度不应超过100厘米，摞与摞之间宜留出2～3厘米的空隙，否则将影响摞盘间通风，使发芽不均匀，其上可覆保湿盘、湿麻袋片或双层黑色遮阳网等。叠盘催芽时间约3天，期间应使催芽室温度保持在18～25℃，每天需进行一次倒盘和浇水，调换苗盘上下、左右、前后位置。同时，均匀地进行喷淋（大粒种子）或喷雾（中小粒种子），喷水量一般以喷湿后苗盘内不存水为度，切忌过量喷水，否则极易引起种芽霉烂。此外，催芽室内应定时进行通风换气，避免室内空气相对湿度呈持续的饱和状态。叠盘催芽结束后，即可出盘，将苗盘移至栽培室进行绿化。

4.出盘与出盘后的管理

当叠盘催芽的种子全部发芽，其种苗达到一定高度并已定槭后应及时出盘。出盘过迟，易引起种苗霉烂，或使下胚轴或茎秆细长、柔弱，导致芽苗后期倒伏并引发病害，进而影响产量和质量；但过早出盘，又会增加出盘后的管理难度，芽苗生长难以达到整齐一致。初出盘时，为使种芽苗菜从黑暗高湿的催芽环境安全地过渡到直接光照和相对干燥的栽培室环境，在苗盘移入栽培室前应放置在空气湿度较稳定的弱光区过渡一天，然后再逐步通过倒盘移动苗盘位置，渐次接受较强的光照，至产品收获前2～3天，将苗盘置于直射光下，促进绿化，使下胚轴或茎秆粗壮，子叶和真叶进一步肥大，颜色转为浓绿，以提高产品的商品品质。但为避免过分的强光照，采用温室、日光温室和塑料大棚作为生产场地的，在6～9月份的夏秋高温强光季节，必须使用遮阳网进行遮光，一般宜采用活动式外遮阳覆盖形式，以便根据天气变化合理调节光照。种芽苗菜出盘后所要求的温度环境虽不像叠盘催芽期间那样严格，但仍应根据不同种芽苗菜种类对温度的不同要求分别进行管理。因此，栽培室最好能划分成几个单一种类栽培区，并能通过加温和降温设施进行温度调控。

在各种种芽苗菜进行混合栽培时，可将室内温度范围调控在16～30℃或最适温度20～25℃。但无论是单一种类还是混合栽培，在温度管理方面均应避免出现夜高昼低的逆温差以及过低或过高的温度，否则将会引起芽苗柔弱、生长周期延长或生长速度过快，并将严重影响均衡供应以及芽苗产量和品质。为了保持栽培室的空气清新、降低室内空气相对湿度、减少种苗霉烂、避免二氧化碳亏缺，在栽培室温度适宜的前提下，每天应进行通风换气1～2次；即使在室内温度较低时，也应进行短时间的"片刻通风"。

由于绿化型种芽苗菜采用了不同于一般无土栽培的基质，基质吸水、持水能力较低，加之芽苗菜鲜嫩多汁，必须采取"小水勤浇"的措施，才能满足其对水分的要求。因此，生产上每天需用喷淋器械或微喷装置进行3～4次喷淋或雾灌（冬春季3次，夏秋季4次）。喷淋要均匀，应先喷淋上层，然后渐次往下。浇水量切忌过大，一般以浇水后苗盘内基质湿润，苗盘底又不大量滴水为度。同时，要喷湿地面，以保持室内空气相对湿度在85%左右。此外，还要注意生长前期少浇水，中后期适当加大浇水量；阴雨雾雪天温度较低、空气相对湿度较大时少浇水，反之酌情加大浇水量。水分管理对种芽苗菜生长和产品品质影响很大。水分不足，芽苗将很快老化并使产品品质下降；水分过多，则易引发种芽霉烂，并将严重影响产量。由于种芽苗菜生产栽培环境较易调控，加之生长周期很短，较少发生病虫害。但是，叠盘催芽期和产品形成期易引发种苗霉烂，应注意选用抗病品种，提高栽培管理水平，严格进行水分和温度管理，并对栽培场所、栽培容器和种子进行严格消毒。栽培场所可用45%百菌清烟剂密闭熏蒸8～12小时；栽培容器可用0.2%漂白粉溶液、5%的明矾或2%的小苏打溶液浸泡50～60分钟；种子可用0.1%漂白粉溶液浸泡（浸种吸胀后）10分钟或3%石灰上清液浸泡5分钟进行消毒。

5. 采收与销售

绿化型种芽苗菜以幼嫩的芽苗为产品，其组织柔嫩、含水分多、极易脱水萎蔫。因此，为提高产品的鲜活程度、延长货架期，必须及时进行采收，并尽量缩短和简化产品运输、流通时间和环节。当前，在我国蔬菜产品流通领域采后处理、冷链系统还不很完善的情况下，宜以整盘活体销售为主、剪割采收为辅，将产品直接送至宾馆、饭店、超市或菜市场。收获上市的产品要求周年均衡供应，芽苗子叶平展、茎叶粗壮肥大、颜色浓绿、整盘生长整齐，无烂根、烂脖（茎或下胚轴基部），无异味，不倒伏、鲜靓、水灵，品质好，无筋渣，产量不低于标准。

6. 豌豆芽苗菜生产中存在的问题及对策

（1）豌豆芽苗菜生产中应注意的主要问题

①品种选择

生产豌豆芽苗菜的品种应选用种皮厚、千粒重在150克左右的小粒光滑品种，要求发芽率高，发芽势好。

②选盘

选择透水性良好的育苗盘进行芽苗菜生产。育苗盘规格有两种：一种为60厘米×35厘米×7厘米，具有每平方厘米1.2目的蔬菜育苗盘；一种为60厘米×30厘米×4厘米，具有每平方厘米1.0目的水稻育苗盘。

③浸种

播种前需进行种子清选，剔去虫蛀、破残和畸形种子，将选好的种子进行浸泡，时间为4～5小时。豌豆浸种时间短，会延迟生芽时间；浸种时间过长，易使种皮脱落，造成豆瓣分离，易烂种。

④播种

将苗盘洗净，在盘底铺 1 ~ 2 层报纸，将浸好的种子平铺于苗盘，每平方米用种量 2.5 千克左右（小粒种子）。注意种子不要排列太紧密，否则发芽时会叠在一起。播后给种子上盖一层报纸，用小眼喷壶从纸上进行第一次浇水，遮光生产，直至出苗后再揭开报纸。

⑤灌水

豌豆芽苗菜喜较大湿度，纸床持水量较少，易蒸发。播种后出苗前应注意保持纸床湿度，一般以喷水后使纸床上持有少量存水为宜，但存水量不能淹没种子。不出芽的种子易腐烂，应及时拣出，以免影响其他种子。对豌豆芽苗菜应使用小眼喷壶，尤其在种子出芽前，应慢慢浇在覆盖的报纸上，以免种子滚动，产生堆种现象。同时，浇水应均匀，否则水多的一边苗长得快，水少的一边苗长得慢，出现同盘苗长势不齐的现象。浇水次数视苗盘干湿情况而定。一般每天分早、中、晚三次浇水。

⑥注意遮光和温度

豌豆苗是一种喜冷凉的芽苗菜，可耐 4 ~ 6 ℃低温，且不需强光照射，因此可利用温室或日光温室的空闲地四季进行豌豆芽苗菜的棚架生产。但是，温度低、强光照射下芽苗菜生长速度慢，纤维形成快，品质差。因此，温室或日光温室的温度应保持在白天 20 ~ 24 ℃，夜间 18 ℃左右，同时注意遮光，在温室上拉一层遮阳网，以保证豌豆芽苗菜品质鲜嫩。

⑦定时定量生产

豌豆芽苗菜属新兴蔬菜，目前主要供应宾馆、饭店，还未被广大群众所熟悉。因此，要联系好销路，定时定量生产，以免商品积压，造成不必要的经济损失。豌豆芽苗菜一般以苗高 15 厘米为宜，过高将影响商品外观和品质。同时要注意防鼠。

（2）豌豆芽苗菜生产中存在的问题及对策

①烂种问题

催芽阶段豌豆最易发生烂种，致使整盘芽苗菜的品质降低。

对策：首先选好品种。青豌豆较麻豌豆、花豌豆烂种少，宜作为主要生产用种。生产中还要选用当年新种，并严格进行浸前清洗，使发芽率保持在 95%以上。其次，装盘时和叠盘催芽后用洁净针头剔除个别烂种，以减少豆种感染机会。再次，苗盘使用前进行严格的消毒清洗。方法是用 1% ~ 3% 的石灰水或漂白粉充分消毒，而后用清水冲刷 2 ~ 3 次。最后，应加强生产管理，注意保持适宜温、湿度，温度控制在 20 ~ 25 ℃，湿度在 85% 左右，叠盘催芽每天浇水一次，及时上下倒盘。

②生长迟缓问题

豌豆种子质量不好或选种工作不彻底、气温及水温低，致使生长速度减慢，生产周期延长。

对策：生产前应严格选种，同时做好种子处理工作，即采用温水浸种，刺激豆种，以利迅速吸水，促进种胚生长。气温过低时，应采取增温、保温措施，提高环境温度，给豌豆生长创造良好条件。浇水时可以改用温水喷淋，减小冷水降温带来的负面影响。生长过程中应充足给水，每天3～4次，保证芽苗菜对水分的正常需求。

③整齐度差问题

种子大小不一、苗盘摆放不平、催芽不齐及豌豆受水不均都将导致成品整齐度下降。

对策：首先，应认真选种，种子大小差异明显要进行分级处理，将不同级的豌豆分别播种；其次，要保证栽培架和苗盘摆放水平，并要求基质保水量均匀，以利催出整齐的芽苗；再次，浇水时必须喷淋周到均匀，出现个别生长不齐的情况，可适当调控浇水量，为使成批芽苗菜整齐度一致，宜进行多次倒盘。

④纤维素形成过早问题

光照过强、长时间干旱缺水、温度过高或过低都易导致芽苗菜过早纤维化。

对策：第一，避免强光照射。夏秋季节利用温室、大棚生产芽苗菜应盖遮阳网遮光，减小光强。第二，及时适量补给水分。豌豆生长期间，每天应保证3～4次给水。以喷淋为主，使基质完全湿润又不大量滴水即可，一般生长前期、阴雨天、冬春季节少浇，而中后期、晴天、夏秋季节多浇。第三，栽培室温度控制要适当。室温达30℃以上后，可采用覆盖遮阳网、喷雾、通风等措施降温，推迟纤维素形成时间；温度低于14℃时，应采用火炉、暖气等加温设备增温，否则豌豆生长缓慢，成品产出周期长，导致形成纤维素，降低品质。

7.豌豆苗菜的再生栽培

在当前的豌豆苗菜生产中存在着这样的问题，即将其整盘活体销售或一次采割后的残留部分丢弃，这不仅会造成浪费、形成污染，也降低了经济效益。实践发现，豌豆苗菜可再生栽培。

（1）豌豆种子的特点

豌豆种子在豆科植物中属双子叶植物，子叶中贮藏着大量的营养物质，芽苗体生长所需的营养就是由其种子干物质、外界提供的水分及营养液吸收转化而成的。经过一次采割后种子的硬度仍较大，说明其子叶中的营养物质并没有完全转化丧失，可以再继续转化供幼芽苗生长。

（2）采割方法

豌豆芽苗菜采割时，不可将豌豆豆种割破，不可将其芽基割除，否则会导致芽苗不能再生，且会引起腐烂并传染其他种子。但也不宜留取过长，过长可引起两个或两个以上的分枝，从而影响生长期和产品品质。所以，采割时最好距表层豆粒 0.5 厘米左右。采割茬次一般为 2 ~ 3 次。

（3）再生苗管理

温度、水分、光照都要适宜。要及时拣出烂豆，预防病害的发生和蔓延。如有必要可喷施一次浓度为 1 000 ~ 2 000 倍的多菌灵或百菌清水溶液，以防止腐烂的发生。在多次喷淋水分后，其药物残留度将逐渐降低，仍不失为绿色保健蔬菜。

8. 荞麦芽苗菜的生产技术

（1）场地和设施

荞麦苗生长适温为 20 ~ 25 ℃，春秋季可在有遮阳网的温室或塑料大棚、遮阴凉棚及通风、凉爽、采光较好的室内生产；冬季可在日光温室及有供暖设施的室内生产。温室内采用多层立体栽培架，可用竹、木、角钢等材料制成，长 1.5 米，宽 0.6 米，栽培架层间距为 40 ~ 50 厘米，视生产场地空间高度，架子可做 4 ~ 6 层。架与架之间留 1 米作业道。为便于移动，栽培架下面可安装 4 个轮子。栽培盘采用标准塑料育苗盘［10 厘 × 25 厘米 ×（4 ~ 5）厘米］，也可根据经济情况用木材或金属等材料自制育苗盘，但要求盘底平整，有排水通气孔。

（2）防病

荞麦苗在催芽期间易发生种子霉烂，生长期易发生烂根、倒苗，主要原因是温、湿度不适，苗盘消毒不严格。在防治上应采取清洗、消毒苗盘和重复使用的基质棉布，严格控制环境温度，避免过分延长叠盘催芽时间，控制浇水次数和浇水量。出现烂根时，可进行剪割采收，提前上市，严重时应予以销毁。

（3）采收

荞麦种子千粒重 26 ~ 28 克，种子播后 10 ~ 12 天形成荞麦芽，单株重 0.25 克，面积为 60 厘米 × 25 厘米的育苗盘播 20 克种子，可收荞麦芽 600 克。产品用塑料袋包装，以优质、高档的绿色蔬菜产品投放市场，经济效益较高。

9. 萝卜芽苗菜生产中应注意的问题

（1）严格把好种子质量关

种子要纯正、新鲜、发芽良好。带有病菌或发芽势弱、发芽率低的种子不能使用。

（2）控制好温、湿度

在保护地内生产萝卜芽苗菜，温度应控制在25℃以下，空气相对湿度为75%~80%，温、湿度偏高容易引起病菌蔓延，严重时会使整批染病，甚至腐烂变质。

（3）严格消毒

用对芽苗菜无污染的药剂严格对培养架、培养盘、培养室及生产过程中使用的工具进行消毒，染病芽苗菜应及时清除。

## （二）种芽香椿的栽培技术

香椿种芽苗菜又叫籽芽香椿，是由香椿种（Toona sinensis Roem）子发芽，先后生成胚根、下胚轴和子叶，当下胚轴长7~8厘米、子叶展开时即达到产品收获标准。香椿种子发芽长成幼嫩芽苗，所以称其为种芽香椿。由于香椿等种子发芽慢、催芽时间长，为减少种芽霉烂，需提前进行常规催芽，然后播种已露芽的种子再进行叠盘催芽（二段催芽），并采用吸水、持水力强的珍珠岩作为基质，其栽培管理不同于采取一段式催芽的豌豆苗。种芽香椿在形态及生产方法上均不同于树芽香椿。种芽香椿采用无土纸床或其他非土壤基质进行立体栽培，可工厂化生产。使用60厘米×25厘米的育苗盘做容器，播30克种子，播后12~15天采收，平均每盘可收种芽250克。种芽香椿鲜嫩、香气浓郁、质脆多汁无渣、营养丰富，味道、口感均胜于树芽香椿。种芽香椿生长周期一般为15~20天，生长周期短，可四季生产，保证周年供应。生产中只利用种子贮藏的养分供应芽苗生长，很少使用农药化肥，是一种优质、高产、高效益的无公害蔬菜，且具有一定的食疗作用，很有发展前途。

### 1.生产场地选择

种芽香椿的生产场地必须具备下列条件。

（1）要满足芽苗菜生产所要求的适宜温度

应具备能经常保持催芽室（或车间）20~25℃，栽培室（或车间）20℃以上，夜晚不低于16℃的温度调控能力。必须能使用日光能、水暖系统、小锅炉系统等加温设施，以及逆反通风（夜晚放风，白天封闭）、强制通风、喷雾、水帘降温、空调系统等设施。

（2）要能满足芽苗菜生产所需的光照条件（忌避强光）

以传统的农业设施作为生产场地者，在夏秋季强光照条件下应具有遮光设施。以房室作为生产场地者，一般要求坐北朝南、东西延长（南北宽不超过20米）、四周采光，其所设窗户面积需占周围墙面积的30%以上；室内在生产状态时的光照强度，冬季弱光季节近南窗采光区不低于5 000勒，近北窗采光区不低于1 000勒，远窗区（中部区）不低于200勒克斯，催芽室（或车间）应保持弱光或黑暗状态。

（3）要有通风设施，能进行室内自然通风或强制通风

通过对流经常保持催芽室（或车间）和栽培室（或车间）空气清新，并使昼夜空气相对湿度保持在60% ~ 90%。

（4）应具备自来水、贮罐、用水箱等水源装置

这些装置用来满足芽苗菜生长对水分的需求。要用房室改为生产场地者（尤其是楼房），其地面应具有隔水防漏能力，并应设置排水系统。要有种子贮藏库、播种作业区、苗盘清洗区、产品处理区、种子催芽室（或车间）与栽培室（或车间）的统筹安排和合理布局。

（5）可供选用的生产场地

当地平均气温高于18 ℃时，可在露地进行生产，但需用遮阳网适当遮阴，避免阳光直射，加强喷水，保持湿润。冬季、早春及晚秋可利用现代化双屋面温室、单屋面加温温室、高效节能型日光温室、塑料拱棚（大棚）等传统的农业设施进行生产。若要四季栽培，则可选用轻工业用厂房或闲置房舍进行半封闭式工业集约化生产。

（6）生产场地的选用与芽苗菜的产品类型

生产场地的光照条件与芽苗菜产品的形态有着密切的关系。采用温室等传统农业设施生产的芽苗菜，由于光照较强，其形成的产品多为绿化型产品，一般颜色较绿，芽苗矮壮，幼茎或下胚轴较粗，子叶或嫩叶片较肥大，产量较高，但纤维形成较快，品质稍差；而采用轻工业用厂房或闲置房舍生产的芽苗菜，由于光照较弱，其形成的产品细弱，产量稍低，但品质更为柔嫩。上述两种芽苗菜产品均受到消费者欢迎，可根据当地群众的消费习惯选择生产。

2. 生产设施准备

（1）栽培架、产品集装架与展示架

为充分利用空间，提高生产场地利用率，便于进行立体栽培，可采用活动式多层栽培架。栽培架由三角钢（30厘米×30厘米×4厘米）组装而成，共分6层，每层可放置6个苗盘，每架共计摆放36盘，底部安装4个小轮（其中一对为万向轮）。栽培架的设计和制作应注意方便日常操作管理，有利于采光和芽苗菜整齐生产；要求层高、层间距适当，整体结构合理、牢固不变形，每层

相对应的两根横档高度一致，使苗盘摆放达到水平状态。为便于产品进行整盘活体销售，可自行设计产品集装架，集装架的结构基本与栽培架相同，但层间距较小，可提高运输效率；集装架的大小，应注意与汽车、人力三轮车、自行车（采用钢筋结构）等不同运输工具相配套；在严寒的冬季还应注意配备防寒覆盖外套，以免运输途中产品遭受冻害。此外，为适应饭店、宾馆宣传的需要，可设计成造型各异、美观大方的芽苗菜展示架，并将展示架摆放于门厅或大堂，以达到美化环境和招徕顾客的效果。

（2）栽培容器与基质

为适应立体无土栽培的要求，栽培容器宜选用轻质的塑料蔬菜育苗盘，其规格为外径长 62 厘米、宽 23.6 厘米、高 3.8 厘米，内径长 57.8 厘米、宽 21.8 厘米、高 2.9 厘米。也可选用外径长 60 厘米、宽 25 厘米或 30 厘米、高 5 厘米的塑料苗盘以及由铁皮作底、由铝合金条镶边做成的金属苗盘。但是，不管采用哪种苗盘，均要求苗盘大小适当、底面平整、整体形状规范、不歪不翘，且坚固耐用、价格低廉。栽培基质应选用干净、无毒、质轻、吸水持水能力较强、使用后其残余物易于处理的纸张（新闻纸、纸巾纸、包装用纸等）、白棉布、泡沫塑料片以及珍珠岩等。

（3）喷淋装置

进行芽苗菜生产尤其是采用纸床栽培者，要经常、均匀地浇水。生产时多采用轻浇、勤浇、喷淋等办法，根据香椿芽苗菜的不同生长阶段，分别使用植保用喷雾器喷枪、淋浴喷头或自制浇水壶细孔加密喷头（接在自来水管引出的皮管上）或安装微喷装置等。

（4）产品运输工具

由于籽（种）芽苗菜栽培用种量大，产品形成周期短，且较易进行四季生产、均衡供应，一般均需每天播种，每天上市。因此，芽苗菜生产必须配备足够的运输力量。生产中多采用密封汽车、人力平板三轮、自行车等多种运输工具，进行远近分工、配套运送产品，以便及时进入宾馆、饭店、火锅城、自选市场或蔬菜市场。

3. 种芽苗菜生产技术

香椿种子小，平均千粒重约 9 克，饱满种子 16 克。生产中应选用当年新种子。香椿种子上的膜质翅是维持种子生命力的重要部分，贮藏期间切勿除去，播种前再搓除。香椿种芽苗菜分为黄豆种芽苗菜和绿豆种芽苗菜两种，绿豆种芽苗菜生产方法简便，不分季节，不占土地，可周年生产，而且具有投资小、收益快、规模可大可小等优点。该方法适宜城乡家庭作坊快速生产。

4.生产中存在的主要问题及其解决途径

（1）种子发芽率低

要解决香椿种子发芽率低的问题，首先要把好种子的采收关、贮藏关。即在种子采收时，可将整个果穗采摘下，摊开晾干，保护好膜质翅，除去杂物，保存于低温干燥处；其次要选用新种子，新鲜种子的发芽率一般为80%～90%，最高可达98%左右，贮藏180天后降至50%，1年后失去发芽力。

（2）预防大量烂种、烂芽

香椿种芽苗菜在生产过程中常见的烂种、烂芽现象，应从以下几点抓起：一是精选种子，以发芽率高的当年新种子作为种芽生产种子。二是催芽期间要控水防烂，防高温、高湿。温度不宜过高或过低，香椿催芽的适宜温度是25～30℃。在适宜温度下，2～3天即可发芽。此外，在喷水过程中不可冲动种子，以免损伤种芽，造成烂芽。三是对种子、基质及用具等进行彻底消毒。用10%的次氯酸钠溶液给种子消毒10分钟，基质和用具最好高压灭菌15～20分钟，对已霉烂的种子或烂芽者需连同病部周围的种芽一起进行高压灭菌后淘汰，并用生石灰在烂种或烂芽周围进行消毒。

## （三）绿芽苜蓿立体无土栽培技术

紫花苜蓿是苜蓿属中的一个种，属多年生草本植物，原产于中亚、西亚，我国人民食用苜蓿已有1 000多年的历史。苜蓿芽是用紫花苜蓿的种子生产的一种新型芽苗菜。苜蓿芽含有丰富的蛋白质、维生素等，在生产过程中不需施用化肥、农药，无任何污染，属纯天然绿色蔬菜。它清香脆嫩、汁多爽口、食用方便，清炒、做汤、做馅均可。城镇居民可利用大棚、房舍生产苜蓿菜，如能规模生产，还可取得一定的经济效益。生产技术要点如下：

1.生产场地

苜蓿芽在一般大棚和室内均可生产，不受季节限制。春秋季可在塑料大棚遮阴凉棚及通风、凉爽、采光较好的室内生产。冬季可在日光温室及有供暖设施的室内生产；室内可采用无土立体栽培的方式生产，以充分利用空间，提高单位面积产量。栽培架可用木材或钢筋制作，立体栽培架可用木材或角钢制作，长0.5米，宽0.6米，栽培架每层间距为40～50厘米，视栽培场地空间高度，架子可做4～5层。栽培盘可采用标准塑料育苗盘（60厘米×25厘米×5厘米），也可用木材或金属材料制作，但要求盘底平整，并有良好的排水通气功能。

2.生产方法

（1）种子选择

紫花苜蓿种子为肾形，黄褐色，种子长度约 24 毫米，直径 1.2 毫米，千粒重为 1.5 ～ 2.5 克。用于苜蓿芽生产的优良品种有紫花苜蓿、和田苜蓿、陇东苜蓿等。

（2）浸种

将苜蓿种子晾晒 1 ～ 2 天后进行淘洗，将浮在水面的瘪籽及杂质去掉。淘洗后的种子在 20 ℃水温中浸种 22 ～ 24 小时，在种子相对吸水量达 135% 左右时捞出沥干，准备播种。

（3）种子处理

为保证发芽率和较好的发芽势，种子可选用当年采收的新种子。种子清洗干净后，倒入开水搅拌 1 ～ 2 分钟，进行种子表面消毒，然后用 50 ℃左右的温水浸泡 6 ～ 8 小时（冬季 10 ～ 12 小时），使种子充分吸收水分，然后把漂浮在水面的种子捞出。

（4）基床准备与播种

采用 3 ～ 5 毫米厚的泡沫塑料或珍珠岩作基床，平铺在苗盘中。将浸泡好的种子捞出、沥干，然后将种子均匀地撒播在已浸湿的基床上，每盘播种量为 50 克。

（5）催芽及出苗后的管理

播种完毕后立即进行叠盘催芽，苗盘重叠高度不超过 1 米，每叠苗盘之间留有 3 ～ 5 厘米的空间，以利通风透气，出苗均匀。叠盘 2 ～ 3 天后，当苗高 0.5 厘米左右时，即可结束催芽，将苗盘放在栽培架上，视基质的湿度，每天喷水 1 ～ 3 次。苜蓿芽的最适生长温度为 18 ～ 22 ℃，在适宜的温、湿度下，播种后第 2 天即可发芽，4 ～ 5 天后下胚轴长可达 2 ～ 3 厘米，子叶展开。生产上常因空气湿度不够或光照不充分，出现种皮不脱落现象，这时可先进行喷水，待种子湿软后用梳子将种皮梳掉。

（6）培养管理

浸泡好的种子用清水清洗 2 ～ 3 遍，捞出沥干水分，均匀地平铺在育苗盘中。室内温度控制在 25 ℃左右。超过 30 ℃，种子易霉烂变质；低于 25 ℃，则不易出芽或出芽不整齐。每天洒温水数次，保持湿润即可；水分过多，易发生腐烂，过少则影响出芽，每次洒水后用黑膜覆盖遮光。

（7）收获

播种 7 ～ 8 天后，下胚轴已长达 3.5 ～ 4 厘米左右，茎粗约 1 厘米，白色，子叶已充分肥大，绿色，长圆形，长约 5 厘米，宽 2 厘米，此时即可收获，将苜蓿苗连根拔起，装小盒精包装上市。一般生物产量为种子产量的 7 ~ 8 倍。过早采收则产量低，过迟影响品质。

### （四）花生种芽苗菜生产技术

花生芽苗菜即花生发芽后得到的产品。花生种子食用后常有腹胀的感觉，将花生种子发芽后作为芽苗菜食用，其产品除口感清脆、柔滑香甜、风味独特、多食不腻外，食用后腹胀感减少，并有利于人体健康，被誉为万寿果芽。花生芽苗菜已在一些大中城市上市，产品以清洁、无污染、高营养而受到广大消费者的喜爱。生产花生芽苗菜，操作较简单，效益可观。

利用塑料苗盘（长 60 厘米、宽 24 厘米、深 5 厘米）、塑料筐等作为培养容器生产花生芽苗菜，可根据生产规模选择适宜的生产场地，不需要光照，满足温度要求即可。作为新型的芽苗菜——花生芽，是在大量淋水、完全不允许真菌繁殖生长的条件下培育而成的优质、高档食品。培育花生芽的整个过程无需施肥，属于健康干净的清洁蔬菜，而且具有很高的营养价值。其培育技术如下：

1. 精选花生种子

选用当年产花生，宜选用种粒大小中等、种皮白色的花生品种，要求种粒饱满、大小一致、色泽新鲜、完整无损、表皮光滑、形状一致地去壳种子，中粒品种百粒重 30 ~ 80 克为宜。播种前可作发芽试验，要求发芽率在 95% 以上。发芽势强，生长迅速。在种子剥壳时应注意将病粒、瘪粒、虫蛀粒、腐粒或已发过芽的剔除(破损的花生种子在潮湿的情况下极易被黄曲霉污染，食用后会引起中毒)。

2. 场地和设施

由于花生芽生产对光照要求不严，场地可选择房舍、温室、大棚等。室内采用多层立体栽培架。栽培架可用竹、木、角钢等材料制成，长 1.5 米、宽 0.6 米，栽培架层间距 40 ~ 50 厘米，高度要视生产场地空间而定，架子做 4 ~ 6 层。架与架之间留适当走道。为便于移动，栽培架下可安装轮子。苗盘可采用标准塑料育苗盘，也可根据经济情况用木材或金属等材料自制育苗盘，但要求盘底平整，有排水孔。生产上多选用小暖窖、日光温室、空闲房舍等作为生产场地，要求场地能提供 25 ~ 30 ℃的温度。夏季采取降温措施，冬季注意增温保温。生产中应保证避光，可采用遮阳网进行遮光。另外，生产场地应有洁净的水源，避免使用受污染的水。选好场地后，为充分利用空间，进行立体栽培，需事先做好栽培架，层架可就地取材，尺寸与苗盘大小相配套，第一层距地面 10 厘米，层间距为 50 厘米左右，层数一般为 4 ~ 5 层。生产中常用市售轻质塑料苗盘，规格为 60 厘米 ×24 厘米 ×5 厘米，底部有透气孔。栽培基质可用新闻纸。

3. 浸种催芽

花生种子在吸水量达自身重量的 50% 以上时才开始萌动。用 20 ℃温水浸泡花生 12 ~ 24 小时（水量需超过种子体积的 2 倍），冬季温度低时，浸种时间可稍长，夏季可稍短些，这期间应根据当时的气温高低换水 1 ~ 2 次。浸种时忌用铁质器皿或其他金属器皿催芽，否则接触的豆粒浸种后呈黑褐色，生产中不易与烂种区分，也会影响产品外观。种子充分吸水膨胀后捞出，在清水中淘洗 2 ~ 3 遍，漂去附着在种皮上的黏液，切勿损坏种子，然后捞出，沥去多余水分，待播种。

漂洗干净后置入塑料育苗盘内，苗盘要提前清洗消毒，盘底不铺任何基质，每盘放 1 500 克种子（干种重量），置于催芽室，在 20 ~ 25 ℃的温度下进行"叠盘催芽"。催芽室应保持良好的通风，每天用喷淋器喷水 2 ~ 3 次（淋大水，逐盘进行），同时进行倒盘，经 24 ~ 48 小时，待大部分种子露芽后，进行一次"选芽"，将未发芽的种子剔除。种芽培育第一阶段催芽结束后便可进行商品种芽培育，将选好的种子轻轻漂洗干净后（注意在整个培育过程中不要让种皮脱落）再度置入清洁、消过毒的塑料育苗盘内，然后置于黑暗的环境，在 18 ~ 25 ℃的温度下进行"叠盘催芽"，叠盘时应严格将苗盘扣严，否则子叶易张开，颜色易变为浅绿，商品质量便会下降，每天用喷淋器淋水 4 ~ 5 次，要淋大水，务必使苗盘内种子浇透，以便带走呼吸热，保证花生发芽所需的水分和氧气，防止种芽腐烂，同时进行"倒盘"（调换苗盘叠盘的上下、左右位置）。

为保证产品质量，可进行两次催芽。第一次将浸好种的花生种子直接播在经消毒后的塑料苗盘中，盘中底部事先铺好浸湿的新闻纸，每盘装 750 克干种子，催芽适宜温度为 25 ~ 30 ℃，每日喷水 2 ~ 3 次，每次要浇透，将种子萌动时产生的热量带走，以免烂种。2 ~ 3 天后，将催好芽的种子进行一次挑选，去除未出芽的种子，再将种子淘洗干净，开始第 2 次催芽。温度以 20 ~ 25 ℃为宜，苗盘可叠放，每 5 盘为一叠，最上面放一空盘，最上层的空苗盘表面盖一层黑色塑料薄膜或湿麻袋片保温、保湿，每日淋水 4 ~ 5 次，以满足其生长所需的水分。生产中应注意喷淋中多余的水需从盘底流出，盘内不能积水，防止烂芽。花生芽苗菜生长期间应始终保持黑暗，并随时拣出烂芽及残芽，以免污染健康芽体，确保食用安全。

4. 播后管理

（1）温度管理

花生芽生长温度控制在 18 ~ 25 ℃，在这个温度范围内，产品质量好，8 天左右生产一茬。超过 25 ℃，生长虽快，但芽体细弱、易老化；温度低于 18 ℃，生长慢、易烂芽、品质差。

（2）水分管理

花生芽生长期间需水量较大。经常淋水、保持芽体湿润是保证品质的关键。催芽期间，每天淋水 2～3 次；生长期间，每天淋水 4～5 次。用喷壶喷淋，使芽体全部淋湿，并使水从盘底流出，但盘内不能存水，否则会烂种。

（3）遮光和压盘

生长期间始终保持黑暗。为此，可将苗盘叠摞在一起，以便遮光，或在苗盘上盖黑色薄膜遮光。为使芽体肥壮，在生长期间可在芽体上压一层木板或其他物体，给芽体一定压力。

（4）拣择

及时拣出烂籽残芽，以免污染健全芽体。

5.及时收获上市

花生芽苗菜发芽时胚根首先向下伸长突破种皮，同时下胚轴向上伸长、变粗，将子叶和子叶间胚芽向上顶。一般经 7～8 天可生产一茬花生芽苗菜。食用标准：胚根长 10～15 厘米，乳白色，无须根；下胚轴象牙白色，长约 2～3 厘米，粗约 3～4 毫米；子叶尚未展开或略张开露出胚芽，种皮未脱落，剥去种皮，可见乳白色略带浅棕色花斑纹的肥厚子叶；下胚轴粗壮白嫩，长 1.5～2 厘米，尾根长 3 厘米，无须根长出；收获时将芽苗放在塑料筐内用清水漂洗，沥干水分，装入小塑料袋内，或装在泡膜盘内，再用透明塑膜包好。每包装 250 克左右即可。另外，要注意在漂洗、包装过程中防止种衣脱落。产品要求整个芽体洁白、肥嫩，无烂根、烂籽，无异味。

在 18～25 ℃条件下，8 天左右可产一茬芽苗。发芽达到食用标准时，根长 1～1.5 厘米，乳白色，无须根。下胚轴象牙白色，长 1.5 厘米，粗 4～5 毫米。种皮未脱落，剥去种皮，可见乳白色略带浅棕色花斑纹的肥厚子叶。每 1 000 克种子可产 3 000 克果芽。

### （五）葵花籽芽苗菜的生产技术

1.品种及种子处理

葵花籽芽苗菜采用美国油葵品种。选择饱满、粒大、发芽率高的种子。先将种子杂质剔除，并用清水漂洗后，于 28～30 ℃的清水中浸泡 14～16 小时，然后将种子捞出置于 24～25 ℃处催芽，2～3 天后种子即可萌动而待播。

2. 播种

最常见的是地苗栽培。将栽培畦面整平，平铺一层 3 ～ 5 厘米的营养土（园田土：肥料 =3：1）整平耙细。播前浇透水，待水渗下后，将种子均匀撒在畦面，后盖 2 ～ 3 厘米厚的湿润营养土或细沙。每畦（15 平方米）播种量为15 ～ 18 千克。再盖一层地膜保温保湿。

3. 播后管理及收获

待葵花芽出土后，视天气情况浇水。冬季 3 天左右浇水一次，春、秋季2 天左右浇一次，夏季气温高时应注意随时补水，防止土壤干燥。光照条件主要通过揭盖草苫调控，冬季白天应尽量揭苫见光增温，使温室内的温度保持在15 ～ 20 ℃，也可在畦面上盖拱棚多层以提温保温，傍晚注意及时盖苫；夏季光照强，应尽量不让光线直射到苗床，全天用草苫盖严温室，夜间揭草苫，以降低室内温度，室内保持在 20 ～ 25 ℃为宜，避免葵花芽生长过快。待葵花芽长至 6 ～ 8 厘米时去掉地膜，使子叶转绿，大约茎长 10 ～ 12 厘米时即可采收，在近地面 2 厘米处剪下捆扎、上市。

## （六）蕹菜苗室内沙生技术

蕹菜俗称空心菜、通菜、竹叶菜、藤藤菜，旋花科牵牛属，一年生或多年生蔓生植物。植株为浅须根系，茎蔓性，圆形中空，匍匐生长，质地柔嫩，呈绿色或浅绿色，也有呈紫红色，侧枝萌发力强，茎节易生不定根，叶互生，叶柄长。叶片有披针形的；也有长卵圆形，而基部心脏形的。叶全绿，叶面平滑。蕹菜是各地夏季主要的绿叶蔬菜，其嫩茎、叶柔嫩可口，烹调方法多样，可随意炒食、做汤等。在北方地区，人们利用日光温室进行蕹菜栽培，不但产量高，品质佳，而且可满足市场的周年供应，丰富市民的菜篮子。

1. 蕹菜对环境条件的要求

蕹菜喜温、喜湿且耐涝，种子萌发需 20 ℃以上的温度。藤菜的腋芽萌发初期需 30 ℃以上的温度，蔓叶生长适温为 25 ～ 35 ℃，能耐 35 ～ 40 ℃的高温，温度在 15 ℃以下时蔓叶生长缓慢，10 ℃以下生长停止。蔓叶不耐霜冻，遇霜茎叶即冻死。蕹菜属高温短日照作物，但喜充足的光照，对土壤条件要求不严格，但因其喜肥水，仍以比较黏重、保水保肥力强的土壤为好。蕹菜的叶梢大量而迅速地生长，需肥量大，耐肥力强，对氮肥的需求量很大，蕹菜喜欢较高的空气湿度及湿润的土壤，环境过干，纤维增多，就会降低产量及品质。

2. 栽培技术

（1）场地

栽培沙生蕹菜苗要求在能调节房内光线、空气流畅的场所，如废旧闲置房屋、塑料大棚等。蕹菜苗喜温暖湿润环境，生长适温为 25 ~ 35 ℃，15 ℃以下生长缓慢。

（2）选沙

宜选择持水性较好的中、细粒洁净河沙。

（3）品种选择

蕹菜有水生和旱地生两大类型，即水蕹和旱蕹。沙生蕹菜苗宜选择茎叶粗大、鲜嫩的旱蕹品种，如泰国青梗蕹菜、游龙蕹菜、青叶白壳（青叶白梗）。青叶白梗为广州农家品种，该品种植株长势强，分枝多，茎较粗大，青白色，节间较短；叶片长卵形，上端尖长，基部盾形，深绿色，叶脉明显，品质优良，产量高，一般亩产 6 000 ~ 7 000 千克。泰国空心菜茎粗壮、叶披针形，向上倾斜生长，适合高密度栽培，茎、叶深绿色，品质优良，产量高，亩产可达 7 000 千克。

（4）育苗或直播

蕹菜在日光温室中栽培可以育苗移栽，也可以直播。播前进行浸种催芽，将种子放入温水漂洗，去掉浮在水面的杂质，在常温下浸泡 3 小时，使种子充分吸水。温水浸种，出水后的种子装入干净布袋中，置于 20 ~ 25 ℃条件下催芽。催芽后进行播种，播种前应先翻晒床土，施入充足的腐熟有机肥和适量的磷酸二铵，过筛使粪土细碎并充分混匀，然后铺开床土，踩实刮平，浇足底水，撒播后用细床土盖严，播后注意保湿。幼苗出土后，适当降低温度，以防徒长。一般保持昼温 20 ℃，夜温 15 ℃，使秧苗正常生长，出苗后还应及时间苗，保持苗距 4 厘米左右。采用直播方式，应以条播为宜，行距为 40 ~ 50 厘米，开沟深 3 厘米，播后将土覆平。播种时可在室内地面铺上河沙，用木板刮平，做成 3 厘米厚的沙畦，将浸好的种子捞出，沥干后均匀撒播在沙畦面上，覆盖 2 厘米厚的细沙，用水喷湿沙畦。保持室内空气流畅，光线黯淡。

（5）苗期管理

出苗前两天喷一次水，待芽出齐后，每天喷水 1 ~ 2 次，冬、春季低温或室内湿度大时少喷些，夏、秋季高温低湿时多喷些。栽培后期室内保持适宜的光照，光线不可过强，否则菜苗纤维过多，品质不佳。

（6）定植或定苗

采用育苗移栽方式，苗龄 30 ~ 35 天，当苗高 17 厘米时，进行定植。定植前应深翻土壤，并结合翻地每亩施入腐熟农家肥 3 000 ~ 4 000 千克，以畦栽为宜，做成平畦。畦宽1米，在畦内开沟定植，每畦定植3行，株距27～30厘米，渗水后平畦面。定植时要选生长健壮而整齐的秧苗进行栽培。应适时进行间苗或定苗，过晚会造成秧苗拥挤、细弱，过早造成减产。当真叶展开时，首先对出苗拥挤的地方进行稀苗，以后适当进行间苗，秧苗长到20厘米高时，进行定苗，保持株距30厘米左右。

（7）田间管理

秧苗定植后或直播出苗后，应多次进行中耕松土，以提高地温，促进发根，并除净杂草。蕹菜喜土壤水分充足的条件，秧苗期需水量较少，可适当灌溉，防止萎蔫，开始采收后土壤要经常保持湿润状态。第一次采收后追肥，每亩追尿素15千克或磷酸二铵20千克，追肥随水施入，以后每隔20天左右追肥一次。生长中后期因新梢生长较旺盛，应结合采收随时进行植株调整。一方面，可利用表土对植株基部进行少量培土，促发不定根；另一方面，对侧枝过多、枝蔓拥挤而细弱的部分进行疏枝，改善通风透光，提高品质。

3.采收

蕹菜从播种到采收，夏、秋季需6～8天，冬、春季12～15天。蕹菜多数为一次种植多次连续采收嫩梢。当秧苗枝蔓长到35厘米左右时，进行第一次采收，留枝蔓茎部3～4节而采摘嫩梢。留下的腋芽很快发生新梢，当新梢伸长到20厘米左右时，即可再行采收，在植株采收3～4次后，再采收时只在茎基部留1～2节，以利植株蔓的更新。对长势强壮的植株可以轻采、早采，长势较弱的植株可以重采、晚采，使其养分集中，长出强壮的新梢。每千克种子可生产10～14千克菜苗。

4.病害防治

蕹菜的主要病害为白锈病。发病初期可喷洒58%甲霜灵锰锌可湿性粉剂500倍液，或64%杀毒矾可湿性粉剂500倍液，或40%乙膦铝可湿性粉剂200～250倍液，或50%甲霜铜可湿性粉剂600～700倍液，7～10天喷一次。

# 第四章　有机活体微型芽苗菜生产设施

## 第一节　芽苗菜工厂化无土栽培

### 一、工厂化生产的现状

目前，世界上发达国家多采用电脑控制栽培环境，应用自动化全光温室进行芽苗菜无土栽培。在国内，鉴于经济发展水平的限制，主要采用高效节能型日光温室和塑料大棚进行芽苗菜生产，以降低成本，提高经济效益。但是，这些栽培设施内的环境条件不够稳定，难以进行人工调控，影响生产的正常进行。国内的芽苗菜工厂化生产以中国农科院蔬菜花卉所为领先水平，他们有较大的推广应用面积，除了使用玻璃温室、塑料大棚等全光设施外，还于1994年秋在郑州利用1 500平方米的轻工业厂房实施芽苗菜半封闭式、工业化、规模化立体栽培。生产的芽苗菜采取整盘集装运输进行活体销售，供应饭店和餐馆，或剪切小包装进入超市销售，至1997年底，已推广到北京、上海、天津、广州、西安等100多个城市。国内芽苗菜生产的总体水平与发达国家相比有较大的差距，其生产设施较简陋，机械化、自动化程度低，使用人工多，属于劳动密集型产业。栽培设施内适合芽苗菜生长的环境不够稳定，人工调控难以周全，夏季降温困难，冬季加温耗能大，不能四季均衡生产，尤其是影响了芽苗菜产品的品质，难以抑制暖湿环境下菌类的繁殖或水质污染，使产品的菌数超出卫生标准，造成巨大的经济损失。

## 二、芽苗菜工厂化生产及新型技术装备

"九五"期间，农业农村部南京农业机械化研究所与南京农业大学园艺系合作承担江苏省科委重点攻关项目——绿色芽苗菜小型工厂化生产设备及配套技术研究，开发了一种新型的工厂化催芽育苗设备及配套栽培技术。

该设备融生物机械、电子、微电脑技术为一体，利用微电脑控制栽培环境，寒季加温、暑季降温，营造出更适宜芽苗菜生产的环境，可四季均衡生产。利用先进的电子灭菌消毒技术避免了病虫害的发生，可生产出品质优良、洁净卫生的芽苗菜，较易达到绿色食品标准。使用该设备自动运行，不但减轻了繁重的人工劳动，而且节约了能耗。采用立体无土栽培方式，栽培面积是设备占地面积的 4 ~ 5 倍，形式灵活，可置于房舍阳台、庭院玻璃温室及塑料大棚内生产。利用设备连续进行了紫豌豆、灰菜、香椿等品种的芽苗菜生产试验，也进行了工厂化水稻育秧实施，都取得了良好的效果。

### （一）工业化栽培设施

1. 厂房（生产场地及环境条件）

采用轻工业用厂房作为生产场地。厂房东西长 78 米，南北宽 19.34 米，面积是 1 508.52 平方米；四面为推拉式窗户，窗户高 210 厘米，宽 180 厘米，共69 孔，采光面约占围墙总面积的 32.75%；将整个厂房分隔成播种、催芽、生产和收获 4 个车间，生产车间按光照强度分布，分强光、中光、弱光三个栽培区。室内温度，生产车间白天温度达 20 ℃以上，夜间不低于 16 ℃；催芽车间温度保持在 20 ~ 25 ℃，严寒冬季采用水暖加温，炎热夏季采用喷雾、强制通风、空调等降温措施。室内光照，弱光季节晴天生产车间强光栽培区不低于 5 000勒，中光栽培区不低于 1 000 勒，弱光栽培区保持在 200 勒以上；催芽车间保持弱光或黑暗。室内空气相对湿度，催芽车间和生产车间均保持在 60% ~ 90%。

2. 多层栽培装置和产品运输装置

活动式多层栽培架由 230 毫米 ×30 毫米 ×4 毫米的角钢组装而成，分 6 层，每层可放置 6 个育苗盘，每架计 36 盘，底部安装 4 个小轮（其中一对为万向轮），可随意在生产车间移动组列。整盘活体销售集装架，其结构基本同栽培架，但层间距缩小（22 厘米），以提高运输效率，集装架的大小与防尘密封运输工具相配套。

### 3.栽培容器与基质

为适应立体无土栽培的要求，栽培容器宜选用轻质的塑料蔬菜育苗盘，其规格为外径长62厘米、宽23.6厘米、高3.5厘米，内径长57.5厘米、宽21.5厘米、高26厘米，平均育苗盘自身重量为429克。栽培基质主要选用洁净无毒、质轻，持水能力较强，使用后其残留物易于处理的新闻纸、白棉布、无纺布、3毫米厚聚乙烯泡沫塑料片以及珍珠岩等。

### 4.喷水装置

根据不同生长阶段分别采用喷雾器、喷枪以及微喷装置进行定时喷水或淋水。

### 5.芽苗菜的播种

芽苗菜播种前，必须对种子进行处理。要对种子进行清选，剔去虫蛀、破残、霉烂、畸形、瘪烂的种子。对香椿种子还要去掉翅翼，然后用20～30℃的洁净清水进行浸种（容器不要用金属制品），浸泡时要把种子淘洗干净，浸泡期间要换1～3次清水，各种芽苗菜必须按种子的最大吸水量和吸水速度来决定各自的最佳浸种时间。

经过浸泡的种子即可进行播种。作业程序：先清洗苗盘，浸湿基质，然后在苗盘内铺基质(豌豆和荞麦采用纸基质，萝卜和香椿多采用白棉布或3毫米厚泡沫塑料作基质)撒播种子。接着进行苗盘上架，并在每一层苗盘的上下覆垫保湿盘，完成后即可送催芽室进行催芽管理。紫芽香椿种子发芽需要较长的时间，因此在播种前要先进行常规催芽。在铺有湿布的苗盘内，放入500～750克已经浸过种的种子，种子上覆盖湿棉布，苗盘上下再覆垫保湿盘。在正常情况下，经过4～5天，当60%以上的种子露芽时即可播种。此外，紫芽香椿也可用珍珠岩作基质进行栽培，将珍珠岩拌湿，用2 000毫升铺底，抹平后播种，再用1 000毫升盖严种子，播完后不进行催芽可直接进入栽培车间。芽苗菜播种时要注意按照种子的大小不同调节好播种量，如龙须豌豆苗每盘播种500克，芦丁苦荞每盘可播150～170克，娃娃缨萝卜菜播60～100克，紫芽香椿播30～50克，种子发芽率低的应加大播种量。

### 6.芽苗菜的催芽

播种完毕的芽苗菜，进入催芽车间进行叠盘催芽，晚间要求室温保持在20～25℃，每天定时进行一次喷雾或淋水，并进行"倒盘"，以调换苗盘位置的方法来实现。在正常情况下，经过2～6天的催芽，芽苗达到1～3厘米高时，便可"出盘"。"出盘"时，将叠放的苗盘，一层层单放在栽培架上，然后进入栽培车间进行培育管理。

7. 芽苗菜的栽培

为满足芽苗菜对温度、水分和光照的要求，栽培车间应通过暖气、空调机等进行温度调控，使室内温度稳定在 18 ~ 25 ℃，生长期间应根据蒸发量和湿度状况，每天对芽苗菜进行 2 ~ 3 次喷雾或淋水，浇水量以掌握喷淋后苗盘内基质湿润，但不大量滴水为度，同时要喷湿地面，使车间内空气相对湿度经常保持在 85% 左右。

由于不同种类芽苗菜对光照要求不同，必须将较喜光的芦丁苦荞和娃娃缨萝卜菜安排在强光区，将较耐弱光的紫芽香椿和龙须豌豆苗分别安排在中光区和弱光区。为了保证产品达到绿色食品标准，应通过控制温度、湿度、通风、清洁容器和场地等生态或物理防治方法，采取严格的措施预防病虫害的发生。

8. 芽苗菜的采收

在正常情况下，经过栽培车间 4 ~ 5 天的培养，当龙须豌豆苗长到 10 ~ 12 厘米高、顶端复叶展开时即可上市，每盘可采收产品 300 ~ 500 克；芦丁苦荞长到 12 ~ 15 厘米高、子叶平展、充分肥大时即可上市，每盘可采收产品 400 ~ 500 克；娃娃缨萝卜芽菜，只需在栽培车间培育 3 ~ 4 天，当芽苗长到 8 ~ 10 厘米高、子叶开展、充分肥大时便可上市，每盘可采收产品 400 ~ 450 克；紫芽香椿生长较慢，需在栽培车间培育 10 ~ 15 天，当子叶平展、种壳脱落、苗高 8 ~ 10 厘米时才能上市，每盘能采收产品 350 ~ 450 克。

## （二）芽苗菜工厂化生产及新型技术装备的市场前景

利用工业用厂房进行芽苗菜生产，比温室大棚等设施栽培具有更稳定的环境，更易进行人工调控，因此极有利于实施周年生产、规范化管理和达到绿色食品的要求。工厂化生产芽苗菜有较高的经济效益。以生产豌豆苗为例，每千克豌豆种子可形成 12 ~ 14 千克芽苗产品，生长周期为 8 ~ 10 天，每期可生产 60 ~ 80 千克芽苗产品，年生产量可达 21 吨左右，按目前市场价每千克 14 ~ 20 元计，每台设备的年产值可达 29.4 万至 42 万元，预计半年左右的时间所获的纯利润即可收回全部投入。若以香椿苗、灰菜苗等价格更高的芽苗菜为主要产品，则获得的利润更高。新型工厂化催芽育苗设备既适合芽苗菜工厂化生产，也适合家庭小批量生产芽苗菜，还可在农业生产中用于工厂化水稻育秧、工厂化蔬菜育苗和无土栽培蔬菜等。另外，还可根据用户实际情况和特殊要求加以设计改装，是一种功能齐全、灵活方便、多用途的经济实用的设施装备，有着广阔的应用和发展前景。

# 第二节 芽苗菜日光温室

日光温室以其高效、节能、低耗的特点在北方发展很快，但高纬度地区早春及秋冬季的低温严重制约着果菜类蔬菜的高产、优质，喜凉的叶菜类生产也因近些年的"非季节性价格"下跌而难以获得高效益。利用芽苗菜较耐低温、需弱光、生长周期短的特点，在日光温室内进行芽苗菜生产，见效快、效益高。由于芽苗菜耐热性弱，在夏秋高温季节，往往导致严重腐烂。利用保护性生产措施，配合适当的生产技术，可实现芽苗菜周年生产。现将其技术措施总结如下。

## 一、整建架床

高效节能日光温室东西向延长，长50米，宽7.5米，后墙带窗，墙厚80厘米，设施内用砖铺平地面，摆放栽培架，栽培架由25毫米×25毫米×15毫米的钢管焊接而成，共4层，每层可放置6个苗盘，架层间距为40～50厘米，有利于采光及芽苗菜整齐生长。

## 二、品种选择

冬春季节选择麻豌豆、青豌豆等，夏季高温季节可多选用耐热品种，如山西荞麦等。种子要饱满，纯度高，发芽率在95%以上，芽苗生长速度快，抗病且无任何污染。

## 三、浸种

将挑选好的种子先用20～30℃的清水淘洗干净，再用种子体积2～3倍的水浸泡。浸种时间冬季稍长，约24小时，夏季较短约7～8小时，一般达到种子最大水量的95%左右时停止浸水，然后再淘洗种子2～3遍，漂去附着在种皮上的黏液，捞出种子，沥去多余的水分等待播种。

## 四、播种催芽

选用黑色塑料育苗盘（规格为60厘米×25厘米），将盘洗净后在盘底铺上一层报纸或白棉布，以利于根系生长和保湿，然后将种子播上。每盘播种量（干籽）：豌豆种子 500 ～ 600 克，荞麦种子 150 ～ 200 克。种子摆播要均匀，将播完的苗盘摞在一起，置于栽培架或地面上进行催芽。催芽期间室内温度为 25 ～ 26 ℃，每天进行一次倒盘，并均匀喷淋清水。出芽后随即排放于栽培架上。

## 五、播种后管理

### （一）温度调控

12 月至 1 月天气寒冷，要加强保温，一般不放风。白天当阳光洒满棚顶时，及时揭开棉被或草苫见光增温，下午 4 时将棉被或草苫盖上保温，棚温白天保持在 25 ℃左右，夜间最低不低于 10 ℃。春秋季节气温偏高，注意放风。7 ～ 8 月份，天气炎热，将后窗全部打开，与棚前形成对流。当温度超过 32 ℃时，采取人工降温措施，以防高温引起种子腐烂。

### （二）光照调节

芽苗菜生产需要弱光。冬季光照比较弱，不必遮光；春季光照较强，可适当遮阴，在棚上部盖一层遮阳网；夏季光照很强，将棚膜撤掉，在棚上部盖一层黑塑料薄膜，再盖一至两层遮阳网，遮盖面超过棚面的 2/3 为宜，这样可全天遮光，以达到产品嫩绿的效果。9 月下旬可视光照强弱，逐渐撤掉遮盖物。

### （三）水分管理

保证水分供应是提高产量和品质的关键。在第一茬播种前，将棚内地面普遍洒一次水，保持棚内湿度。出盘后随即向苗盘喷一遍水，以后每天向苗盘进行喷淋，一般冬季 2 次，春秋季 3 次，夏季 4 ～ 5 次，棚内湿度保持在 85% 左右为宜。此外，在阴雨雾雪天气或室内气温较低时少喷，高温天气相对湿度较小时多喷。

### （四）防病管理

芽苗菜（种）芽在催芽期易发生种子霉烂，生长期则易发生烂根、倒苗，这主要是温、湿度不适所致的。应避免温度过高或过低，避免过分延长叠盘催芽时间，严格控制喷水次数和喷水量。

**（五）适时收获**

从播种到采收，冬季需 10 ~ 15 天，春、秋季需 8 ~ 9 天，夏季需 6 ~ 7 天。采收标准为株高 10 ~ 15 厘米，采收后即可播种下一茬。利用高效节能日光温室常年生产芽苗菜，一年可生产 30 ~ 40 茬，效益相当可观。生产中可根据不同季节及市场需求排开播种，以免因产品积压、芽苗老化及腐烂而影响效益。

# 第三节　芽苗菜立体无土栽培

芽苗菜的立体无土栽培具有投资少、收益大、不受季节限制、可保证均衡生产、周年供应的好处。其产品幼嫩多汁、营养丰富、无污染，因而为消费者所欢迎。

## 一、芽苗菜日光温室立体无土栽培技术

**（一）生产场地与设施**

1.场地与设施

非规模化芽苗菜生产，主要采用节能日光温室、塑料大棚，也可利用居家阳台或空房屋内进行立体无土栽培。立体栽培架可采用 4 厘米 ×3 厘米方木或小于 25 毫米的角钢制作，也可搭简易架。栽培架规格可依据生产场地空间的大小设计，但层间距离不应小于 40 厘米。

2.栽培容器与基质

栽培芽苗菜的容器可选用市售轻质塑料育苗盘，其规格为 60 厘米 ×25 厘米 ×5 厘米；也可用木条和纱网、金属薄板制作，但要求盘底平整、通气、排水。栽培基质应选用清洁无毒、持水能力较强的新闻纸、白纱布、3 毫米厚度的聚乙烯泡沫塑料片以及珍珠岩粉。

**（二）栽培技术**

1.品种选择

可用于栽培芽苗菜的种子很多，经试验筛选适用的品种有豌豆、荞麦、萝卜、香椿和花生。种子质量要求纯度、发芽率、净度分别为 93%、95%、97%。

用于芽苗菜栽培品种的种子，应注意选择发芽率在95%以上，纯度、净度均高，种粒较大，芽苗生长速度快，粗壮，产量高，纤维形成慢，品质柔嫩以及价格便宜、货源稳定、无任何污染的新种子。经试验和品种筛选，采用的品种有青豌豆、麻豌豆、武陵山红香椿、河南红椿、山西荞麦、日本荞麦、国光萝卜、娃娃缨萝卜等。

2. 栽培方法

（1）种子清理、浸种

栽培前，应将所用的种子进行清理。豌豆要剔去虫蛀、破残、霉烂、畸形、腐烂的种子；由于高温下香椿种子极易失去发芽力，必须选用未过夏的新种子，使用前需揉搓去翅翼，筛除果梗、果壳等杂物；荞麦应晒种1~2天，并筛去不饱满、成熟度较差的种子，也可用盐水进行选种；杂质较少的萝卜、花生种可直接用于生产。经过清理的种子先在清水中淘洗1~2次，待洗净后在20℃左右的水中浸泡。经清选的种子，即可进行浸泡，一般可用20~30℃的洁净清水先将种子淘洗2~3次，待干净后浸泡，水量需超过种子体积的2~3倍。浸种时间冬季稍长，夏季稍短，一般豌豆、香椿24小时。浸种结束再对种子轻轻揉搓，冲去种皮，沥去多余水分待播。

（2）播种及催芽

将新闻纸平铺于栽培盘中，纸张的尺寸应略大于盆底的尺寸，然后用清水将纸湿润，把已浸泡好的种子依所需量均匀撒在纸床上（香椿播种后，在种子上要覆盖厚度1.0厘米的珍珠岩粉）。播种之后苗盘叠放整齐，一般8~10盘为一摞。最上层用湿麻片盖住，放置在温室温度较适宜的地方进行催芽。当种子芽长到0.5~1.0厘米时即可将苗盘置于栽培架上。

（三）环境控制

1. 光照

大多数芽苗菜是在弱光、高湿的环境条件下栽培的，但因品种的不同对光照、温度、水分等条件的要求也有较严格的区别。因此，要求采取相应措施进行正确的管理。豌豆、花生在整个生长周期中所需的光照强度要比荞麦、萝卜、香椿弱得多。因此，在日光温室中生产芽苗菜时，栽培架应采用黑色塑料覆盖遮光，豌豆、花生栽培架应用一层黑色塑料再加一层深色布料覆盖，其他几种芽苗菜栽培架只需覆盖一层黑色塑料。两层覆盖下生产出的豌豆芽呈嫩黄色，茎较细长，纤维含量少。进行一层覆盖生产出的芽苗虽茎较粗且为深绿色芽苗，但纤维含量较高，适口性差，且花生芽易变为褐色。荞麦、萝卜、香椿生长前期可覆盖一层塑料，当芽苗植株长到 12 厘米左右时，揭去塑料进行自然强光照射。

2. 温度与通风

各种芽苗菜对温度环境条件的要求各异。在单一种类栽培区应根据不同种类的要求，分别通过加暖或放风进行温度调控。在混合栽培区则一般控制在 18 ~ 25 ℃的温度范围内。此外，应注意保持一定的昼夜温差，切忌出现夜高昼低的逆温差。在天气变暖撤去暖气时要逐步进行平稳过渡；夏季炎热时要进行遮光、空中喷雾、强制通风和逆向通风（即中午炎热时关闭窗户，夜晚凉爽时开窗户进行大通风）以及开启冷气机等以降低室内温度。

各种芽苗菜在生长过程中对温度的要求同样各异。豌豆、萝卜与荞麦、香椿、花生相比，前者相应的温度较低。

因此，在温室栽培时应将豌豆、萝卜与荞麦、香椿、花生分架放置。前者栽培架可放在温度较低的地方，后者放在温度相对较高的地方。冬季温室夜间温度最低不应低于 4 ℃，若低于此温度芽苗菜生长会严重受阻，此时应采取措施注意保持芽苗菜生长所需的温度。夏季最高温度不宜高于 30 ℃，注意通风换气、降低温度，保持最佳生长温度。

3. 水分

芽苗菜的栽培采用了不同于土壤栽培的特殊基质，种粒全部放置于基质表面，水分易蒸发，因此需进行较频繁的水分补充。一般每天用喷雾器进行 2 ~ 3 次喷淋，水量以种子、芽苗表面全部湿润，并使盘底基质上有一层薄水膜为宜，这样栽培架内相对湿度可达 70% ~ 84%。冬季温度较低的情况下可适当减少水分喷淋次数。特别炎热的天气注意防止水分的大量散失，可适当多喷淋 1 ~ 2 次，防止因缺水影响芽苗菜的正常生长，导致产量和品质下降。

（四）病害防治

芽苗菜栽培与一般蔬菜栽培一样，病害时有发生。香椿在生长过程中易发生猝倒，萝卜易发生子叶腐烂，荞麦在催芽过程中易发生种子霉烂。在防治上可采取以下措施。

（1）用 0.1% 高锰酸钾溶液对种子表面进行消毒，时间为 5 分钟。

（2）认真清洗栽培盘，在阳光下曝晒 1 ~ 2 天。

（3）香椿在生长过程中应适量浇水，多见光，保持较高的温度；萝卜采用

"渗水"的方法将水自盘底浇入，慢慢渗透基质，绝对要避免因喷淋造成叶面水分过多而烂叶的现象；豌豆、花生一般较少发生病害。

### （五）芽苗菜的采收及包装

一般芽苗菜多以活体整盘出售。芽苗幼嫩，茎叶含有较高的水分，不致萎蔫脱水，能保持较高的产品档次。在产品形成时应及时采收，用小包装出售或活体整盘上市。

## 二、芽苗菜水培立体栽培技术

### （一）生产设施

利用空闲民房或轻工业厂房作为生产场地，分设育苗室、绿化室、工作室等。育苗室四周墙涂成黑色，可减少室内光照，使光照强度达到 200 ~ 1 000 勒克斯，空气相对湿度达 60% ~ 90%，温度达到 20 ~ 25 ℃。绿化室是幼苗芽长至 10 ~ 12 厘米后进行光照培育的地方，一般设在向阳面，安装大玻璃窗，四周墙涂成白色，室内光照强度为 3 000 勒克斯，空气相对湿度为 60% ~ 85%，温度为 16 ~ 25 ℃。工作室供浸种、播种和芽苗菜包装用。芽苗菜生产多用立体栽培，栽培架用角铁焊成，除底层距地面 10 厘米外，其余各层间距为 40 厘米，共 5 层。栽培架每层放 6 个栽培盘，架底安 4 个小轮子，其中有 2 个万向轮，可在室内任意移动。每组架间距为 50 厘米，以便工作人员操作。为便于活体销售，还应设产品集中架，每层间距 22 厘米，大小和运输工具相配套。用自行车运输时，在自行车两侧的集装架载放栽培盘，每边每层放一个栽培盘，共 5 层；用汽车运输时，每层可放 6 个栽培盘。

栽培容器用轻质塑料蔬菜育苗盘，外径长 58.4 厘米，宽 24.2 厘米，高 6.1 厘米；内径长 57.2 厘米，宽 22 厘米，高 5 厘米，盘底面有排列整齐的 3 毫米见方的小孔，约为每平方厘米 1.2 目。栽培基质选用清洁、无毒、质轻、持水力强、用后残留物易于处理的无纺布，或消毒后能继续使用的白棉布。

### （二）生产技术

生产时，先将场地门窗封闭，每平方米用纯硫黄 1 克点燃熏蒸 4 ~ 12 小时，然后打开门窗通风换气，也可用 0.4% 甲醛溶液喷雾消毒；重复使用的无纺布、白棉布、盖布用高压锅消毒；栽培容器用日光曝晒 3 ~ 5 天，或用 80 ℃以上的水浸泡 15 ~ 30 分钟，或用 3% 的石灰水，或 0.2% 漂白粉溶液、0.1% 甲醛溶液浸泡洗刷，再用清水冲洗 2 ~ 3 次。

将淋湿的无纺布铺在消毒育苗盘的盘底面，均匀撒入种子。萝卜芽苗菜每平方米播种 250 ~ 300 克。播后用无纺布盖好，在无纺布上洒水。然后，将栽培盘放在育苗架上，1 天浇水 2 ~ 3 次。约 24 ~ 48 小时胚根扎入底部无纺布内，幼芽长 1.5 厘米时，将种子上面盖的无纺布揭下，并在浇的水中添加营养液，1 千克营养液中各类营养元素的含量（单位：毫克）：氮 100.0，五氧化二磷 30.0，氧化钾 150.0，铜 60.0，镁 20.0，铁 2.0，硼 1.0，猛 6.0，钼 0.5。添加量从 1/4 → 1/2 →全液。在浇液的同时，改变育苗盘的方向，防止萝卜芽因见光和浇液不均匀而向一边倾斜生长。3 ~ 5 天后，萝卜芽长到 10 ~ 12 厘米，子叶微开，将其移入绿化室见光。1 天浇水 3 ~ 4 次，用喷雾器喷洒营养液 1 ~ 2 次，2 天后苗高可达 13 ~ 15 厘米。生长过程中，如果密度过大，湿度过高，叶子上产生黑色小麻点，可用浸水法补救——将容器底浸入水面，湿润无纺布，上部叶面不再增加湿度；若小麻点严重时应销毁，以防传染。

工厂化生产也可用蛭石或珍珠岩，或草炭、炉渣灰混合物作基质。用时，先在苗床上铺一层塑料薄膜，防止营养液渗漏，再将蛭石等基质填入苗盘中，浇透底水，播入种子，播后再盖一层基质，厚 1 ~ 2 厘米。为了保湿、保温，再盖一层地膜，或无纺布，或报纸，并将几个苗盘叠放在一起，最上面一层盖湿麻袋，保持黑暗和湿润。出苗后将叠盘拿开，除去覆盖物。每天向苗盘喷浇营养液。喷淋时，要仔细、周全，种子每隔 6 ~ 8 小时倒盘一次。萝卜芽将要高出苗盘时，应及时摆盘上架，在遮光条件下保温、保湿培养，约经 6 ~ 7 天，芽长 10 厘米时，将遮光物揭去，使之见光绿化。

### （三）采收与上市

见光绿化 2 ~ 3 天，苗高 8 ~ 10 厘米、整齐，子叶平展、充分肥大时，可整盘活体上市。苗高 13 ~ 15 厘米，子叶平展，真叶未出时，连根拔起，用 18.5 厘米 ×3.5 厘米不透明的快餐盒包装，每盒 100 克，保鲜膜封口，或用 16 厘米 ×27 厘米封口袋包装，每袋 300 ~ 400 克，封口上市。不能及时上市者，放到 4 ~ 10 ℃冷柜或冰箱冷藏室中贮存，可放 15 天。

## 三、小规模立体生产技术

小规模立体生产技术适用于家庭或小批量的作坊生产，主要有以下两种方法。

### （一）冬春或晚秋利用日光温室或大棚生产

日光温室或大棚内设栽培架，栽培架用角铁组装，或用竹、木搭建，底层距地面 20 厘米，其余层距 30 厘米，长、宽根据场地和容器而定。用底部有许多漏水孔的器皿，或盘、盒等作为容器，用轻质、保湿性强的无纺布、卫生纸、白棉布等作为基质。栽培室内用硫黄熏蒸消毒。容器用 3% 石灰水浸泡洗刷后，铺入无纺布播种。然后用无纺布盖好，再浇水。最后将栽培盘叠起，3 ~ 4 个一摞，放在栽培架上，1 天浇水 5 ~ 6 次，每次浇水时更换栽培盘方向和上下位置。每摞用黑色薄膜或双层遮阳网盖上遮光。芽长 1.0 ~ 1.5 厘米，根扎入底层无纺布时，将盖在种子表面的无纺布揭除。芽长 2 ~ 3 厘米时，将其单层放到立体栽培架上或平地上，搭架盖黑膜或遮阳网遮光。芽长 10 ~ 12 厘米时，将遮光膜除去，让其见光生长。高 13 ~ 15 厘米，子叶平展，真叶未出时，连根拔起，食用或整盘活体上市。

### （二）纱网水培生产

纱网水培适用于家庭利用阳台进行生产。用木条或粗铁丝作框架，蒙上绷紧的 1 ~ 2 层窗纱作网筛，网筛孔以萝卜籽不漏下即可。网筛大小依容器而定，常用容器为快餐店的托盘，大小为 24.5 厘米 ×37.5 厘米 ×2.5 厘米，其他容器也可使用。场地和容器等要先消毒，将种子均匀撒在纱网上，纱网放在盛有营养液的平底容器内，使营养液高出纱网 0.1 厘米左右，托盘上覆盖薄膜。营养液的成分为 0.1% 尿素或碳酸氢铵。1 天揭膜 2 ~ 3 次，每次约 30 分钟，使之通风换气。种子发芽后，除去地膜，营养液面与纱网持平，使根下扎。在生长过程中，水分蒸发使液面降低，应及时用营养液补充，保持根部湿润。7 ~ 10 天后，当子叶平展，真叶未出时，连根拔起，食用或包装上市。

# 第五章　智能化芽苗菜栽培技术

## 第一节　智能化芽苗菜生产的可行性

### 一、背景与意义

芽苗菜是一种新型的蔬菜，它是利用植物种子或其他营养器官在适宜的环境下发育成幼嫩的芽、苗或茎等作为食用的一种蔬菜。

随着人们生活水平的提高，对蔬菜的品种与质量及保健要求越来越高，特别是无公害、无残留的蔬菜更受市民的青睐。芽苗菜作为一种新型的特种蔬菜，于20世纪90年代初在开始国内流行，先是中国农科院蔬菜花卉研究所王纯德研究员对芽苗菜的生产技术进行了系统化的研究，并在全国各省市推广，深受生产者及消费者的欢迎，发展势头良好，生产者获得了很高的经济效益，比常规蔬菜生产的获取高出几倍的利润，是一个农民致富奔小康的短平快项目。

芽苗菜的生产周期短，7~10天就可上市，它的生产场所不限，厂房、大棚、庭院、家庭用房等皆可生产，技术简单易学，甚至连老人小孩都可参与，只需会播种、浇水、调盘简单操作即可。更重要的是，芽苗菜所具有的特殊营养成分与风味深受市民的欢迎，市场销售无需考虑，一直以来都是一项较为畅销的蔬菜种类。它含有许多常规蔬菜所不具备的营养，特别是它能把许多人体难以吸收的植物蛋白经栽培后转化为氨基酸、矿物质、维生素等人体易吸收的物质，甚至大多数芽苗菜还具有食疗两用之功效，最适合作为老年人的保健食品。

在生产上灵活性大，投资可大可小，下岗职工或生活困难的人群也可以这项目作为谋生之道。对于资金雄厚的企业，可以建立专业化的栽培工厂，进行工厂化、流程化、商品化生产，如国内外当前许多企业都采用这种工厂化的生产方式，获得了极好的经济效益与社会效益，郑州的绿野公司、香港的芽苗菜工厂、宁波的五龙潭等企业，通过芽苗菜成为当地的农业龙头企业。在生产方式上既适合家庭作坊，又适合工厂化生产；既可街头菜场小卖，又可批发品牌销售，也可大宾馆饭店、单位食堂、或岛屿哨所、军事基地的自产自销。所以，芽苗菜的栽培近几年在国内悄然兴起。

但是，也存在着生产技术良莠不一、生产标准没有形成、产品质量一致性差等问题，有些单位或个人甚至使用化肥与农药，从而影响了该产业的健康发展。另外，还存在着劳动力投入大，工厂化、自动化、智能化程度低的特点，不利于该技术的产业化运作。而国外如日本，早就实施了芽苗菜的计算机控制生产，能使芽苗菜生产车间实现无人化操作。发达国家芽苗菜生产已从劳动密集型转为资金与技术密集型，运用工厂化的车间与计算机的智能化控制，实现智能型无人化的无菌作业，生产出的芽苗菜在质量上、产量上都大大超越我国当前的水平。所以，对于芽苗菜产业的深度开发研究，寻找一条能与现代农业结合的生产方式，将是未来芽苗菜生产的主要方式，它对推动芽苗菜事业的发展意义重大。

## 二、国内外研究趋势与发展现状

芽苗菜产业以其所特有的魅力在国内蓬勃发展，但据调查，当前国内大多以家庭作坊及大棚简易生产为主（占 90% 以上的份额），只有少部分单位与个人使用栽培架进行立体式的工厂化生产。虽然在空间利用及管理上有了较大提高与发展，但在芽苗菜的管理上还缺乏科学性与精确性。尽管栽培架立体代替了平面苗床，管道化的喷雾代替了喷雾器的手工作业，但对芽苗菜发育的生理生化需求来说还相差较远，如最适的湿度调控、最适的温度及温差调节、最适的气体成分、最佳的光照强度与时间、最科学的杀菌方式、最节能的环控技术等。

日本的芽苗菜生产已在 20 世纪 90 年代就进行了工厂化的计算机管理生产方式，并已经在生产上建立了严格的工艺流程与标准化的企业运作方式，如日本爱知县的一个芽苗菜企业，可日供应芽苗菜 100 万盘，其生产方式已用先进的计算机控制系统取代了繁琐的人工作业，以无菌、无土的工厂取代了大棚与基质（土壤），真正做到了全智能型的工厂化生产一个大型工厂，只需几台电脑就可完成所有的栽培作业。

而我国的山东寿光等地虽然芽苗菜也呈产业趋势，但大棚与土壤（基质）、人工与农药还是不能完全脱离，生产过程随意性大，没有一个严格的规范，致使产品的质量难以保证。环控的落后致使芽苗的供应不能如期，能源的缺乏致使冬季产量大减，农药的使用致使信誉打折，劳动力的密集致使成本提高。所以，开发研究一项节能型的自动化全智能的无菌免农药生产系统已是确保芽苗菜生产健康稳健发展的当务之急。

有需求就有开发市场，于是国内一些企业也进行了电子化控制的栽培尝试，如南京农业机械所开发的温湿度控制系统，在原来的基础上已有了较大的提高，但这些控制手段由于因子单一、智能化程度低，没有按芽苗菜的最佳生理生长模式来控制，只是有了工具，但不能科学地使用；有了先进性的硬件，但缺乏科学而精确的软件。所以，在控制参数多元化基础上，还需结合各种芽苗菜不同栽培阶段最佳模式的研究，也就是生长模式专家系统的建立是最关键的，只有这样才能确保生产的一致性、质量的可控性，否则还是要凭经验来管理，凭技术来论成败。

在节能的研究上，目前国内开发的系统没有进行考虑与设计，因芽苗菜在低温季节的生产主要是依靠外来的能源来满足生产的需要，所以能源是冬季生产最主要的限制因素。传统生产常因能源成本高而影响它的发展，因此开发科学的节能系统对芽苗菜来说极为重要，即如何利用自然能源而降低人工能源的投入是设计环控系统所围绕的核心问题。

## 三、项目主要研究开发内容与技术关键

### （一）生产车间围护材料的选择

实现工厂化的第一步就是工厂化车间的建造，建造材料需从利于环境整洁、少污染及环控的稳定性角度考虑，选择用于建造冷库的泡沫板材料为车间隔板，按生产设计的需要分隔成不同大小的泡沫房作为生产车间。

### （二）立体栽培架的制造规格与排列方式

为充分利用空间与能源，以及便于集约化管理，栽培空间可利用钢架建造成立体栽培架，用于托盘的摆放，这样更有利于操作管理。传统栽培架的设计是以角钢为材料，焊造成高度 1.6 ~ 2.1 米、长度 1.5 米、层距 0.4 米、宽度 0.6 米的栽培架作为一个管理单元，一个栽培室整齐排列数个单元，单元间都留有操作道，便于浇水及调盘检查等管理。

而采用智能化栽培后，栽培架可沿着栽培室四周进行整体设计，材料同样是角钢，但不分单元，沿着隔板壁按照高度 2.1 米、层距 0.5 米、宽度 0.6 米设计，最底层离地面 0.1 米。因采用智能化管理后，栽培过程中不需调盘搬动就可增加层次，增加架高。为了使管道化雾化系统雾化均匀，可增加层。为了充分利用栽培室空间与有利于光照的控制，栽培架沿着栽培室的四周紧贴隔板建造，既确保可利用面积不减少，又扩大了管理空间；既利于人工光照的均匀补光及通风之良好，更利于工人进行操作。

### （三）自然能源的充分利用与科学调节

自然能源主要是冬季的太阳能源与夏季的地下水资源。只有冬季利用太阳能以增温，夏季利用地下水以降温，才能实现节能化生产。芽苗菜生长对温度的要求较高，大多数品种一般要求达到 18 ℃以上，28 ℃以下，才能最适宜生长，否则都会对它的发育造成影响。而在冬季我国大多数地区的气温都较低，常达 0 ℃以下，夏季高温常超过 30 ℃时，如果不采用合理的环控技术将难以实现周年生产。

农业生产上对太阳能源的利用大多是采用日光温室与塑料大棚，可是单一的大棚增温往往出现白天温度过高，晚上温度过低，不能把白天的能源进行有效的贮藏而在晚上加以利用。为了解决这个问题，我们把大棚与泡沫房进行了结合，并进行科学的设计，解决了上述问题。

利用大棚的增温效应和泡沫的保温效果，就能够把白天多余的热资源调配到晚上运用，大大减少了晚上的辐射降温，使栽培室的环境温度能保持稳定。具体的设计就是把泡沫房建造在大棚内，并且在泡沫房与大棚间设计热对流交换系统。白天利用太阳能进行增温贮热，晚上利用贮藏的热量再与栽培室进行热对流，充分利用白天的贮藏热量来满足晚上栽培室的加温需要，这样就可节省大量的人工加温需耗的大量能源。

节能系统的研究最重要的是热的科学对热与贮藏。夏季利用泡沫房的隔热性，利于创造一个稳定的低温环境，如果栽培室温度过高，还可利用地下冷水进行微喷降温，因为地下深井的水温较低，调温效果好而无需空调降温，从而节省了电能消耗。

### （四）无菌环境的创造与管理

无菌环境的创造是实现无公害免农药生产的关键，芽苗菜的生产过程是在高湿度的环境下进行的，极易滋生真菌与病菌。对于常规传统的生产方式，由于是在大棚或有土壤的条件下生产的，再加上人工操作流动频繁，难以实现无菌环境，而智能化的工厂化车间，基本上在培育过程中无需人工操作，减少了人为及空气流通所造成的感染。

再加上密封的泡沫房一经杀菌后，保持无菌环境就较为容易，人工检查也需杀菌、更衣、换鞋，减少人为携入。

另外，每个栽培室都装有物理杀菌系统，就是电场杀菌促生系统与紫外线杀菌灯。电场杀菌可在培育过程中使用，利用它可抑制真菌滋生，同时对芽苗生长有促进作用；紫外线灯一般于采收后或台刈一批后进行。另外，采用无土栽培方式或免基质栽培，也可大大减少基质对真菌的传播。

免基质栽培对环境的要求：常规传统生产芽苗菜，常在托盘或苗床内铺盖各种基质，土、沙、或珍珠岩等，因为基质的存在能为芽苗生长创造较为稳定的湿度环境，更有利于芽体的生长。而采用智能化后，环境温湿度能按栽培需要进行稳定的模拟创造，无需再用基质，这样也大大降低了劳动生产力，减少了病害感染传播，更重要的是收获采收上市更清洁、方便，可食用部分也大大增加。免基质栽培要求环境温湿度变化稳定，而且计算机控制精度要求较高，否则会影响芽体的生长，特别是对环境要求严格的品种，省去了基质的保护，如果没有性能稳定的控制系统，就难以实现良好的发育。免去基质后，生产的劳动强度大大降低，只需于盘底铺一张纸或无纺布，直接均匀播种即可。

### （五）无公害营养液的开发与使用

芽苗菜的栽培在营养代中谢除了利用种子自身贮藏的营养物质外，进行外源矿质营养补充也是很有必要的，这对增加产量、提高品质有较大的促进作用。开发一种无污染、无残留、无公害的营养液就成为芽苗菜营养补充技术的关键。研究各种不同植物芽体发育对矿质营养的需求，配制矿质离子平衡的营养液就成为营养液技术的关键。研究矿质营养代谢机理、吸收原理、品种差异性、离子残留对人体的危害，成为营养液技术的核心。

### （六）各种芽苗菜的最佳生物学模式

不同品种的芽苗菜对萌芽及芽体发育所需的温度、湿度、光照、二氧化碳浓度都有不同的要求，对温差的变化也有不同的范围，只有掌握每种芽苗菜对这些参数的不同需求，才能实现计算机的最佳化环控。只有全面了解栽培过程的最佳生理模式，才能按品种需要进行智能化专家系统的开发。所以，掌握与了解每种芽苗菜品种的最佳生物模式是实现芽苗菜优质生产的技术关键。

### （七）智能化环境下改进的生产工艺

在传统的栽培过程中，芽苗菜的生产要经历三道工序：浸种、播种、催芽、培育。其中，催芽环节在智能化环境下可以省略，浸种、播种后即可直接进入栽培室，因为栽培室的环境控制能完全为各种芽苗种子芽的萌发创造最佳催芽环境，如黑暗的温湿度适宜的环境。这样就节省了传统生产中叠盘与调盘淋水所耗费的劳动力。而且栽培室的环境比叠盘催芽更稳定而且均匀，使萌芽率更高，发芽更整齐。

### （八）物理杀菌在芽苗菜栽培过程中的科学运用

在芽苗菜的生产过程中，因真菌及细菌的感染而导致倒伏、烂根、烂苗、麻点等现象，对产量与质量影响很大。所以，在常规生产过程中，从种子开始到栽培，及从工具托盘或基质及生产环境或得病后的防治，都要求严格进行杀菌消毒。通常用一些甲醛、生石灰、硫黄、漂白粉或者农药来进行预防与治疗，但是在病害得到控制的同时，对芽苗菜造成了污染，对人体健康有一定的副作用。为了解决病害又不污染芽苗菜，最有效的措施就是采用物理杀菌法，如选种时的热处理法、播种前的电场处理法、栽培室的臭氧杀菌或紫外线的场所杀菌，以及栽培过程中的电场刺激等物理手段。这样既起到了很好的杀菌效果又无任何残留。所以，芽苗菜智能化系统必须结合物理杀菌进行系统化的开发，真正培育出绿色无公害且质优的芽苗菜产品。

### （九）激素在栽培中的运用

芽苗菜的发育过程其实就是在营养代谢及激素代谢综合作用的过程，芽体细胞分化、伸长及酶的活化全赖于内源激素的作用。为了使芽苗菜按人工质量要求目标进行定向培养，必须充分研究与了解激素机理及外源激素补充对生长发育与品质的影响。研究产量形成与激素的关系、根系发育与伸长或增粗生长与激素的关系、激素浓度及不同品种间的关系、激素种类对芽苗不同阶段与品种差异间的关系，探究一套科学的激素配方与使用方法，使芽苗菜的产量与质量都达到最优，达到风味口感最佳化的栽培目标。

### （十）分区管理在工厂化栽培中的运用

不同的消费市场、不同的人群对芽苗菜的品种有不同的要求，甚至同一品种也有不同的生产方法与不同的培育目标。为了实现品种多样化，要创造不同的栽培环境与不同的栽培空间、对生产车间进行分区管理、对不同分区进行不同的环境创造。所以，研究不同的栽培目标（黄化型、绿化型、半绿化型等）对不同环境因子的不同需求，也就是不同生物模式的建立，需要研究分控器对不同的分区的管理，一个区代表一个环境，或代表不同的栽培阶段。因此，在环控技术及车间区划上要进行分区控制与分区管理。这样一来，利用计算机系统的集散控制与分区控制方法来实现不同区间的管理就显得极为重要。

### （十一）气肥对芽苗菜生长的影响

芽苗菜的生产培育过程也参与了芽体细胞的光合作用，如何改变气体成分，增加二氧化碳浓度，对促进生物量产量的形成意义重大。经试验发现，补充二氧化碳能大大提高产量与质量，能使芽苗菜在相同的管理条件下，具有完全不同的产量。所以，对栽培室如何进行科学合理的气肥补充，也是芽苗菜科学栽培的关键。在传统栽培下，常因环境的关系难以实现二氧化碳的及时精确而科学的补充，再加上没有智能化系统，难以实现精确、及时的供应。采用智能化系统后，能使气体成分进行科学调节，在缺氧时自动通风，在缺二氧化碳时自动供气，使芽苗呼吸代谢及同化代谢都达到最佳化，这是传统方式难以实现的。

### （十二）电场对发芽率及杀菌上的运用

电场技术在提高种子发芽率与发芽势上的作用，早就有人研究并在生产上得到了广泛的运用。其实，芽苗菜的培育技术从某种角度上说就是种子发芽与芽体继续发育的技术，如何运用该技术来增加芽菜的发芽率与促进芽体发育意义重大。另外，电场除了对芽苗菜的生物生化作用外，还可抑制真菌的发育，对无公害生产意义重大。研究不同品种电场处理的最佳值及上下阈值，成为电场研究的重点。研究表明，电场处理具有促进对二氧化碳吸收强化的同化作用，还有促进酶活性的功效，更能促进细胞的生长，所以在栽培室内架设电场网以促进苗菜生长，将是智能化栽培的又一大特点与补充。

### （十三）水在温度调节控制上的运用

在农业环控中，水所起的作用是最大的，通常通过水的弥雾增加湿度，采用微喷以实现降温，甚至空间加温也是通过热水的循环来实现的，因为水的比热最大，调控的效果最好且稳定。所以，当遇到夏季栽培室温度过高，超过最适值范围时，可采用微喷系统进行地下水的喷雾降温；当栽培室的湿度不宜芽体发育时，可通过弥雾来增湿；当种子或芽体表面因缺水而影响发育时，可进行补水。在智能化栽培系统的开发中，研究水对芽体发育所起的调控作用及生理生化作用就显得极为重要。在生产车间设计一套科学管道化水调节系统是芽苗菜栽培成功与失败或质量产量好与坏的关键，因水在芽苗菜培育过程中是最为重要的因子，即水的调控技术贯穿芽菜生产从浸种、催芽到栽培的整个过程。

### （十四）与温、光、气、热等环境因子调控相关的设施设备

芽苗菜栽培的过程也就是种子在适宜的环境下生长发育的过程，如何通过计算机智能系统创造最利于苗菜生长发育的环境因子，就是开发研究计算机专家系统与控制方案的技术核心。首先，要开发研究用于环境因子检测的各种传感器，如空气温湿度传感器、光照强度、二氧化碳浓度传感器等，这是实现精确控制的关键；其次，研究用于计算机控制的专家系统或生物模式是实现最优化控制的核心；最后，科学合理设计车间构造及执行设备是实现节能化生产的最为重要的部分。只有三者结合才能开发出最科学、最节能、最精确的智能化生产系统与栽培模式，形成无菌化操作的生产规范与流程：①种子热处理→浸种→电场处理→播种→栽培室；②生产前或每上市一批都需对栽培室进行紫外线杀菌与电场杀菌；③托盘清洁：夏天可太阳曝晒，冬天可用紫外线或臭气杀菌；④营养液或微喷水最好用自来水或深井水，真菌细菌较少。

## 四、项目实施方案、技术路线、组织方式与课题分解

芽苗菜智能化生产项目实施方案包括基地的建设、生产车间的建造、设备设施及智能化计算机的安装。方案可以节能为核心，以多元化、多功能为特点，以智能化、自动化为技术路径。运行方式介绍如下。

外扣的大棚作为太阳能源捕获之用，可以在大棚顶部蓄积大量的太阳热能，在冬季晴朗的白天能达 30 ~ 40 ℃以上的高温。

车间的建造与分隔材料全部选择泡沫板，又用木条木线为车间构建骨架，

再镶嵌泡沫板，并用泡沫胶涂抹缝隙密封严密，做到不透风、不漏光，利于创造稳定的密闭环境。

以 20 米 ×7 米大棚计算，可用泡沫板分隔成 8 个 2.5 米 ×4 米的生产车间，呈纵向两列整齐排列。中间设计宽 1.8 米的走廊，它既是操作道，又是功能贮热仓。泡沫车间的一端为入口，另一端封闭，在入口处还剩余 4 米 ×7 米的空间，再设计一个 2.5 米 ×4 米的车间作为浸种播种室以及内设营养池与水池，其余空间设计成控制室、更衣室与包装车间。在大棚一端走道的底部还可设计建立一个小型的冷藏室，作为种子处理与苗菜预冷的空间使用。

每个栽培室内的设施布局：在栽培室正中央顶部装一道喷头间距为 80 厘米的弥雾管道，用于调控整个栽培室的湿度，另外在每一层的上方也都要安装上弥雾管道，用于调控每层栽培架湿度调控及淋水。再于顶部及四周均匀安装 6 ~ 8 支 40 瓦的植物生长灯，用于为绿化作补充。栽培室顶棚距棚顶 20 厘米处水平吊设电场网，用于杀菌、促生。在栽培室上方靠边角处还需安装 2 支紫外线杀菌灯，每个栽培室还要预留一个二氧化碳输入孔与输出管，用于补气。在每个栽培室靠近走廊的侧墙上还需安装两个一进一出的换气扇，作为与走廊贮热仓间热对流之用及通风换气。在栽培架的最底层还需均匀整齐地铺架空气加热线，用于为空气加温。这些执行环控指令的设备再与计算机系统的分控器及传感器（智能叶片）连接，以实现微喷、加温、补光、杀菌等功能的全自动运行，所以每个栽培室还需连接一个分控器与一张智能化叶片。

走廊贮热仓的设计是实现节能栽培的关键，它完成从外环境即大棚顶部的吸热对流与贮热功能。在走道顶部均匀安装 4 个两进两出的换气扇，以实现走廊空气与大棚顶部蓄积热空气间的对流，实现太阳能加温的节能过程。也就是说在冬季的白天，如果外环境大棚顶端的热空气温度超过走道贮热仓温度时，计算机会发出顶端风扇开启对流的指令，把走廊的冷空气排出，把棚顶的热空气吸入，以实现太阳能的节能加温。当走廊贮热仓热空气温度加至与外界相同时，关闭对流，停止通风加温。当栽培室内的晚间温度下降到临界值以下时，就可以把贮热仓内的热空气作为加温能源，把走廊中贮存的热空气通过栽培室的侧壁风扇对流输入栽培室，直至栽培室加温至适温时停止。当经对流加温还不能使栽培室温度达到适温时，计算机再发出空气加温线加温指令，开启栽培室内的空气加温系统，直至加至适温。双向的对流实现了能源最科学、最节能的使用，大大降低了人工加温的耗能与耗电。

栽培室内加温、补光、微喷、杀菌、电场处理、通风对流、补气、喷施营养液等全部通过计算机的检测及芽苗菜专家系统来实现，以达到每个栽培室环境因子的最优化，控制的自动化、精确化。

营养液及水循环控制的设计。为了使营养液或水的弥雾达到最优化的环控目的，对水温及营养液的温度要进行科学的调控。在冬季生产时，计算机系统会对营养液池或水池中的水进行加温，保持适宜的液温环境，这样在弥雾时就不会对栽培室的环境造成太大的影响。夏季时可利用深井的低温水进行弥雾降温，如果普通用的是自来水，计算机系统会自动开启制冷系统进行制冷降温，经制冷的水再进行弥雾会起到更好的降温效果，这对夏季高温季节芽菜的生产环控作用较大。

更衣室及计算机总控室设计在入口处，更衣室内装有紫外线杀菌灯，进入车间前需更衣换鞋，以免人为带菌。总控室内安装总控计算机，可以对各个栽培室的环境参数按照需要进行修改设定。日常管理只需通过计算机监控来掌握栽培情况，尽量减少人工进入车间的次数，以利于无菌环境的创造。

以智能化控制系统为芽苗发育创造最佳的环境因子为技术路线，利用芽苗发育的生长模式为专家系统，利用泡沫房良好的隔热效果来创造稳定的气候环境，利用太阳能源来实现节能化生产，利用物理方法来实现无公害栽培。利用计算机的集散控制方式来实现分区控制与管理，利用立体架式来实现空间利用的最大化，利用工厂化流程化的作业模式来实现劳动力资源的最小投入。

# 第二节　智能化芽苗菜生产意义

## 一、芽苗菜为什么要智能化生产

芽苗菜的生产传统大多采用家庭作坊式的小农生产，或者规模化的工厂化生产。前者具有可操作性强、投资少、家家户户可生产的优点；后者具有规模效益，利于产业化运作，是企业的首选模式。但我国的芽苗菜生产历程表明，要真正实现芽苗菜生产的标准化及产业化还有许多限制因素：一是技术的掌握有较大的经验性，二是劳动力密集性，三是化学物质在生产中造成的残留与环境污染。这三方面的限制因素给芽苗菜的产业化带来了影响。家庭作坊难以保证产品的质量与如期上市的产量，大面积的规模化生产使投资与管理成本较高，劳动力投入较大；许多生产者为了确保芽苗菜的外观与产量，大量使用化肥与农药。原本发育期极短的芽菜完全可以实现免化学栽培，但由于传统管理芽菜的经验性及环境的不可控性，使生产者不得不为了牟利而不顾一切地使用杀菌剂、杀虫剂及化肥，这样不仅不能做到无公害，反而因芽菜生育期短，造成更大的残留污染。基于此，开发一种能轻松实现标准化、自动化、智能化无公害化的新型栽培方法研究迫在眉睫，因而芽苗菜的智能化生产成为当前健康发展芽苗菜产业的重要课题。

通过智能化技术可解决上述一些问题与技术瓶颈，生产模式由家庭式变为工厂式，管理模式由传统经验变为专家系统，环境控制从原来的人为控制变为精确化的数字化控制，杀菌方式由化学法变为生态物理法。例如，以前没有经验就难以把芽苗菜栽培好，有了专家系统后，就算一无所知，也只需在使用时把计算机调至专家系统下的相对应品种，专家数据库就会自动地按专家参数与模式进行自动调控。这是最权威的专家帮助管理，帮助看护，不必担心自己对技术不了解与经验不足。而且智能系统的传感器能 24 小时检测芽苗菜生产的各项参数，并能与计算机专家系统结合进行精确化的环境控制，让芽苗菜生长在最佳的智能环境。例如，湿度不足会自动加湿，光照不够会自动补光，温度过高会自动降温，温度过低会自动调温，环境缺氧会自动通风。也就是说对于各种芽苗菜生长的最佳环境，计算机系统都能进行自动的模拟与控制，与传统生产的环境多变、经验不足情况下生产的芽苗菜相比，上市时间更准确，苗菜质量与产量更高，并且许多传统的流程如垒盘催芽、调盘控温、淋水加湿等都可以免除，大大提高了生产效率与流程的简易化程度，实现了"傻瓜式"的生产。另外，结合电场、紫外线等物理杀菌手段后，可完全免除农药与化肥，并且可使苗菜的烂种现象得到有效的控制。

另外，传统生产模式由于环境因子的多变性与不可控制，在生产中只得依赖基质的保湿性来提高芽苗对环境多变的缓冲性。而采用智能化后，芽苗始终处在最佳的环境中，可免除所有的基质与托盘底部的铺垫物，这样做一是可节省操作的繁琐性；二是可降低生产成本与基质带来的交叉感染，能做到苗菜生产环境的真正无菌化，在最佳环境下还可大大降低因环境造成的非生物烂种。在传统生产中，烂种率高，通常是生产中最为头痛的问题，采用智能化后方可得到更有效的解决。

## 二、芽苗菜智能化工厂化生产意义

芽苗菜智能化工厂化解决了当前我国芽苗菜生产技术落后的现状，使芽苗菜生产从传统的劳动密集或手工作业发展为现在的技术密集的工厂化智能化生产模式。使芽苗菜的生产真正实现无公害、免基质、无农药生产，让当地市民吃到放心菜。

芽苗菜智能化工厂化，可以达到节能化周年生产的目的，让消费者全年都可吃到新鲜的绿色芽苗菜。

芽苗菜智能化工厂化，会大大降低劳动力成本、简化部分生产工序，使芽苗菜的生产成本大大降低。另外，使用芽苗菜生长模式的专家系统后，能够使不懂芽苗生产技术的人，也能使用计算机管理生产出具有一流品质与高产的芽苗菜产品。

芽苗菜智能化工厂化，可以实现芽苗菜生产过程中环境因子的全天候控制，真正实现植物工厂的生产方式，能如期应市而不受外界任何气候因子的干扰。该技术采用免基质栽培法，使上市的芽苗更洁净、更卫生，商品价值更高。

通过车间的分区管理，能在一个大棚或工厂内生产多品种的苗菜，丰富种类，对降低经营风险有实际意义。

采用该智能系统生产能使生产耗能降到最低，大大减少能源的投入。

采用物理方法杀菌促长，能使芽苗在没有任何污染的情况下获取优质的产品。

采用立体架的栽培模式，能使有效利用面积提高 3 ~ 5 倍，对空间的利用及生产效率相比原来有更大的提高。

采用智能化系统还能大大提高复种指数，通常能达 30 ~ 40 以上，这样就使 200 平方米的大棚车间，日产芽苗约 150 盘，周年生产相当于 30 亩黄瓜与西红柿的产值，但它的利润却大大超越黄瓜与西红柿，200 平方米的大棚年创产值为 15 万至 20 万元，利润达 10 万元以上。这是一项投入少、回报快、效益高的好产业，是一个服务农村、致富农民的好项目。

所以，目前芽苗菜项目是农业投资的热点，是中小型企业再创业的好项目；在目前其他蔬菜产品效益很低的情况下，芽苗菜是一个可投入的好项目。

# 第三节　智能化芽苗菜生产模式

芽苗菜是利用植物的种子或者枝芽，经人工适宜的环境创造，让其萌发生产出嫩芽、幼苗或嫩梢，并被人们所食用的一种蔬菜。它具有生育期短、生长快速、品质脆嫩、营养丰富的特点。大多数芽苗菜皆具食疗两用的功效，如红豆苗可治脚气，荞麦、苜蓿苗具有抗癌的功效；萝卜苗含有丰富的维生素 C；豆苗类含有丰富的可被人体吸收利用的蛋白质、氨基酸；小麦苗含有丰富的麦绿素，榨成汁加糖就是很好的功能性饮料，可治各种肠胃疾病。总之，芽苗菜是 21 世纪一种具有保健作用的功能型蔬菜，以其营养丰富、口味独特、食疗皆具的优点而成为百姓餐桌之佳肴、宾馆之美食。对于种植芽苗菜的生产者来说，这是一项当前蔬菜产业中投入少、回报快的短平快致富项目，具有广阔的市场空间。栽培芽苗菜不受气候季节的影响，一年四季均可利用田间的塑料大棚或居住的楼房、废弃之厂房等，经改造后作为芽苗菜的生产场所。但传统芽苗菜的生产工艺较为烦琐，劳动力投入较大，是一项劳动密集型产业，主要体现在栽培过程的管理环节，如浸种、播种、叠盘催芽、喷雾淋水、上下调盘、烂种清理等。另外，在全人工操作管理条件下，对环境因子的控制难以做到科学化、精确化，如芽苗菜对温度、湿度、光照、水分等因子的需求，只能凭经验进行人为管理，难以做到标准化，致使芽苗菜生产方式仍处于家庭作坊的模式，难以规模化、产业化、自动化、标准化。

## 一、传统与新型模式的比较分析

芽苗菜的生产是运用种子发芽及成苗的机理，采用人工环境控制技术，为使其快速、均匀地成苗，而被人们采用的农业实用技术。对环境的控制分为人工控制与计算机自动控制，当前用于生产的大多属于人工控制，即根据芽苗菜的不同种类，为其创造不同的温度、湿度、光照、水分环境，以让种子快速整齐地萌芽伸展而成苗。因控制方法及流程的不同可分为以下两种生产方式：人工管理与智能化管理，以下就这两种生产方式的相关流程与技术要求进行分析与比较。

### （一）目前生产运用较为普及的模式——层架式人工管理模式

现就传统生产模式的流程与技术进行研究分析，为智能系统的开发提供借鉴。

1. 浸种

浸种对任何芽苗菜的种子都是一样的，只有让种子充分吸水，才能使其快速恢复萌芽的能力与生长的活力。对于浸种，通常都是采用温水浸泡稍许后，再用自来水以种子 3～5 倍的水量浸泡，待充分吸水发胀后即可进行播种。这个看似简单的操作，要做好还得有一定的技术要求。浸泡时间不宜过长也不宜过短，过长会因种子的无氧呼吸而造成种子发臭腐烂；过短则吸水不充分，许多水解酶未能激活，影响萌芽的整齐度。因此，通常以吸水量指标作为标准。不同的品种最适吸水量不同，含蛋白高的如豆类吸水量大，含脂肪类的如葵花籽、花生吸水量小些，以淀粉为主的种子吸水量一般。一般将种子在吸水后占干种子质量的百分比作为吸水量指标，只有达到适宜的吸水量指标，才具最佳的萌动发芽能力。不同种类的芽苗菜最佳吸水量指标不同，所以操作时有不同的浸种时间。

2. 催芽

催芽是实现芽苗栽培生长的第一个环节，它对芽苗生长的整齐度、产量及质量影响较大，是种子的胚胎在适合的温度、湿度、氧气条件下，让胚根、胚芽突破种皮开始茎、芽、叶、根的分化、伸长与生长。在这个阶段，上述三个外界因子起到了很重要的作用，如温度最佳范围为 20 ~ 25 ℃；湿度见干见湿为宜，但要以湿不积水、干不见白为度；氧气条件也至关重要，它是胚胎通过呼吸作用获取代谢能量及分解合成产物的主要代谢路径，如缺氧会使胚胎处于无氧呼吸状态，能量转换率较低，表现为返糖现象，会影响种子发育活力与栽培后的粗壮度，胚乳或子叶内的贮藏营养会因厌氧呼吸底物分解代谢不彻底，形成大量的乳酸乙醇而出现烂种发臭的缺氧中毒现象，即使长出苗，也大多为纤弱苗。传统生产中常用的叠盘催芽法，时常会因垒盘过高或浇水不均而造成上述三个因子的不均衡，而出现发芽不整齐、发芽率低、烂种弱苗过多的现象。

3. 上架

上架就是把发芽好的托盘摆放在栽培架上进行水分、温度及光照的管理。这个环节在传统栽培中是最费劳动力的一个环节，也是最需技术与经验的一个环节，其包括上下层架间的调盘操作、阶段性的人工喷水工作，以及遮光黄化或见光绿化管理。这些管理较为重要，如管理不善将出现大量的烂种或者影响品质的老化纤维化发生，或者产量低下、生物转换率低。所以，栽培者需具有相当丰富的经验和知识才能把苗菜培育好。

4. 收获

适时收获也是芽苗菜栽培中较为重要的环节。采收过早影响产量，过晚影响质量。通常情况下，不同种类的芽苗菜或者不同的栽培方法，都有不同的采收标准，但都是以生物量最高品质时采收效益更高。在传统人工管理条件下，只能凭感官判断采收期，并结合经验进行操作。而且传统栽培进行芽苗收获时，常因托盘内存在栽培基质，如沙或珍珠岩，而影响收获效率，也会因夹带基质与杂物而增加检苗与清洁的工作量。

5. 消毒

栽培完一茬芽苗菜后，需对托盘及基质进行清洗杀菌与消毒工作，传统生产中常采用百菌清、多菌灵、高锰酸钾或者漂白粉之类的化学物质杀菌。对于基质也有用太阳能热杀菌的方法，也就是在高温的夏季，于基质堆上焖扣塑料薄膜进行太阳能升温杀菌。除了上述的消毒方式外，如果栽培场所因烂种病苗及通气不良产生臭味与滋生蚊蝇，还需进行杀虫处理，生产者也常用杀虫剂进行灭虫，结果造成环境的农药污染与产品的化学残留。

### （二）较为新型与先进的模式——工厂化智能管理生产模式

工厂化智能管理生产模式就是采用工厂化的方式与智能化的环境控制技术相结合，取代了传统的各种人工操作与经验判断，运用计算机自动控制取代了各种烦琐与高强度的劳动，特别是在温度、湿度、光照、通风的控制上，采用计算机技术使环境参数精确化，使芽苗发育的生育期变得可控，并能如期上市，按时供货。与传统操作相比，除了效率提高、成本降低外，芽苗菜的外观与品质都有更大的改观，是传统生产方式所不能比拟的，更重要的是其能在封闭式的环境下能实现无公害绿色生产。

#### 1. 采用封闭全天候的生产模式

这种全天候的模式在日本及发达国家叫植物工厂，它的一切温光气热调控完全采用人工智能控制技术，不依赖外界的气候因子，具有环境可调性强、不受自然影响的特点。可以利用隔热较好的泡沫板隔建造成栽培房，也可于普通的房屋内墙上内衬隔热板来实现，主要是为了达到最佳的隔热效果，让室内环境更加稳定，受外界影响更小，这样既有利于温度的稳定，也有利于加温或降温时热传导消耗的减少，从而使环控效率更高。虽然与自然环境相比，冬季加温的能源消耗稍大些，但这种全天候方式具有更高的生产效率，不管严冬还是盛夏皆可生产，而且芽苗在环境因子稳定的条件下生长，产期易控，更利于市场调节和计划调节。这种模式虽说能耗稍大，但通过增加栽培架的层次与提高生产效率，总体的生产成本还是大大降低了。

#### 2. 生产流程大大简化

对于传统操作中一些必需的操作环节，在智能环境下可以省略，如空心菜、萝卜、油菜等小种子的品种可以直接播于托盘上进行层架栽培，无需进行浸种处理，也无需进行催芽。因为栽培室内的温度、湿度恰是催芽所需的最佳环境，无需像常规操作一样叠盘与淋水。另外，对于保持基质湿度用的河沙及珍珠岩也可减免，这些基质在常规栽培条件下，主要起到了环境因子的缓冲作用。为了使种子处于一个相对稳定的基质湿度与温度环境中，而在智能控制条件下，可完全省去基质，让种子直接曝露于空气中，也能确保稳定环境的智能调控。这种免基质的栽培可以节省大量的操作用工与环节，使播种更为快捷方便、消毒更为简单高效，每茬收后只需对托盘进行清洗消毒即可，无需如传统栽培中烦琐的基质消毒，同时病虫滋生匿藏的场所与概率相对减少，更利于实施无公害栽培。通过智能化控制后，芽苗菜的生产简化为三部曲：浸种、播种、收获，诸如传统的催芽、调盘、淋水等都得以简化。

3. 智能化代替人工管理

人工管理存在经验与技术的局限性，也存在劳动力的高强度、高投入。采用智能化控制后，湿度控制可通过自动微喷系统来实现，加温采用自动空气加热线加温，也可采用锅炉的蒸气加温，这些都可与计算机控制系统连接以实现精确化控制。温度过高时，会在计算机的指令下进行最节能的微喷降温或湿帘通风降温。光照的控制也是一样，运用智能补光技术，隔离了外界自然光源，实现了补光的完全人工化、自动化，可以在稳定可控的光照强度与时间下进行不同程度的绿化、半绿化或黄化栽培。另外，还有自动的通风系统以调节室内空气的流通，使空间保持清新，不会产生异味与发育时的缺氧烂苗。运用这些控制手段，使芽苗栽培过程中的环境问题经计算机控制后可以轻松而精确地实现，不需人工喷淋，也不需人工加温与通风等烦琐的经验性操作，这样生产出来的产品一致性好，外观性、商品性更强。

4. 生产环节流程化

运用智能化控制手段后，芽苗菜的生产真正实现了工厂化、流程化、规模化与产业化。对常规作坊式的生产来说，要实现规模化工厂化有一定难度，主要是生产过程难以实现标准化规程化所致。而采用智能化自动管理，把与芽苗菜培育相关的最重要的环境因子得以模式化与标准化后，一切的操作就变得规范而简单了，因传统生产中投入管理用工最大的部分，就是环境参数的人工调控，而运用智能控制计算机再结合专家系统，这一切都会变得专业而统一，这就为工厂化大规模生产奠定了硬件与软件基础。

## 二、如何实现环境管理的智能控制

芽苗菜生产的的智能化、自动化、工厂化与标准化，都是在环控技术基础上实现的。所谓环控技术就是能对芽苗生长过程中的温、光、气、热、水、环境，利用计算机控制技术得以精确化的模拟与控制，可以按照不同种类芽苗菜生长模式的不同需要，进行科学精确地控制，为其创造出最佳的生长环境。现就芽苗菜栽培中环控要求及技术实现进行简要阐述。

## （一）温度控制

温度是一切种子萌芽与生长的最基本条件，不管是种子还是植株，它们一切的生理代谢都必须在一定的温度条件下才能进行。如果温度过低，与种子萌发生长相关的各种酶，如淀粉酶、蛋白质水解酶等活性低，不能为种子胚的发育分化提供更多的呼吸底物，使能量的代谢受到抑制，种子胚的发育随之变得缓慢，或者停滞生长。只有在温度适合的情况下，才能使种子开始快速地萌芽与生长。如果温度过高，也会因呼吸作用过强，消耗大量的营养，造成胚发育过快而纤细，并且纤维化加快，难以培育出品质优良的芽苗菜。对于大多数芽苗菜种子来说，胚发育所需的温度范围以 15 ～ 28 ℃为佳，有些低温型的种子，如香椿、豌豆、荞麦、苜蓿等可适当偏低些，高温型的空心菜、大豆、红豆、黑豆、萝卜等可适当高些，这与品种的原产地有关。源于北方地区的品种相对低些，南方的品种相对高些，但具体温度范围可因生产需要及具体品种而定，如豌豆最适温度为 18 ～ 23 ℃，香椿为 15 ～ 20 ℃，大豆、空心菜为 20 ～ 25 ℃，如果晚上与白天有 1 ～ 3 ℃的温差，则更利于芽苗菜的生长与壮苗。

在生产中，为了实现这些不同品种不同适温的环境模拟，可以通过专家系统及分区控制来实现，可以把各种不同芽苗菜对不同适温的需求参数预先写成程序输入计算机，使用时只需选择相关品种，就会自动调出这些已预先设定的数据进行控制与模拟，这就是专家系统的应用。而当不同品种同时生产时，可以通过区隔不同的栽培房、安装不同的分控器来实现每个区相对独立的温度控制。栽培室内温度控制主要采用空气加热线加温与微喷通风降温法实现，在基地建设时，可于每层栽培架的上方安装弥雾管道与喷头，起到加湿与降温的双重作用。当温度超过适温上限值时，计算机会发出降温指令，自动开启电磁阀进行微喷降温，还可结合通风扇进行双重降温，这些温度信号的采集都是基于集成传感器智能叶片来实现的。所谓智能叶片就是把芽苗菜相关的生长发育参数，如温度、湿度、水分、光照等传感器集成于一个外形类似植物叶片的感应材料上，实现温、光、气、热等参数的集成感应与数据采集。它是实现智能控制的核心部件，以下的其他各项参数都是通过这个智能叶片进行数据采集的。当智能叶片感知到环境温度低于适温下限值时，计算机会自动开启加温线的指令进行环境加温，达到设定参数时则自动关闭。

## （二）湿度控制

湿度的控制，也与温度控制实现的方式相似。不同的发育阶段及不同的品种都有不同的湿度要求，这些不同的要求与最佳参数可以通过研究试验获取，然后再把获取的资料作为该品种的生长模式，将它输入计算机控制程序，从而形成该品种的湿度参数。使用时，无需再进行设定，选好生产品种，就可按此湿度进行智能自动控制。空气湿度的调控也是通过管道微喷来实现的，当智能叶片检测到空气湿度低于下限值时，会自动开启微喷电磁阀进行弥雾增湿，当空气湿度达到指标时就立即关闭，以实现湿度的科学管理。通常一些大种子类型的芽菜，代谢与发育消耗的水量大，对空气湿度及水分的要求也相对高些，如黄豆、花生、黑豆、红豆、绿豆等。这些品种除了因蛋白或淀粉含量高而造成水解耗水量增大外，其生物产量的形成中也需更多的水分，所以一般要求湿度控制在前期90% ~ 100%，后期80% ~ 90%。而对于小种子类的如空心菜、芝麻、葵花籽、荞麦、苜蓿、油菜、香椿、萝卜等，可以适当降低湿度与减少水分，通常前期控制在80% ~ 90%，后期为70% ~ 80%，水量过多会造成烂种增加的现象，或者病害滋生。这些不同湿度间的差异与不同时期的差异，在计算机控制的环境下，可以通过智能叶片的精确检测及专家系统的科学控制来实现。

### （三）水分的控制

芽苗菜的技术其实从某种角度来说就是种子在水的作用下进行水分代谢与合成的技术，水是其最主要的成分，占到整个鲜种的90%以上，这些增加的重量全是由水补给的。另外，还有大量没有被吸收的弥雾喷淋水，这样就需要在培育过程中不断地给予补水，除了上述的空气湿度指标外，还有一个重要的指标就是芽体表面水分分布的指标。在芽体表面水分分布的多少以水膜的厚薄来衡量，在种子芽体萌发的初期要求大量的水分，甚至要达到淋水的效果，因此除了供给水分外，更重要的一点是需把种子表面的一些代谢排泄物冲淋或稀释掉，起到淋除呼吸代谢产物的作用。因萌动生长初期是呼吸最旺盛的时期，常在芽体表面形成粘状物或胶状物，这些产物有些是厌氧呼吸造成的，也有些是种子生物膜渗透性破坏引起内含物的外泄，还有些是菌类滋生形成的，这些物质可以通过大水喷淋来解除。如果在基质栽培中，那么可以被基质吸附，而在无基质栽培条件下，只有通过喷淋来实现，这些中间代谢产物如果积累腐化会形成异味或杂菌的滋生，从而造成病害发生或者种子中毒烂苗。所以，芽苗菜在无基质栽培中，大水喷淋也是其芽体发育初期应做到的。一些喷淋不均匀或淋不到水的部位常有烂种现象产生，就是这个道理。

那么喷淋量的多少可以通过什么方式来达到精确控制呢？可以利用智能叶

片的水膜传感器，水膜传感器是由高度密集的回形电路组成的，因叶片表面水膜分布的广度与厚度不同而显示不同的参数，我们可称之为水膜的厚薄传感器。对于大种子类的萌动初期保持水膜要厚，时间要长；小种子类的保持水膜稍薄，时间要短。这些可以通过智能叶片水膜检测与弥雾量的控制来实现。当要求水膜厚、保持时间长时，可以通过增强弥雾强度或时间来实现；要求水膜薄、保持时间短时，降低弥雾强度与水量即可。这些技术要求都可通过专家系统写入运行运算程序中，以实现智能化科学化的调控。

### （四）光照的控制

光照是芽苗绿化所必需的外界环境条件与控制参数之一，也是芽苗菜与当前豆芽产品最大的区别所在。豆芽是白化或黄化不带叶绿素的芽体，无需光照即可生产，而芽苗菜是绿色芽体甚至是带真叶的幼苗。而绿色的形成其实也就是芽体内叶绿体细胞的形成与叶绿素的合成，这些都必须在有光照的情况下才可以达到绿化效果。在智能化栽培中，光照是全人工化的，没有任何外界太阳光的透入，这样更利于对补光量与时间进行科学精确的控制，这种模式对实现标准绿化较易做到。芽苗菜按照绿化程度的不同可分为黄化型、半绿化型、全绿化型三种，其中黄化型是在无光照或微光下培育的芽苗菜，而半绿化型是绿化程度达到淡绿色比的芽苗菜，而全绿化是达到子叶真叶全绿或浓绿程度的芽苗菜。至于生产什么类型的芽苗菜，是由市场需求或质量要求决定的。各种类型芽苗菜的营养及品质外观都有所不同，全绿化型芽苗菜的叶绿素及 VC 含量高些，淡绿或黄化的可溶性蛋白或氨基酸类相对高些，另外有些类型的纤维素含量也是与绿化程度成正比的，绿化程度高则纤维素含量相应也高些，但也不绝对，因为纤维素合成所需的碳水化合物可由部分光合产物供给。

那么，在芽苗菜栽培室中是如何实现光照的科学控制呢？在栽培室建设时，可于栽培室顶棚、层架或侧壁上均匀地布设补光灯，达到整个空间光照均匀的效果，同时需考虑补光质量，也就是不同光质的搭配。对芽苗菜的生长条件来说，光合作用所需的光照分为红光与蓝光两种，这两种光质对叶绿素促进各有偏向，其中红光偏向形成更多的叶绿素 a，蓝光促进形成更多的叶绿素 b，生产上以红蓝比 $r:b=5:1$ 或 $3:1$ 为好，蓝光使苗菜更脆嫩，红光使芽苗菜产量更高、色更浓绿，两者科学结合为最好的光质搭配模式。而对于光照量的控制可以通过时间来实现，也可通过强度来控制。一般芽苗菜栽培房以光强 1 000 ~ 5 000 勒为宜，其中小种子类的绿化程度要高些，控制时光强可大些或补光时间长些，大种子类的光强可弱些或补光时间短些。其补光量的控制与测算以强度与时间的乘积为控制量，而且不同品种与不同阶段控制量都有所不同，一般遵循"前期少后期多，小种子多大种子少"的规律，这与芽苗菜生物产量中大种子有更多的可转化的贮藏营养，而小种子类可转化营养少，需赖于更多的光合产物来提高生物量形成有关。这些光量控制也是通过试验研究来确定，然后形成生长模式与专家系统，再通过光照传感器记录强度，通过时间芯片记录时间，两者结合而达到补光量的精确测定与调控。当某品种的光量不足时，计算机会自动打开补光系统进行人工补光，达到设定控制量时就立即关闭，实现光照的精确科学控制，采用这种计算机技术控制光照量的生产方式，能够生产出色泽一致的标准化商品芽苗菜，可以按人为意志生产出各种类型的产品，其控制的精确性与均衡性是传统栽培所不可比拟的。

### （五）通风的控制

通风也是芽苗菜科学栽培中较为重要的一个技术，采用通风技术可降低温度与湿度，也可以增强空气流通，增加栽培室中氧气及二氧化碳的含量，但同时会造成环境因子稳定性的破坏。

那么如何实现通风的科学控制呢？通风选用的执行部件通常为风扇，风扇安装又分为对流安装与单向安装两种方式，其中对流可用于室内空气对流与室外走道空气对流，室内空气对流可促进室内环境因子如空气湿度与空气温度的均衡，室外走道对流可实现栽培房内环境与外环境相关因子的调控，如在走道顶棚安装吸进与排出风扇，可吸进外界太阳光能所产生的热量进行加温，也可利用外环境的温差，实现排外降温，这种方法可以实现节能化栽培。例如，冬季中午时，外界温度较高，可吸进热空气进行加温，特别是在晴朗的中午，因栽培泡沫房外扣闷塑料大棚，拱形棚顶的温度因温室效应而骤然升高，甚至可达40℃以上，这样热空气的吸进可以促进整个栽培室的加温，我们称之为节能化加温。同时，通风可以使空气成分发生变化，在芽体发育过程中会消耗空气中大量的氧气与二氧化碳，经内外通风对流可以得到换气补充，不会因缺氧、少二氧化碳而影响发育与生物产量的形成。一般通风量及时间的控制也是由计算机的温度传感器及时间芯片相结合来完成的。当室外温度高于室内，而室内又需加温时，计算机会自动打开吸进热空气的风扇，实现节能加温。当室外温度低于室内，而室内又需降温时，计算机还可自动开启排出风扇进行排风降温。当室内外温度较稳定时，计算机可开启定时通风系统。但在室外温度较低的冬季，对流会使室内温度骤降时，计算机控制系统会选择最佳时机，也就是在对栽培环境因子影响最小的时候开启对流通风，如冬季寒冷季节，计算机会利用中午外界温度最高时刻进行内外对流，这样因对流造成降温的影响相对会小些。采用计算机控制技术实现对流通风控制是当前最科学、最节能的一种方法，是人工通风所达不到的，特别是在冬季能够结合对流加温技术实现加温耗能的最小化，真正实现节能化低成本栽培。

## 三、物理杀菌的机理与运用

在芽苗菜栽培过程中常由于环境的高湿度及空间的高度密封，为病菌的滋生创造温床环境，虽然封闭环境对外界侵入有隔离作用，但一旦侵入会比开放环境滋生蔓延更快，常会造成大量烂种与病苗，严重影响产量与质量，那么如何控制入侵的病原基数与入侵后空间及苗体的杀菌消毒呢？传统常规的方法以多菌灵、托布津、高锰酸钾等化学杀菌剂的使用来实现菌的控制，而苗菜栽培期又短，会有大量化学成分残留。随着物理农业技术的发展，现在已形成了电场与电功能水复合杀菌的技术体系，可以利用高压直流电场处理种子来杀死附于种子表面的真菌细菌，减少外源带入的病原基数。还可以利用电功能水中酸水的强氧化性杀死栽培空间与器具或苗体上所有的病原菌，而且这两种方法都是物理的无公害手段，不会对环境有任何的残留与污染。其杀菌与生理促进机理如下：空间高压直流电场的创造，可用于浸种前的种子杀菌处理，浸种前的种子处理可以提高萌芽率，促进陈种子脂膜的修复，降低内含物的外渗率，有利于种子的萌发与发育，同时可激活各种水解酶，有利于贮藏物质的水解转化，为萌芽生长提供更多能量。除了这些生理作用外，更为重要的是，种子的浸种或播种前需进行 3 万至 10 万伏高压直流电场处理，这样就可以杀死附着于种子表面的细菌真菌，其杀菌作用是通过高强度电场造成细胞膜或生物脂膜的电穿孔，来达到杀菌效果的。此外，还有其他复合因素作用而形成的综合杀菌效应，如水在电场作用下电离成具有强氧化还原性的超氧阴离子、过氧化氢物及羟基自由基（·OH）等物质，还有带电荷的颗粒与臭氧，当它接触到细菌或真菌的细胞表面时，可以产生氧化反应而使细胞膜脂膜的渗透性破坏，从而达到杀菌、抑菌之目的。这些杀菌处理过程纯属物理措施，没有任何化学污染与残留，是无公害生产中实施种子处理最有效、最环保的方法。

另外，在栽培中如果结合电功能水技术，就可实现栽培环节的无菌化操作。所谓电功能水，就是加有 0.1% 氯化钾的普通水经电解分离后，形成强氧化性酸水与强还原性的碱水,其中酸水具有很强的氧化性,用它来处理喷雾栽培空间、器具及幼苗均可以起到很好的杀菌作用。那么,它的杀菌机理是由哪些因素构成呢?其一,酸水主要成分是pH3以下的亚次氯酸,喷酸水除了创造酸环境起到抑制菌类滋生的作用外,其中的氯离子也起到一定作用。其二,经电解后形成的强酸性水还具有很高的氧化电位,可达1 100毫伏以上,这么高电位的水一旦接触到病菌的细胞膜,可从膜上强制性地获取电子,从而使细胞膜电位及渗透性遭到破坏,起到杀菌、抑菌的作用,这样的杀菌过程极为快速,一般的杂菌在几秒甚至几分钟内就被完全杀灭,不会出现像化学杀菌那样见效慢而且会产生抗药性的弊端。

在生产过程中,可以利用电功能酸水进行栽培房走道、托盘、墙壁、空间、栽培架、工具、种子等的杀菌与消毒,还可阶段性地给芽苗菜的芽体喷淋具有强杀菌性能的酸水,以预防各种病害的发生。但在使用酸水喷淋苗体后,最好在半小时后间隔性地喷一次碱水,可以起到中和的作用,防止有些对酸水极度敏感的芽苗菜发生药害。采用这些方法进行杀菌消毒,具有杀菌成本低、杀菌操作无残留、杀菌过程快速、适用病原广泛的作用,基本上适合所有的细菌及真菌甚至病毒,而且不会产生任何抗药性,是最安全、低成本的无公害配套生产技术措施,现已把它作为芽苗菜智能化工厂化生产上的一项重要技术措施来使用,如播种或浸种子的电场处理,有利于提高萌芽率与产量,还可起到较好的杀菌、抑菌作用;再结合电功能水酸水的阶段性弥雾喷洒,可有效地杀灭栽培空间内所有的菌与病原体,真正实现封闭环境条件下的无公害、无化学生产,为培育出真正无公害绿色芽苗菜提供技术保障。

芽苗菜智能化生产是当前实现工厂化、规模化、集约化的必然之路,特别是当前蔬菜产业从零散走向规模,从自然栽培到设施生产,从家庭作坊到工厂模式的转变过程中,智能化栽培以其独有的优势成为蔬菜生产工厂化的一种重要模式。这种模式集成了设施栽培的优越性、智能管理的简易性、层式立体栽培的高效性、物理杀菌的无污染性,还有不受季节局限的周年性。这些特性形成了智能化栽培的高效性,是未来芽苗菜生产的主要模式与发展方向。当前,发达国家的芽苗菜生产已开始全面走植物工厂之路,已全面结合了自动控制及智能管理技术,甚至还运用了自动播种与自动采收与包装等机械,渐渐向无人化、无菌化生产方向发展,从而成为二十一世纪无公害保健蔬菜生产中最为先进、高效的一种新模式。

芽苗菜以品味与营养的独特性和食疗性跻身当前高档蔬菜的行列,以其生产方式的灵活性与广适性成为城市农业发展的一个好项目,是下岗工人及中小企业再创业的好项目。它不受自然环境的局限，只要是有电有水的地方就可进行生产，如地下室、废弃仓库与厂房、塑料大棚、沙漠、孤岛等地方都可进行芽苗菜的生产与栽培，特别是一些偏远的矿区或军事基地，只有采用芽苗菜生产技术，才能有效解决官兵及工人对鲜活蔬菜的需求，而且这是投入成本最低的生产方法。

除此以外，随着社会发展和生活水平的提高，人们对蔬菜的需求已从传统的生活需求上升为健康生态的需求，人们对蔬菜的功能性、食疗性、健康保健性的思考越来越多，而芽苗菜的生产模式与特有的营养正适合这种趋势性的消费需求，这种需求为芽苗菜产业的发展开辟了一个广阔的市场空间，为生产者带来了丰厚的经济效益，为社会创造了不可估量的社会效益与生态效益。

# 第四节　智能化芽苗菜种植条件及要求

生产新型芽苗菜，无论采用的是"绿化型"还是"半软化型"栽培，其生产场地，必须具备下列条件。

## 一、温度调控要求

生产场地对室内温度具有一定的调控能力，以满足种芽苗菜生长和产品形成所要求的适宜温度。一般要求催芽室达到和保持在 20 ~ 25 ℃，栽培室白天达到 20 ~ 30 ℃，夜晚最低不低于 16 ℃。调控措施包括日光能的利用，安装水暖系统、小锅炉、炉火、热风等加温设施以及自然通风、强制通风、水帘、空中喷雾等降温设施或空调机等温度调控装置。

智能化栽培对室温调控的显著优点如下。

（1）在场地上采用了泡沫房，环境整洁、少污染、环控的稳定性好，有冬暖夏凉的效果，保温效果非常好，无季节的限制。

（2）在能源上充分利用自然日光能源，降低了生产成本。

（3）如日光能源不能满足加温要求，则应辅助以加热线加温。

建设泡沫房的支撑可用木架或铁架，但铁架成本较高。泡沫用胶水进行黏合。优点是随意造型，用刀片即可处理，非常灵活。

## 二、光照调控要求

生产场地对室内的光照强度具有一定的调控能力，以满足芽苗菜生长和产品形成过程中既要忌强光，又要有一定光照的特殊需求。

传统的栽培方法一般以塑料大棚、高效节能型日光温室等设施为生产场地，一般在夏秋强光季节必须使用遮光设施，如在棚室外覆盖遮阳网等；以轻工业用厂房或房舍为生产场地，一般要求坐北朝南，东西延长、四周采光（南北宽不得超过 20 米），采光窗户总面积必须占四周墙体总面积的 30% 以上。在生产状态下，房室内光照强，冬季（弱光季节）近南窗强光区一般不低于 500 勒，近北窗中光区不低于 1 000 勒，远窗部位（中部）弱光区不低于 200 勒。另外，催芽室应保持弱光或黑暗。

智能化系统光照调控的优点：一是可自动调控强光或弱光，无需分出培养室和绿化室，也省去了场地更换的移盘工作环节；二是场地的选择不受场地光照的限制。

## 三、湿度的要求

生产场地对室内的空气相对湿度具有一定的调控能力，并能保持室内空气清新。一般昼夜空气相对湿度应保持在 60% ~ 90% 内。因此，无论用保护地设施还是房室进行生产，均必须设置通风口，即通风窗或排风扇等。

为满足芽苗菜对水分的需求，室内应具备自来水或贮水罐、备用水箱等水源装置以及与其配套的智能化喷淋装置或微喷（雾喷）设施；以房舍为生产场地的，地面还应具有隔水和防漏能力（尤其是楼房），并设置排水系统。

智能化栽培过程中采用智能化叶片全程实时监控，并将信息反馈给计算机进行调控管理，满足芽苗菜生长的最佳需求。

## 四、场所规划

对于生产区域，应事先进行因地制宜地统一规划，合理进行催芽室、栽培室、苗盘清洗区、播种作业区、产品处理区以及种子库的配置和布局。

智能化芽苗菜种植所需厂房的功能区设置如下。

### （一）清洗车间

新进来的种子、托盘工具等要首先经过清洗的工序。

### （二）浸种车间

种子浸泡在一定温度的水中，充分吸水、膨胀，提高种子的发芽势、发芽率。

## （三）播种室

种子经过浸种后，种子播种到托盘后即可直接上架。

## （四）栽培室

由于采用了智能化的栽培方法，光照及湿度等都可以进行智能化的调控，所以可以省去催芽室、绿化室等场所，直接进入栽培室，一次性调控。

## （五）冷藏室

种子处理，如要进行芽苗菜的包装，先进行冷处理。有些种子，如香椿芽，要在 4 ~ 10 ℃的低温下休眠。

## （六）包装室

从产品的品牌化经营角度对产品进行精品包装，是产品提升档次、提高企业形象的需要，所以从生产到销售，再到运输都要有系列化的标准设备，因此芽苗菜出厂后要进行精品包装。例如，规范化操作，首先要进行芽苗菜的挑选。

# 五、立体栽培架的制造规格与排列方式

为充分利用空间与能源，以及便于集约化管理，在栽培空间可利用钢架建设成立体栽培架，用于摆放托盘，这样更有利于操作管理。传统栽培架的设计是以角钢为材料，焊造成高度 1.6 ~ 2.1 米，长度 1.5 米，层距 0.4 米，宽度 0.6 米的栽培架作为一个管理单元，一个栽培室整齐排列数个单元，单元间都留有操作道，便于浇水及调盘检查等管理。

而采用智能化栽培后，栽培架可沿着栽培室四周进行整体设计，材料同样是角钢，但不分单元，沿着隔板壁按照高度 2.1 米，层距 0.5 米，宽度 0.6 米设计，最底层离地面 0.1 米。

智能化栽培系统栽培架的特点如下。

## （一）排列方式独特，倒"凹"型设计

为了充分利用栽培室空间与有利于光照的控制，栽培架沿着栽培室的四周紧贴隔板建造，既确保可利用面积不减少，又扩大了管理空间，8 平方米的面积

即可铺设育苗盘 88 个（以四层计算）。

### （二）栽培架高度，层次可增加

因采用智能化管理后，栽培过程中不需调盘搬动，可增加层次，增加架高；为了使管道雾化系统雾化均匀，可增加层。

### （三）光照均匀，通风良好

有利于人工光照的均匀补光及通风之良好，更利于工人操作。

### （四）节省材料，降低成本

因无基质栽培，所以架子可以轻盈，适当降低成本。

# 第五节　智能化芽苗菜栽培技术及特点

## 一、智能化芽苗菜栽培技术

芽苗菜智能化生产主要是通过环控设备与控制计算机系统来实现的，计算机系统的开发是芽苗菜生产实现高效节能的技术所在。芽苗菜计算机系统包括各个栽培空间的微气候传感器、外界大环境的气候传感器，以及计算机芯片部分的专家系统与控制程序。自动控制主要由各种继电器及执行设备组成，如电磁阀、水泵、补光灯、二氧化碳发生器、通风交换扇、电场发生器及发场网、灭菌灯、加热线等。专家系统主要是将研究所提供的各种芽苗菜最佳环境模式所编写的计算机程序固化到芯片中，起到控制中枢的作用。由传感器、控制芯片、自动控制设备三者组成的芽苗菜智能化栽培的计算机系统，能实现栽培过程环境管理的精确化、数字化、自动化、智能化、无人化。

该蔬菜生产方式灵活，室内、蔬菜保护地设施、露地都可栽培，具有生产周期短，产品无公害、绿色、环保等特点，备受人们的喜爱。采用立体栽培可大量节约土地，芽苗菜生产 5 ~ 15 天一茬，复种指数高达 30 ~ 40，在 200 平方米的大棚空间相当于 30 亩黄瓜、西红柿的产量，年收益可达 6 万元至 10 万元，经济效益和社会效益都十分明显。现以栽培较广泛的萝卜、空心菜、花生、绿豆、黑豆、荞麦以及香椿来介绍立体式栽培。

## （一）栽培场所选择

为便于环境控制，实现周年生产，栽培场所最好是选择室内或大棚内。如果是室内，必须安装适合植物生长的植物生长灯；如果在大棚内，则需用泡沫把大棚隔成小间，以利于同时栽培不同生长周期的蔬菜。

## （二）种子的选择

种子的好坏是芽苗菜生产的关键之一，要选择圆润饱满、成熟的种子，剔除虫蛀、畸形、干瘪等质量差的种子。香椿种子最好是选择未过夏的新种子，荞麦种子要提前 1 ~ 2 天晒种。

## （三）电场处理

种子选好后可用高压电场处理。①电场可提高种子的活化能，使种子在电场中获得能量，提高种子的吸水强度、呼吸强度，同时可提高种子的新陈代谢水平；②电场可提高种子内酶的活性；③电场可起到对种子消毒杀菌的作用。经电场处理的种子，受到强烈的电晕放电作用，产生较高浓度的臭氧，这种臭氧是强氧化剂，可杀灭种子表皮上所带的细菌病毒，具有明显的杀菌作用。电场处理的强度和时间根据种子的大小各不相同，有数据表明，大种子以 10 万伏的高压电处理 1 ~ 1.5 个小时为好，而萝卜和香椿种子以 8 万伏的高压电处理 0.5 ~ 1 个小时为好。

## （四）浸种

种子选好后，加入 25 ℃的温水，再放入芽苗菜智能浸种恒温控制设备，把温度调到 25 ~ 28 ℃之间开始浸种。浸种的时间根据种子大小各不相同，萝卜 4 小时、空心菜 16 小时、花生 8 小时、绿豆 6 小时、黑豆 6 小时、荞麦 8 小时、香椿 18 小时，但总的原则是种子的胚芽开始露白即可。

## （五）播种

播种前要清洗育苗盘，挑选大小适当、底面平整、形状规范的备用，如果没有芽苗菜专用育苗盘，可用一般的种子育苗盘代替，如果育苗盘的孔比较大可铺上经过杀菌、消毒的新闻纸。播种必须均匀，播种标准以 60 厘米 ×25 厘米 ×4 厘米大小的育苗盘为例，萝卜 100 克、绿豆 150 克、黑豆 200 克、香椿 100 克、花生 250 克、荞麦 150 克、空心菜 250 克。

## （六）上架

种子播好以后就可以上架了，智能化芽苗菜的架子可采用立体式的结构，在一个 20 平方米（长 8 米 × 宽 2.5 米 × 高 2.4 米）的地方采用立体式的栽培一次可播种 240 盘。种子放上架后开启智能化芽苗菜控制设备，把设备中智能生产时间调到第一天，品种选择调到生产用的品种即可，计算机会根据品种选择进行智能化生产。

## （七）后期管理

由于采用了智能化生产，摈弃了传统生产芽苗菜叠盘、倒盘、移盘，遮光处理，手工喷淋，见光栽培等烦琐的工序，大大降低了人工投入。芽苗菜生产周期短，极少发生病虫害，同时在播种前用高压静电处理后大大了烂种，减少了病虫害的滋生。

## （八）采收

成熟后的芽苗菜要尽快采收，注意减少运输途径和运输路程。进行活体销售时，应注意运输过程中的保湿和遮阴；进行离体销售时，应在采收的时候注意整齐度。采收的时候要轻，减少损伤度，一般萝卜 7 天、空心菜 6 天、花生 7 天、绿豆 6 天、黑豆 6 天、荞麦 6 天、香椿 15 天即可上市。

## （九）生产效益

智能化生产芽苗菜具有产量高、周期短、效益高、节约劳动力等特点，受到了广大投资者的欢迎。从产量来看，香椿 1 : 8、黑豆 1 : 10、绿豆 1 : 10、萝卜 1 : 8、空心菜 1 : 10、荞麦 1 : 6。

## 二、智能化芽苗菜栽培特点

### （一）流程简易化，实现计算机的智能化管理

传统的芽苗菜整个生产过程较复杂，要经过 11 道工序，即选种—浸种—播种—叠盘—倒盘—摆盘上架—遮光处理—手工喷淋—移盘—见光培养—包装上市。

智能化生产流程简易，只需要经过 6 道工序，即选种—电场处理—浸种—播种上架—计算机管理—包装上市。

整个芽苗菜生产过程全部实现了数字化、自动化、智能化，通过智能叶片感知环境的温度、湿度、光照、二氧化碳浓度等，经过计算机发出的相应指令，如迷雾、加温、补充二氧化碳、光照等，相关的环境参数实现了全智能化的管理，大大节省了劳动力，使管理更加精确化。

### （二）立体式栽培提高了生产效率和空间利用率，实现了工厂化、规模化生产

传统的栽培方法需要在催芽室、培养室、栽培室等场地进行，采用智能化栽培后，光照可智能化调控，可直接播种、直接栽培上市，在栽培管理上省去了叠盘、换盘、调盘等环节，采用了独特的栽培排列方式。同时，由于采用了无基质的栽培方式，栽培架的高度和层次可以增加。而传统的芽苗菜栽培靠手工喷淋，只能采用平铺式单层栽培，空间利用率低。

传统栽培方法流程复杂，手工喷淋、叠盘保湿、换盘、移盘等都是劳动密集型环节，难以达到规模化、工厂化的生产，而芽苗菜的智能化生产流程极度简化，使芽苗菜的生产从传统的劳动密集型或手工作业的生产模式转化为技术密集型的生产模式，从而实现芽苗菜的工厂化、规模化。

### （三）高效节能，实现周年生产

采用智能化系统大大提高了复种指数（通常能达到 30 ~ 40 以上），这样就使 200 平方米的大棚车间日产芽苗约 150 盘，周年生产相当于 30 亩黄瓜与西红柿的产值，但它的利润却大大超过黄瓜与西红柿。200 平方米的大棚年创产值为 15 ~ 20 万元，利润达 10 万元以上，是一项投入少、回报快、效益高的好产

业，是服务农村、致富农民的好项目。

传统芽苗菜受季节限制，尤其是冬季和夏季温度过低、过高，人为很难控制，导致芽苗菜不能正常生产。通过智能计算机可以精确控制智能化芽苗菜生产的温度、湿度等，不受季节限制，从而实现周年生产。

智能化的芽苗菜栽培，在建立芽苗菜生产厂房时，中间留有宽敞的走廊，走廊地面的泡沫可以贮藏太阳能，白天能通过对流把大棚上方的热能贮藏，从而实现对栽培室温度的调控。这种系统能充分利用能源，降低冬季生产时的加温成本。夏季利用泡沫房的隔热性，有利于创造一个稳定的低温环境。如果栽培室温度过高，还可利用地下冷水进行微喷降温，因为地下深井的水温较低，调温效果好，所以无需空调降温，从而节省电能。

北方地区季节寒冷，一般蔬菜的晚秋和冬春季节生产均在保护地中进行，尤其是高效节能型日光温室，耗能少、生产效果好，已在生产中广泛应用。因此，在北方地区推广绿化型产品更有利于节约能源、降低成本，更符合产品重点供应冬春淡季的要求。

我国南方地区夏季炎热，还常伴随台风、暴雨、水涝等灾害性天气，因此在房舍内生产"半软化型"产品更有利于降温、避免灾害性天气的袭击，更符合产品重点供应夏季淡季的需要。

### （四）完全的无公害绿色食品

传统的芽苗菜生产方法靠人为的经验判断是远远不够的，不能准确地控制其湿度，会导致湿度忽高忽低，容易造成细菌和真菌的滋生，而且在整个传统的芽苗菜生产过程中都是手工操作，这就造成细菌、真菌随人到处移动，对芽苗菜的生长环境很难控制，所以在生产过程中经常会发生一些病害。为了预防这些病害，并有效地治疗这些病害，生产者不得不使用大量的杀菌剂和化学药剂，这样不仅会使芽苗菜在产量上受到很大的影响，更重要的是很多化学残留物质也会对人造成危害。

此外，在传统的芽苗菜生产中，整个生长环境的不可控性不能给芽苗菜创造最佳的生长环境，导致产量低、经济效益低。为了提高芽苗菜的产量，生产者不得不采用大量的激素、尿素、无根素等，其结果是危害人们的健康。

芽苗菜的智能化生产，是运用智能计算机为种子创造最佳的温、湿、气环境，使种子的萌发、生长的生理潜能得到最大的发挥，这样在整个芽苗菜的生长过程中不需要使用任何激素，就能够生产出高产量、高质量的芽苗菜。

在芽苗菜智能化的生产过程中，还使用了物理方法——电场处理。电场处理在设施空间内电离空气，产生臭氧、高能带电粒子。这些臭氧和高能带电粒子能够杀死或灭活空气中的细菌等病原微生物，还能促进种子的萌发、营养物质的转换，促进芽苗菜生长，从而大大提高了芽苗菜的质量和产量，增加了芽苗菜的各类营养物质的含量，缩短了芽苗菜的生产周期。

在芽苗菜的整个生产过程中，通过计算机控制给其生长创造最佳的环境，再通过电场的处理，不需要任何的杀菌处理、任何的激素就能高产量、高质量地生产芽苗菜，使芽苗菜真正地成为绿色食品。

# 第六章　有机活体微型芽苗菜的商品化流程及发展对策

## 第一节　芽苗菜加工、保鲜、储藏、运销现状

### 一、世界农产品加工、保鲜、贮藏、运销现状分析

农产品的加工、保鲜、贮藏、运销是农村商品经济发展的重要环节。实现优质、高档、高保鲜度、精加工、美包装、抢季节、全年均衡供应，是提高农畜产品在国内外市场竞争力的主要因素。按品种建立从栽培、采收、分级、保鲜、包装、预冷、冷链贮藏，直到市场销售的农产品系列化配套生产，是当今世界优质农产品生产的最主要经营方式。世界发达国家对农产品产后处理工作的重视，甚于生产过程，其花费占从生产到销售总费用的60%以上。在其最终的农产品消费额中，原始产品的价值只占1/3，剩余2/3来自贮藏、运输。美国1980年农牧业初产值达1 364亿美元，而经加工销售的产值可达3 660亿美元，比初产值增加了6倍；1979年人均消费蔬菜102千克、水果103千克，经加工的分别占55%和62%；近20年华盛顿苹果面积增加近一倍，大力发展空调贮藏是促其发展的重要因素。20世纪70—80年代，日本采用一系列先进技术，花了近20年时间，建立了蔬菜生产基地1 053个，基本实现了蔬菜的周年供应，1980年日本东京有1 100万人口，70%的蔬菜是从100公里外的产地运输过来的。这些先进国家将农产品制成各种罐头制品、腌制品、干制品和速冻品。许

多产品如番茄、豌豆、食用菌、芦笋、蚕豆等，其 50% ~ 90% 是以加工品的形式销售的，如英国市场上速冻菜占 55%。1980 年英国食品工业为国内第三大产业，名列世界第二。

近年来，发达国家贮运加工技术发展迅速。果品贮藏前的分级包装多在设备完善、规模较大的洗果场进行，主要由机械来完成，柑橘、苹果包装前都要打蜡。贮运过程中使用药剂进行防腐保鲜，应用最广泛的贮藏设备是气调设备，日本还用冰温贮藏果品；果品加工，以葡萄酿酒、柑橘制汁数量最多。英国的梨用于加工的占 93%，桃占 60%，苹果占 47%。1981 年，英国 50% 的苹果用于加工。果品加工技术的特点是加工设施配套，工艺流程化、自动化，技术先进，生产率高，质量好。另外，在果实收获季节进行初加工，待收获季节过后再进一步加工成正式产品。为提高加工质量，还要求培育适合加工的新品种。

近年来，国外畜禽加工业发展很快，特别是现代化加工、检验和包装技术取得了重大进展。在畜禽产品保鲜贮藏方面，采用离子辐射来保存乳制品、肉、蛋；采用微波进行肉制品的灭菌；用冷缸将鲜奶迅速冷却；用冷媒蒸发器的贮奶槽贮存鲜乳；用冷冻剂对包装好的肉类进行喷淋，其冷冻速度比传统冷却方法快三倍，当天就可完成从屠宰、冷冻、包装到运输的全过程；在研制新产品和提高产品质量方面，应用微生物学、化学和生物学方法制造出数百种酪产品和上千种乳制品、肠类制品；利用酶制剂的嫩化技术来改善口味。在包装上，研制适合不同产品的包装材料和方法，如用酮体分割包装、真空包装、加脱氧剂包装。

## 二、我国芽苗菜运销技术发展思路

根据国内外发展趋势及当前经济发展的要求，我国芽苗菜的产品应向多样、营养、卫生、方便、美观、保健、系列化、均衡供应方向发展；加工设备向高效、多功能、连续化、自动化方向发展；生产的控制和管理向微机化、科学化方向发展；芽苗菜原料生产向良种化、专业化、基地化、区域化、适度规模、集约化方向发展。我国芽苗菜贮、运、加工业的发展，应采取加强研究和开发与国内外先进技术成果、人才设备的引进相结合的策略。积极开展芽苗菜产后处理的基础理论研究和新技术开发，列入农业科研计划，并应尽快提高水平，形成规模。同时，以最大可能引进国外先进的新技术成果、人才及管理方法，消化吸收，改革创新，逐步形成适合我国的新技术体系，促进我国贮、运、加工业的快速发展。

## 三、发展芽苗菜运销技术的对策

### （一）加强芽苗菜产后处理的高新技术研究和开发

建立专门研究机构，组织专业技术力量，开发芽苗菜产后生理、生化机理基础研究和贮、运、加工技术、工艺研究和开发。

### （二）加快技术引进步伐

成立技术、设备、人才引进机构，负责引进、消化、吸收、应用一系列问题的研究；承担引进项目的调研论证、咨询、指导，以保证引进项目的可靠性和先进性，避免重复引进以及价格和价值偏离的现象；协调处理引进过程中出现的问题。

### （三）系列化配套生产

加强从品种改良、栽培技术到适时采收、分级、包装、保鲜、运销、加工系列化生产技术的研究和开发，实现系列化配套生产；发展加工机械化、自动化、流程化、系列化技术；制定加工卫生标准和保鲜标准，严格规定化学添加剂的种类和用量；研究开发检测技术及消除残毒技术。同时，大力发展交通运输基础设施。

### （四）产地就地贮藏加工

在产地建立冷藏、气调库和加工厂。采后就地洗净、分级包装、预冷贮藏、加工；发展洁净、卫生、规格化商品生产技术、脱水保藏技术；发展净菜上市、速冻菜上市和腌制、罐装、袋装产品；加强技术培训和产地技术指导，鼓励个人和集体、企业集资或投资发展贮藏、运输、加工基础设施和专业化生产。

## 第二节　芽苗菜的商品化处理

芽苗菜商品化处理技术落后，各地区之间的发展也不平衡。芽苗菜二次性生产技术落后，已严重影响到经济效益，特别是蔬菜产品的对外贸易。为了使芽苗菜产品能够适应运销的要求，必须在进入流通以前对芽苗菜产品进行商品化处理，以使收获后的芽苗菜产品品质得以保持和提高，来适应蔬菜运输、周转和待销的时间要求。

芽苗菜的商品化处理程序通常为整修、洗涤、预冷、分级、包装等。

## 一、整修与洗涤

无论是用人工还是机器采收芽苗菜，在进行分级和包装之前都要先进行洗涤整修，去掉产品上的尘垢、沙土、泥土、病虫以及产品上有损伤、腐烂的部分。通过清洗、整修，不但可以改变产品的外观，而且作业简单易行。芽苗菜采后的各项处理作业中，清洗是最先使用机械的。随着蔬菜超级市场特别是加工小包装和方便型即食小包装的出现，已相继推出具有清理、洗涤、去皮、切断、包装等多功能的复合型清洗整理设备。

按洗涤机械使用的工作介质分为干洗和湿洗两类，干洗是采用压缩空气或直接摩擦，湿洗一般用水。

按结构特点洗涤机械可分为滚筒式清洗机、喷射式清洗机和超声波清洗装置三类。滚筒式清洗机由一个网状旋转的圆筒组成，依靠蔬菜在筒中的来回滚动互相摩擦清洗。喷射式清洗机是将蔬菜放在网状输送带上，在输送过程中受到高水压的冲洗，这种机械常用于清洗形状不规则的蔬菜。超声波清洗装置由设置在水中的高频震源产生压力，使蔬菜表皮上的污物脱落，适用于叶菜等形状复杂的一类蔬菜。

## 二、预冷

### （一）预冷的意义

芽苗菜采收以后，应在运输和贮藏之前迅速除去所携带的热量，使蔬菜组织降低到一定程度以延缓代谢速度，防止腐败，保持芽苗菜的品质。快速除去芽苗菜采收后所携带的热量对新鲜蔬菜在生物学和经济学上都有好处，既能延缓后熟，又能减缓加工过程中的质变，还能有效地节省在贮藏或运输中所必需的机械制冷负荷。

### （二）预冷的方法

#### 1.冰触法

欧美一些国家在 20 世纪初开始用天然冰预冷，称为冰触法。冰触法是将碎冰放在包装的里面或外面，这种冷却法可与运输同时进行，冷却时还能保护蔬菜的含水量和有较多的氧气。把冰加在蔬菜上，用冰来降低菜体温度，此法只适用于较耐低温的蔬菜，如叶菜类的芹菜、韭菜等。该法通常是与运输结合在一起的，即把冰和蔬菜按一定的比例、一定的方式一起装在车上，一边运输一边冷却。这种预冷方法简便，各种车辆均可使用。其缺点是装冰后，减少了货物的运载量；冰融化的水浸湿蔬菜，易引起腐烂。

在对蔬菜预冷时，一定要注意芽苗菜对温度的要求，预冷温度一般不可低于 10 ℃，否则易受冷害。预冷后的蔬菜，应在恒定的低温条件下运输或贮存，忽热忽冷会使蔬菜更易腐烂。

#### 2.真空预冷

真空预冷是在密闭的蔬菜贮藏库中，抽出空气，使库内在低压的空气条件下（599.949 帕，4.5 毫米汞柱），借助蒸发植物体内水分而冷却的一种方式，这种方法冷却速度快，效果好，通常适用于叶菜类的蔬菜。真空预冷设备条件要求较高，投资较大，发达国家应用较多。一般在大面积的蔬菜基地中设立真空预冷车间，可提高设备的利用率，降低生产成本。

#### 3.冷风预冷

冷风预冷又分为三种：一是普通冷库预冷，也就是排管式蒸发器冷库的预冷；二是送风式冷库预冷；三是差压式预冷。普通冷库预冷是利用降低库内排管温度，达到库内低温的目的，其预冷速度较慢，通常需要 20 ~ 30 小时。送风式冷库是把冷空气吹入冷库中，冷风可带走库内小部分水蒸气，使热量迅速散去，预冷速度较快，一般需 7 小时。差压式预冷又有所进步，它是利用机械把冷风鼓入库中，一侧又用排风设备把库内热空气排出库外，利用气压差的原理，使气体快速流动，当气体经过蔬菜时，使菜表面的水汽蒸发，带走大量的热量，使蔬菜迅速降温，这种方法在国外应用较多。

## 三、分级

分级是指不同芽苗菜种类根据产品器官的形态特征、品质指标，从质量上分级、大小上分级等，选择出不同规格蔬菜产品的过程。芽苗菜产品与工业产品完全不同，其个体间的质量、大小、长短、粗细、直径等数量指标差异很大。为了确定商品质量标准，便于制定价格和流通，各国都按上述指标划分了等级，在收购和加工出口蔬菜时，一定要按照国际标准或进口国的标准进行分级。除了上述可度量的指标外，有些产品还有一些感观、理化指标可作为划分商品等级的指标。分级工作很重要，只有严格按照规定分级，才能使产品的质量有保证。分级条件擅自提高，可能会提高废品率，影响经济效益；分级条件降低，则产品质量会降低。

## 四、整理和清洗

芽苗菜在分级前后需要整理和清洗。整理和清洗是为了去掉蔬菜表面的泥土、杂物、农药、化肥等污物，摘除黄、老叶等不宜做商品的多余组织器官，使芽苗菜更加美观、干净，便于分级、包装，或涂被一些保鲜剂及进行其他防腐处理。不同的芽苗菜清洗方法不同，一般可用普通清水冲洗，防止病菌的传播。清洗后一定要晾干表面水分，再做其他处理。

## 五、蔬菜包装

芽苗菜作为一种商品，就必须有一定的包装。包装的好坏不但会影响蔬菜的贮藏、运输性能，减少采后损失，而且可改善芽苗菜的外观形象，提高产品质量与商品价格。过去，我国出口芽苗菜的包装技术和包装品低劣，影响了芽苗菜的出口，这也是我国出口蔬菜价格低于国外的主要原因之一。蔬菜的包装分为运输包装和商品包装两大类。

### （一）运输包装

运输包装是指从产地运到加工厂或采购站，及从采购站运到加工厂出口前的运输过程中的包装。好的包装可以减轻芽苗菜运输过程中的损耗，否则会增加机械损伤，妨碍空气通透，降低蔬菜质量。运输包装一部分由农民完成，一部分由收购单位完成。通常，农民对运输包装不大重视，或无力重视，结果往往造成种的是好菜，运出去的是烂菜，卖不出好价钱。

### （二）商品包装

商品包装是芽苗菜出口前的最后一次包装。它一般分两种情况，一是外部大包装，大包装是为了保护里面的商品，应选择便于运输、装卸的材料。我国出口蔬菜大包装多用纸箱、大塑料筒等。大包装要求坚固、耐压、美观。二是商品小包装，即商品直接进入国外零销市场的包装材料，小包装要求尽可能使顾客看清内部蔬菜，印刷精美，卫生无毒，有利于蔬菜商品的贮藏和保证质量，一般多用无毒塑料做成。

## 六、芽苗菜的保鲜

所谓芽苗菜的保鲜技术，就是保持芽苗菜鲜度，抑制其劣化。芽苗菜的保鲜主要是抑制它们的呼吸作用和细菌的增殖速度。芽苗菜的呼吸作用及微生物的增殖都与储藏的温度、湿度、气体成分有关。一般来说，低温、高湿度、低氧、高二氧化碳、低乙烯、无菌的环境有利于芽苗菜的保鲜，因此保鲜的主要方法是保持低温、控制水分蒸发、调节气体环境、清除乙烯气体、杀菌和抗菌等。芽苗菜保鲜的主要材料有功能型保鲜膜、新型瓦楞纸箱、功能型保鲜剂等。

### （一）功能型保鲜膜

传统的薄膜虽然能起到包装的作用，具有一定的效果，但已明显不能满足现代市场的保鲜需要，因此大量的新型保鲜膜被研制出来。这些功能型保鲜膜不但具有以往薄膜防止水分蒸发、简单控制气体的效应，而且进一步提高了蔬菜水果的鲜度。

#### 1. 乙烯吸附薄膜

乙烯吸附薄膜是为了除去有害的乙烯气体，在塑料薄膜（尤其是 LDPE）中混入气体吸附性多孔物质，如凝灰石和沸石、石英石和硅石、黏土矿物、石粉等微粉末，其大部分能吸附乙烯或隔断远红外线辐射。吸附乙烯的机理在于多孔无机物表面的孔能捕捉乙烯，而且即使在高水分的情况下，在孔内存在的水分子也能与乙烯置换。但气体吸附剂的添加量为 3% ~ 5%，因为乙烯气体的吸附能力是有限度的。目前在国外，凝灰石系的薄膜使用较多，其主要是添加硅系陶瓷，效果较好。

#### 2. 防露薄膜

蔬菜水果用的保鲜膜，一般为气体透过性高的低密度聚乙烯、聚丙烯、聚苯乙烯、乙烯 - 醋酸乙烯共聚物及聚氯乙烯等树脂制成的薄膜，但用这些薄膜包装的蔬菜水果产生的水蒸气在薄膜里面结露时，不但使其透明性差，而且水滴聚集，使细菌增殖快，造成蔬菜水果腐败。能解决这个问题的是防腐薄膜。

防腐薄膜是使用界面活性剂处理上述的聚乙烯、聚丙烯、聚苯乙烯等材料的内表面，可吸收过剩的水分，适度维持包装内湿度，以达到保鲜的目的。此外，既可作食品添加剂，又可作防露剂的物质是脂肪酸酯。

3. 抗菌性薄膜

抗菌性薄膜是将具有抗菌性的银沸石混入膜内，银沸石为具有抗菌性的银与沸石结晶结构中的钠离子置换成银离子并与用铝、硅为原料的合成疏松沸石的混合物，主要用 PE、PP 和 PS 作为基材。这种薄膜能够在一定程度上抑制细菌的增殖，起到保鲜作用。

4. 保鲜瓦楞纸箱

瓦楞纸箱是目前主要用于消费与生产之间的商品运输包装容器，在蔬菜、水果保鲜方面的应用已引起人们的极大重视。

在低温下，不仅蔬菜、水果的呼吸作用减弱，细菌的活性也大大降低，因此低温储藏是最有效的手段，是保持食品鲜度的发展方向。具有隔热功能的瓦楞纸箱有很好的保鲜功能。这种瓦楞纸箱是在传统纸箱内、外包装衬上复合树脂和铝蒸镀膜，或在纸芯中加入发泡树脂。这种瓦楞纸箱具有优良的隔热性，能防止流通途中蔬菜、水果自身温度的升高。

如上所述，调节储藏的气体成分、湿度等条件也有一定的保鲜效果，是保鲜技术的一个重要方面。具有控制气体功能的瓦楞纸箱是在纸箱内装衬和外装衬中夹进保鲜膜或在造纸阶段混入能吸附乙烯气体的多孔质粉末。这种瓦楞纸箱具有气体阻隔性，防止蔬菜、水果的水分蒸发，控制气体含量，从而保持蔬菜水果的鲜度。

### （二）保鲜片材、保鲜剂及蓄冷剂

为了增强芽苗菜的保鲜效果，在使用上述包装材料的同时，可使用具有特定功能的物质，如保鲜片材、保鲜剂及蓄冷剂等。

1. 保鲜片材

芽苗菜的单个包装多用塑料浅盘和薄膜的复合制品，因此置于浅盘钵体或上面的功能性片材具有保鲜功能。这些片材多具有调湿、防露、吸收乙烯气体、抗菌等一种或多种功能。其中，调湿吸水是由于使用了高吸水性树脂和无纺布、薄纸、吸水聚合物组成的多层结构；吸收乙烯气体多是利用活性炭的多孔性；抗菌性是由于在片材上添加了银沸石等具有抗菌性质的无机物或从植物中提取的抗菌配料。

### 2.保鲜剂

由于吸收乙烯气体的功能型膜的吸收作用受到用量的限制，吸附乙烯气体的保鲜剂被广泛使用。将蔬菜、水果与保鲜剂一起包装起来能够达到一定的抑制乙烯气体的目的。目前使用的保鲜剂常采用高锰酸钾等氧化剂、活性炭与矿物粉末等气体吸附以及锂类催化剂。

### 3.蓄冷剂

由于蔬菜水果在低温下保存有利于保持鲜度，蓄冷材料的使用就成为保鲜技术中的一个重要手段。以聚丙烯酸聚合并交连而得到的高分子为主要成分的弹性凝胶状材料，是一种高性能蓄冷材料。如果将其与隔热箱一起使用，效果更好。

### （三）其他保鲜方法和技术

#### 1.新型保鲜托盘

保鲜托盘是对连续挤压的原板（热可塑性树脂薄板）加热后，通过真空成型和冲压成型而得。使用托盘除了能够防止新鲜食品被损坏外，还具有一定的隔热性。所谓新型托盘是在原板中加入功能型薄膜或长纤维无纺布等重叠而成的模压品。这种托盘在原有功能的基础上增加了调节湿度、控制气体含量、防止真菌繁殖等功能，所以能够保持蔬菜、水果的新鲜度。另外，这种托盘能够减少因吸收水分而引起的包装尺寸变化。

#### 2.放射性杀菌

为了减少病原微生物在储运过程中对蔬菜、水果新鲜度的影响，可对蔬菜水果在采摘后先进行放射性杀菌，再包装、运输。目前，美国及南非等国家采取对一定品种的蔬菜、水果在一定强度的放射线下进行照射处理。

## 七、芽苗菜采后处理程序

采收装入大箱→运入包装厂（注意降温和加湿）→挑选、修剪→洗涤→切段成固定长度、包装→分级冷却→冷水冷却、冷藏装箱→贮藏→上市或加工。

# 第三节 芽苗菜发展对策

## 一、制定芽苗菜生产规范，规范芽苗菜市场管理

为了更好地维护消费者的权益，我国必须采取严厉的措施制止芽苗菜市场上存在的不规范行为。尽管国家已经制定了《无公害食品绿化型芽苗菜生产技术规程》(NY/T 5212—2004)，但这只是针对生产技术而言的，市场上还未出现评判芽苗菜质量好坏的统一标准。因此，必须制定相应的芽苗菜生产规范，同时建立健全芽苗菜监管机制，严格管理和控制芽苗菜在原材料采购、加工、包装、销售等一系列过程中的质量，确保不出现质量问题。此外，应通过制定相应的法律法规来规范市场管理，严惩违法犯罪行为，保证消费者能够吃上安全放心的芽苗菜。

## 二、合理控制芽苗菜生产环境

芽苗菜的生产环境需要选好芽苗菜的生产场地与生产设施。良好的芽苗菜生产场地应具备以下条件：①使催芽室保持在 20 ~ 25 ℃，栽培室具有 16 ~ 25 ℃的温度调控能力；②具有通风设施，能进行室内自然通风或强制通风；③具有忌避强光的光照条件；④应具有自来水、贮水罐或备用水箱等水源装置，还必须设置排水系统。在选用生产场地时根据上述条件因地制宜选择适用的条件。生产设施应具备的条件：①栽培架要平整，间隔距离不能太短；②栽培容器应选有拉筋的塑料苗盘；③基质应选择吸水性好、持水能力强的废报纸、包装纸等，也可用珍珠岩和泡沫塑料；④喷淋装置应选择喷雾器、淋浴或微喷装置；⑤净种容器选用水泥池、塑料桶等。只有合理的生产环境才能更好地促进芽苗菜的生长，降低能源的消耗，从而带动芽苗菜产业的全面发展。

## 三、开发新型栽培技术，促进芽苗菜的发展

传统芽苗菜栽培需要设置催芽室、栽培室和工作间，需要栽培架和专用育苗盘等设备，同时需要人工来调控栽培条件，生产成本高，受资金限制，因此很多人选择放弃。所以，必须研发出新的栽培技术来降低芽苗菜的生产成本，

提高生产效益，扩大芽苗菜的应用范围。有人提出用精美方便包装盒来生产芽苗菜，其无需设专室培养，投资小，可四季生产，极大地方便了生产者，经济效益十分高；还有人提出使用泡沫箱栽培芽苗菜技术，一年四季均可生产，在生产过程中不使用化肥和农药，无污染，收益高；同时，无根绿色芽苗菜无土立体高效生产技术、加压法速生豆芽技术等新型栽培技术的应用范围正在不断扩大。此外，芽苗菜智能化技术也在逐步投入使用，不但可以提高芽苗菜的产率、降低生产成本、减少能源消耗，而且生产出的芽苗菜更加洁净、卫生，产品价值和质量更高。智能化技术在芽苗菜生产过程中采用物理电场杀菌与消毒，不添加任何的激素与调节剂，保证芽苗菜完全绿色、无公害，而且品种更加丰富多样。芽苗菜智能化生产模式集成了设施栽培的优越性、智能管理的简易性、层式立体栽培的高效性以及不受季节局限的周年性，这些特性形成了智能化栽培的高效性，是未来芽苗菜的主要生产模式与发展方向。新的栽培技术的出现不仅能够更好地解决人们对新鲜蔬菜的需求，为不适合生产蔬菜的地区提供新鲜蔬菜，还能扩大芽苗菜的市场需求，从而带动整个芽苗菜产业的快速发展。

## 四、研发新型芽苗菜品种，注重市场开阔

注重开发芽苗菜新品种，如花椒芽菜、黑豆芽等，提高芽苗菜的经济效益和市场竞争力，为开拓更广阔的市场打下坚实的基础。比如，花椒芽菜具有较高的营养价值，富含多种维生素与微量元素，将花椒芽菜制成花椒芽菜香辣酱，麻香浓郁、鲜辣可口，产品供不应求。花椒芽菜的出现不仅大幅度提高了花椒的经济价值，还解决了剩余劳动力的就业问题，同时促进了相关产业的发展，成为人们增收的新途径。荞麦芽苗不仅富含维生素、氨基酸、芦丁、纤维素、黄酮类化合物以及铁、硒等微量元素，还具有提高人体免疫力、促进伤口快速愈合、治疗便秘和慢性胃炎、抗衰老和抗癌等功能性作用，深受广大消费者喜爱。开发芽苗菜新品种能够使芽苗菜具有更好的质量、附加值和功能性作用，能够提高整个芽苗菜产业的经济效益，具有十分广阔的应用前景。

## 五、采用整盘活体销售方式，延长芽苗菜的货架期

芽苗菜风味独特，口感柔嫩，营养丰富，但由于受到芽苗菜组织柔嫩以及我国冷链系统还不完善等因素的限制，芽苗菜产品较易腐烂，不能长距离运

输，货架期短，只能就地或就近生产。采用整盘活体销售技术不仅能够很好地解决这一问题，还能提高芽苗菜的货架期和经济效益。将正常生长状态的芽苗菜以"活体"形式整盘销售，直接运到宾馆、饭店、超市或菜市场"随吃""随卖""随割"，"吃不了、卖不完、喷喷水、照样长"，既可保证食用时的鲜活，又延长了产品的货架期，备受消费者和市场青睐。

# 参考文献

[1] 王天菊，沈庆庆，李国树，等．不同培育方法对豌豆芽苗菜生长及品质的影响 [J]．农业科技通讯，2020(1): 152-155.

[2] 柏夏琼，陈介南，张林，等．发芽条件对西兰花芽苗菜总黄酮富集的影响 [J]．食品研究与开发，2020, 41(1): 105-110.

[3] 赵天瑶，王丽云，姜宏伟，等．豆类种子及其芽苗菜的营养品质、功能性成分及抗氧化性研究 [J]．食品与发酵工业，2020,46(5): 83-90.

[4] 苏年贵，韩文清，申虎飞，等．小黑豆芽苗菜的高效绿色生产研究 [J]．安徽农业科学，2019, 47(21): 48-50, 76.

[5] 张淑杰，姜宏伟，康玉凡．豌豆芽菜多糖超声辅助提取优化及抗氧化研究 [J]．食品科技，2019, 44(10): 217-223.

[6] 苌淑敏，陈茗，赵天瑶，等．浸种与光照时间对蚕豆芽苗菜生长与品质的影响 [J]．中国农业大学学报，2019, 24(10): 1-9.

[7] 李静，佘乐，王锦，等．日光室温环境下的冰菜芽苗菜种植技术 [J]．种子科技，2019, 37(13): 111-112.

[8] 龙娅丽．3 种豌豆对不同浓度 6-BA 浸种的响应 [J]．热带农业科学，2019, 39 (8): 29-34.

[9] 李晓红．5 种芽苗菜生长过程中活性成分及抗氧化性变化 [J]．山西农业大学学报（自然科学版），2019, 39 (6): 45-52.

[10] 戴林秀，仇学文，许建民，等．不同光质对苦荞芽苗菜生长和品质的影响 [J]．现代园艺，2019 (15): 23-25.

[11] 唐娟,许可心,朱英莲,等.采前 CaSO$_4$ 处理对甘蓝芽苗菜采后品质的影响 [J].中国食品学报,2019,19 (6):193–200.

[12] 许可心,朱英莲,刘璇,等.钙盐对 ZnSO$_4$ 胁迫下西兰花芽苗菜抗氧化酶活力和萝卜硫苷代谢的影响 [J].青岛农业大学学报（自然科学版）,2019,36 (2):136–141.

[13] 赵硕,赵柯涵,陈子义,等.蕹菜芽苗菜对 LED 光强和光质的生长响应 [J].中国蔬菜,2019 (6):51–57.

[14] 苏年贵,侯宝印,韩文清,等.芽苗菜隰州小黑豆 1 号品种（系）选育及应用 [J].粮食科技与经济,2019,44 (4):100–102.

[15] 张志兰,王雨芊,邬琰.“有机芽苗菜栽培”创新创业课程的特点及实践 [J].新课程研究,2019 (8):123–124.

[16] 滕玉艳.绿色蔬菜芽苗菜家庭楼房阳台的栽培技术 [J].农家参谋,2019 (8):63.

[17] 吴中波.LED 光源在荞麦芽苗脱壳上的应用研究 [J].上海蔬菜,2019 (2):71–73.

[18] 居鑫,陈沁,陈景斌,等.光质对小豆芽苗菜生长和类黄酮的影响及其机理初步探究 [J].食品工业科技,2019,40 (16):64–70.

[19] 刘宁芳,宋善玲.花生芽苗菜工厂化生产初探 [J].南方农业,2019,13 (9):41–42.

[20] 佚名.绿色有机蔬菜——芽苗菜 [J].吉林蔬菜,2011 (4):4.

[21] 李丽珍,刘海杰,韭泽悟.芽苗菜种子萌发及生长过程中活性物质的变化及调控 [J].中国食品学报,2018,18 (12):326–334.

[22] 郭文场,刘东宝,刘佳贺,等.芽苗菜的生产和食用 (2) [J].特种经济动植物,2018,21 (12):35–37.

[23] 兰成云,王俊峰,孙杨,等.芽苗菜研究进展 [J].安徽农业科学,2018,46 (33):5–7.

[24] 李茹,郝睿,朱毅.2 种十字花科芽苗营养价值及综合评价 [J].食品科技,2018,43 (11):75–82.

[25] 刘一静,秦倩,张驰松,等.芽苗菜的发芽技术及营养价值的研究进展 [J].食品工业,2018,39 (10):265–268.

[26] 佚名.芽苗菜的发展前景 [J].吉林蔬菜,2017 (7):37.

[27] 袁志友,杨润,于航,等.无公害芽苗菜的“微商”创业实践 [J].吉林农业,2018 (12):108.

[28] 朱小庆，杜维维，王庆，等.不同品种（系）红花芽苗菜产量和品质研究 [J].
食品与机械，2018, 34 (5)：65-69, 86.

[29] 辛鑫.UV-B 辐照对萝卜芽苗菜形态、营养品质及采后贮藏品质的影响 [D].新
乡：河南师范大学，2018.

[30] 郭虹.芽苗类蔬菜及家庭栽培技术 [J].甘肃农业科技，2018 (4)：80-83.

[31] 罗欣.绿豆芽菜中微生物的控制及保鲜效果研究 [D].广州：暨南大学，2018.

[32] 佚名.芽苗菜多茬立体栽培 [J].吉林蔬菜，2018 (1)：30.

[33] 段然，王康，袁爱英，等.芽苗菜生产的关键技术探究 [J].农家参谋，2018 (3)：
65.

[34] 常暖迎，赵天瑶，张淑杰，等.小豆生物活性物质、功能特性及芽苗菜生产发
展研究 [J].种子科技，2018, 36 (1)：101-103.

[35] 魏超，代晓航，郭灵安，等.利用 MALDI-TOF MS 鉴定芽苗菜中解鸟氨酸拉乌
尔菌和肺炎克雷伯菌的研究 [J].分析测试学报，2018, 37 (1)：76-81.

[36] 梁鹏.芽苗菜保鲜与初加工工艺研究 [D].晋中：山西农业大学，2017.

[37] 王淑雯.芥菜芽苗中异硫氰酸酯富集调控技术及其咀嚼片开发 [D].扬州：扬州大学，
2017.

[38] 陈红芝，刘加强，刘梦迪，等.不同播种量下双层芽苗菜种植盘培养萝卜芽菜
中维生素 C 和蛋白质含量的测定分析 [J].农家参谋，2017 (19)：42.

[39] 丁映，卢扬.荞麦芽苗菜的开发利用与生产技术 [J].现代农业科技，2017 (18)：
65.

[40] 王正春，辛静，蒋海艳.重庆香椿芽苗菜四季无土培育技术试验研究 [J].农业科
学与技术（英文版），2017, 18 (9)：1662-1665.

[41] 陆素君，陈振生，邓永胜，等.不同营养液、培养基及环境对绿豆芽苗菜生产
的影响 [J].农业科技通讯，2017 (8)：163-165.

[42] 徐端平.太阳能联栋温室芽苗菜栽培技术试验 [J].农业科技与信息，2017 (11)：
58-60.

[43] 余碧霞.硒对香椿芽苗菜品质的影响及香椿芽苗菜富硒工艺的研究 [D].合肥：
安徽农业大学，2017.

[44] 耿灵灵.豌豆芽苗菜品种筛选及 LED 光调控技术研究 [D].南京：南京农业大学，2017.

[45] 朱小庆.紫苏和红花芽苗菜生产技术研究 [D].成都：四川农业大学，2017.

[46] 李执坤，陈虹竹，冯艳钰，等．五种芽苗菜黄酮提取物的体外抗氧化活性研究 [J]. 黑龙江八一农垦大学学报，2017, 29 (2)：48-51.

[47] 王静，姜静，王丹，等 .LED 光质对决明芽苗菜光合色素和营养品质的影响 [J]. 河南师范大学学报（自然科学版），2017, 45 (2)：60-64+70.

[48] 章理运，张英姿，杨博，等．香椿不同种源种子性状及芽苗生长分析 [J]. 安徽农业科学，2017, 45 (8)：36-39.

[49] 路颖．辽西地区红薯芽苗菜无公害高产栽培技术 [J]. 现代农村科技，2017 (3)：20.

[50] 史祥宾，刘凤之，王孝娣，等．富硒黄豆和绿豆芽苗菜生产工艺研究 [J]. 食品科技，2017, 42 (2)：72-77.

[51] 李娜，张晓燕，田纪元，等．蓝光连续光照对大豆芽苗菜类黄酮合成的影响 [J]. 大豆科学，2017, 36 (1)：51-59.

[52] 董爱玲，李淑兰．芽苗菜栽培技术要点及市场发展前景 [J]. 河北农业，2017 (1)：16-17.

[53] 杨玉环 .pH 对松柳芽苗菜生长的影响 [J]. 农家顾问，2016 (10)：33.

[54] 杨玉环，程鑫，叶长青，等 .pH 对松柳芽苗菜生长的影响 [J]. 安徽农业科学，2016, 44 (22)：34-36.

[55] 王慧博．荞麦芽苗菜栽培要点 [J]. 河南农业，2016 (25)：14.

[56] 胡广林，王素花，冯建成．萌发过程中玉米芽苗菜外源碘的生物强化 [J]. 微量元素与健康研究，2016, 33 (6)：45-47, 51.

[57] 佚名．芽苗菜无土立体栽培 [J]. 吉林蔬菜，2016 (7)：46.

[58] 佚名．速生芽苗菜生产技术快速致富函授班 [J]. 农村百事通，2016 (12)：70-71.

[59] 孙淑敏．香椿芽苗菜烂根倒苗的原因及预防措施 [J]. 河北农业，2016 (5)：27.

[60] 王慧博．荞麦芽苗菜栽培要点 [J]. 乡村科技，2016 (13)：19.

[61] 冯娜娜．不同光质对紫花苜蓿芽苗菜品质和抗氧化性影响的研究 [D]. 新乡：河南师范大学，2016.

[62] 梁根云．籽薤芽苗菜栽培技术 [J]. 农村百事通，2016 (8)：27-28.

[63] 刘媛媛，陈沁，李娜，等．血红素加氧酶 -1 促进萝卜芽苗菜下胚轴花青苷积累 [J]. 园艺学报，2016, 43 (3)：507-514.

[64] 高金秋，薄文，孙宏伟，等．常用种子芽苗菜的生产技术 [J]. 山西农经，2016 (1)：62.

[65] 谭根堂 , 尚慧兰 , 杜国强 . 日光温室芽苗菜种植技术 [J]. 西北园艺 : 蔬菜 , 2016 (1) : 16-17.

[66] 辛海波 . 家庭生产芽苗菜技术要点 [J]. 农业开发与装备 , 2015 (12) : 134.

[67] 李宗哲 , 李德远 , 苏丹 , 等 . 我国芽苗菜生产现状及发展对策研究 [J]. 食品研究与开发 , 2015, 36 (23) : 193-196.

[68] 孙玉厚 , 张波 , 张国全 . 芽苗菜类的培养技术要点 [J]. 现代农业 , 2015 (9) : 21.

[69] 刘仁杰 , 李秋萍 , 和岳 , 等 . 芽苗菜产量及品质栽培条件的最优化研究 [J]. 农技服务 , 2015, 32 (8) : 79-80.

[70] 佚名 . 绿色有机菜——芽苗菜 [J]. 吉林蔬菜 , 2015 (8) : 9.

[71] 王元军 . 五种芽苗菜提取物抗氧化活性的比较 [J]. 大豆科学 , 2015, 34 (2) : 260-263.

[72] 王虎 . 沙培法生产花生芽苗菜 [N]. 河北科技报 , 2014-12-18 (B05) .

[73] 孙利君 . 绿化型豌豆苗无土生产技术 [J]. 吉林蔬菜 , 2014 (12) : 5.

[74] 齐学会 , 张晓燕 , 鲁燕舞 , 等 . 光质和光周期对大豆芽苗菜生长及总酚类物质含量的影响 [J]. 中国蔬菜 , 2014 (7) : 29-34.

[75] 袁星星 , 陈新 , 陈华涛 , 等 . 豆类芽苗菜生产技术研究现状及发展方向 [J]. 江苏农业科学 , 2014, 42 (5) : 136-139.

[76] 王周峰 , 高国闯 , 高德勇 . 香椿芽苗菜栽培与管理要点 [J]. 河南农业 , 2014 (7) : 54.

[77] 王淑荣 . 绿色蔬菜芽苗菜的优质高效栽培技术 [J]. 农村实用科技信息 , 2013 (9) : 5.

[78] 翟洪民 . 绿色蔬菜——苜蓿芽苗菜生产技术 [N]. 河北科技报 , 2013-09-10 (B05) .

[79] 张莉 , 周凌云 , 陈军 . 6 种芽苗菜微量元素的测定与比较 [J]. 资源开发与市场 , 2013, 29 (7) : 689-690.

[80] 纪红 , 任洋 , 张美平 , 等 . 花生芽苗菜生长过程中营养物质代谢的研究 [J]. 北京农学院学报 , 2013, 28 (3) : 13-15.

[81] 赵西韩 , 关开阳 . 营养又畅销的十种芽苗菜 [J]. 长江蔬菜 , 2013 (7) : 17-18.

[82] 高艳玲 . 芽苗菜生产中常见问题及对策 [J]. 现代农业 , 2012 (12) : 8.

[83] 杨秋月 . 芽苗菜优势腐败菌生长规律及控制技术研究 [D]. 天津 : 天津科技大学 , 2013.

[84] 赵西韩 , 关开阳 .21 世纪白金产业——发展无公害有机活体（芽苗）菜 [J]. 中国果菜 , 2012 (11) : 14-15.

[85] 张治家, 张筱秀, 张红, 等. 荞麦芽苗菜品种及种植方法研究 [J]. 山西农业科学, 2012, 40 (10) : 1061–1063.

[86] 刘永文, 樊燕, 刘光德, 等. 荞麦芽苗研究的现状与展望 [J]. 南方农业, 2012, 6 (8) : 72–76.